현대인의 체질과 질병에 따른

전통비방

약술

단방주
·
복방주

곽준수 저

도서출판 대가

머리말

창가에 쪽빛 하늘이 짙어가면서 평소 고마우신 분들의 향취와 함께 남녘 시인의 마을에 술 익는 냄새가 그리워지는 계절이 되었다. 그동안 책을 낼 때마다 과분한 사랑과 함께 애정 어린 조언을 주신 독자들께 마음의 빚이 늘어갈수록 삶의 무게처럼 매일 "무엇을 돌려 드려야 할까?"를 고민하기 시작하며, 독자분들로부터의 조언에서 (때로는 요청) 항상 힘을 얻고 새로운 아이디어를 얻어 집필을 시작할 수 있었음을 고백한다. 산책을 할 때도, 멀고 가까운 산행을 하면서도, 늘 가까이서 속삭이던 우리 예쁜 풀잎 친구들을 보면 감사한 마음이 절로 솟는다. 이 책 역시 예외가 아니다. 이렇게 고마운 분들께 올 가을엔 좋은 술 한 잔을 준비하면 어떨까?

약식동원(藥食同源)의 이론을 꺼내지 않더라도 우리가 알고 있는 모든 풀과 나무들이 약이 되고 음식의 재료가 될 수 있다는 데는 독자들도 공감할 것이다. 그러나 이것을 어떻게 하면 가장 손쉽게, 그리고 효율적으로 약효성분을 추출하여 오랫동안 보관하면서 먹을 수 있을까를 생각하면 이 책의 기획 의도가 짐작될 것이다.

아시다시피 대부분 약재는 물을 붓고 끓여서, 또는 가루(粉末)나 환(丸), 단(丹), 또는 고(膏)를 만들어 이용해왔는데 이런 방법들은 그 과정이 복잡하고 때로는 특수한 기술이 필요하다. 어떤 약재들은 물에 녹지 않고 유기용매에만 녹는 성분을 함유한 것들이 있어서 물에 끓이는 방법만으로는 약효 성분을 충분히 섭취할 수 없다는 데 문제가 있고, 또한 많은 약재가 물에 끓이는 것보다는 술에 더 잘 우러난다. 따라서 이 책에서는 주변에서 쉽게 구할 수 있는 약초들을 술로 이용하는 방법을 소개하고, 누구나 쉽게 술을 담가서 편리하게 이용하여 건강을 챙길 수 있도록 하자는 데 기본적인 의도가 있음을 밝혀둔다.

언제나 우리 주변에서 무언의 메시지를 전해주고 있지만 등한시해왔던 익숙한 풀과 나무들을 하나씩 모아서 이 책에 정리하였다. 이 책에서 다룬 식물은 초본(草本) 48종, 목본(木本) 40종, 버섯류 5종을 합하여 모두 93종류를 대상으로 하였다. 먼저 식물의 명칭은 학명, 과명, 이명, 생약명 등으로 정리하고, 특별히 사용부위가 특정화된 것은 '식물명(사용부위명)'의 형태로 정리하였으며, 맛과 약성, 음용법 등 식물 일반에 대한 사항을 요약·정리하였다. 식물명과 학명은 국가생물종지식정보시스템(http://www.nature.go.kr)에 따랐으나, 공정서의 학명이 국생종과 서로 다른 경우에는 '국생종'의 학명을 기준으로 정리하였고, 생약명은 '식품의약품안전처 식품의약품안전평가원 생약정보시스템(http://www.mfds.go.kr)'을 기준으로 『대한약전』, 『대한약전외한약(생약)규격집』에 따랐다.

〈적용병증〉에는 각각의 약술로 다스릴 수 있는 주요 병증 및 복용방법을 동의보감과 방약합편 등 기성 처방서나 본초서를 기준으로 요약·정리하였다. 〈약술 담그는 방법〉에서는 이용부위별로 술의 양과 약재의 분량, 담그는 방법에 대해서 상세하게 정리하였다. 〈구입방법 및 주의사항〉에서는 약재 별 재료를 구입할 수 있는 방법과 장소, 그리고 복용상의 주의사항에 대해서 세심하게 정리하여 안전 성을 높였다. 〈생육특성〉에서는 각 식물체의 자생지 및 재배특성들을 생리·생태 및 형태학적·식물 학적으로 정리하였다. 끝으로 특허자료에는 특허정보를 확인하여 정리함으로써 향후 이용방법이나 응용법 및 전문가의 연구개발에 지침이 되도록 힘썼다. 또한 이용상 이해를 높이고자 꼭 필요한 사진 을 삽입하였고, 용어는 가능한 한글로 풀어썼으나 이해를 돕는 데 필수적인 용어는 한자를 그대로 사 용하고 우리말로 설명을 덧붙였다.

이 책에서는 다양한 술 담그기 중에서 약재를 소주에 담가서 그 약성을 추출하여 이용하는 침출주 를 중심으로 설명하였으며 '전통 발효주 담그는 과정'과, 약술 담글 때 참고사항은 별도로 정리하였으 니 참고하시길 바란다.

이 책자가 건강을 지향하는 많은 독자와 풍류를 즐기고자 하는 분들에게 좋은 지침이 되기를 기대 한다. 다만 서두에서도 기록했듯이 아무리 좋은 술이라고 해도 지나치면 부족함만 같지 못함을 기억 해야 할 것이다. 또한 침출을 위한 술은 되도록 증류한 소주를 권하되, 경비를 고려한다면 알코올 도수 30도 이상의 시판 소주를 이용할 것을 권하며 위스키나 와인은 피하기 바란다. 그리고 복숭아, 살구, 매실 등과 같이 씨앗 안에 독성이 있는 과일류는 30~40일 정도 담근 후에 열매를 건져 내고 숙성 후에 마시면 부작용을 줄일 수 있고 향과 맛도 부드러워진다. 또한 간과 신장 기능이 좋지 않아 술을 피해야 할 사람의 경우에는 충분히 침출한 뒤에 약재를 건져 내고 술을 가열하여 알코올 성분을 날려보내고 사용하면 문제가 없을 것이다.

좋은 의도에서 시작하였으나 아직 미흡함을 인정하고 독자들의 애정 어린 지적과 편달에 의지하여 지속해서 수정 보완해나갈 것을 약속드리며 미흡하나마 건강 장수를 지향하는 모든 분께 큰 도움이 되 기를 바란다.

저자 씀

약술 담글때 참고사항

    약술은 생으로 먹거나 끓여 먹는 것보다 술에 담가 먹으면 약재 또는 과일이 함유한 성분이 3~4배 정도 더 많은 약성이 추출된 것을 음용할 수 있으므로 약술로 담가 마신다.

◆ 약술을 담글 때 술 원액은 도수가 높을수록 약리성분 추출이 잘 되므로 원액 술은 도수가 높을 수록 좋다.

◆ 하지만 개인의 기호나 체질에 따라 술 원액 도수를 조절하여 담그거나, 약술의 양을 조절하여 음용할 수 있으며 또한 약술에 꿀이나 설탕을 가미하여 음용할 수 있다.

◆ 술을 담근 후 밀봉하여 서늘한 냉암소에 보관하여 두고 90~120일 정도 후 건더기를 건져내고 다시 약술 원액을 서늘하고 그늘진 곳에 100~120일 정도 숙성 후 음용하는 것이 좋다.

◆ 약술을 담글 때 생것과 말린 것으로 구분해 담그는데 생것으로 담글 때는 90~120일 정도 숙성시키고, 말린 것으로 담글 때에는 120~150일 정도 숙성시킨 후 약재 및 건더기를 건져내고 다시 100~120일 정도 숙성 후 음용하는 것이 좋다.

◆ 생열매를 사용할 경우에는 열매에 수분이 많으므로 도수가 높은 원액을 선택하여야 변질되지 않는다. 도수가 낮은 원액으로 담그면 변질될 우려가 있다.

◆ 약술을 담글 때 과일 중 과핵(씨앗)이 딱딱한 과일, 예를 들어 매실, 살구, 호두, 자두, 은행 등은 90~100일 이상 술을 담가 두면 씨앗에서 유독물질이 추출되므로 반드시 과일을 건져내고 숙성시킨 후 음용하는 것이 좋다. 딱딱한 씨앗을 제거하고 과육으로만 술을 담그면 유독물질의 추출 염려없이 안전하게 술을 담글 수 있다.

◆ 약술은 정량을 음용하는 게 중요하다. 적정량은 1회에 30~40mL, 하루 1~4회 정도 음용하는 것이 좋으며 특히 다른 술과 혼합하여 음용하면 오히려 역효과가 날 수 있으므로 삼가야 한다 (30~40mL는 소주잔 한 잔을 말한다).

◆ 담금주병은 예를 들어 술 3L에 약재 300g을 합하면 대략 병의 양이 나온다. 작은 병에 담그면 넘칠 수 있으므로 약간 큰 병에 담그는 게 좋다. 약술을 담글 때 플라스틱 또는 페트병은 화학 반응을 일으켜 환경호르몬이 추출될 수 있으므로 유리병 또는 사기그릇에 담그는 것이 좋다.

◆ 약술 원액의 도수는 높은 도수 기준이므로 낮은 도수 원액을 담그려면 도수에 따라 담그는 기간을 연장하거나 단축하여 음용하는 것도 가능하다.

차례

단
방
주

복방주

단방주

단방주란 한가지 약초, 약재를 사용하여
약술을 담궈서 음용하는 것을 말한다.

가시오갈피 (술)

학 명 : *Eleutherococcus senticosus* (Rupr. & Maxim.) Maxim
과 명 : 두릅나무과(Araliaceae)
이 명 : 가시오갈피나무, 민가시오갈피, 왕가시오갈피, 왕가시오갈피나무, 자화봉(刺花
자노아자(刺老鴉子), 자괴봉(刺拐捧), 자침(刺針)
생약명 : 자오가(刺五加)
맛과 약성 : 맛이 맵고 쓰며 약성은 따뜻하다.
음용법 : 기호와 식성에 따라 꿀, 설탕을 가미하여 음용할 수 있다.

가시오갈피_열매

가시오갈피_ 건조한 줄기

━━ 약술 적용 병 증상 ━━

1. 인후염(咽喉炎) : 목이 붓고 통증이 있는 증상을
말한다. 30mL를 1회분으로 1일 1~2회씩, 10~
12일 정도 음용한다.

2. 간염(肝炎) : 간세포가 파괴되어 일어나는 증상을
말한다. 30mL를 1회분으로 1일 1~2회씩, 20~30일
정도 음용한다.

3. 혈담(血痰) : 가래에 피가 섞여나오는 증상을 말
한다. 심하면 가슴이 아프고 답답하며 무언가가
가슴 이리저리로 뭉쳐다니는 것처럼 느껴진다.
30mL를 1회분으로 1일 1~2회씩, 10~15일 정도
음용한다.

4. 기타 질환 : 진통, 항염, 항암, 면역증강, 강심,
고혈압, 각기병, 관절염, 근골위약, 동통, 신경통,
음위증에 효과가 있다.

━━ 약술 담그기 ━━

1. 약효는 근피(根皮: 뿌리껍질) 또는 수피(樹皮: 나무
껍질)에 있으므로 주로 근피, 수피를 사용한다.

2. 뿌리껍질은 진액(津液)이 뿌리로 내려오는 가을
이후부터 이듬해 봄 새싹이 나기 전까지가 채취
적기이다. 나무껍질은 진액이 수피로 올라오는
봄이나 초여름이 채취 적기이다. 재료별로 적합
한 시기에 채취하여 생으로 사용하거나 껍질을
벗겨서 말려 사용한다.

3. 생으로 사용할 경우에는 약 230~250g, 말린 것을
사용할 경우에는 약 150~200g을 소주 약 3.8~4L
에 넣고 밀봉하여 햇볕이 들지 않는 서늘한 곳에
보관, 침출 숙성시킨다.

4. 4~6개월 정도 침출한 다음 건더기를 걸러내고
보관, 음용하며 건더기를 걸러낸 후 2~3개월 더
숙성하여 음용하면 향과 맛이 훨씬 더 부드러워
마시기 편하다.

| 주의사항 |

◉ 치유되는 대로 중단하며, 장기간 과용하지 않는 것이 좋다.

◉ 본 약술을 음용하는 중에 가리는 음식은 없다.

생태적 특성

낙엽활엽 관목으로 키는 2~3m 정도로 자라고 가지는 적게 갈라지며 전체에 가늘고 긴 가시가 밀생하며 회갈색이다. 잎은 장상복엽(掌狀複葉 : 손바닥 모양의 겹잎)에 서로 어긋나고 작은 잎은 3~5개이고 타원상 도란형(거꿀달걀형) 또는 긴 타원형이며 가장자리에는 뾰족한 복거치(겹톱니)가 있고 잎자루는 3~8개 정도로 가시가 많다. 꽃은 산형꽃차례로 가지 끝에 1개씩 달리거나 또는 밑부분에서 갈라지며 7월에 자황색의 꽃이 피고 열매는 둥글고 10~11월에 결실한다.

가시오갈피_ 잎

가시오갈피_ 꽃

기능성 물질및 성분특허 자료

▶ 가시오갈피 추출물을 함유하는 당뇨병의 예방 및 치료용 조성물

본 발명은 가시오갈피 추출물을 함유하는 당뇨병의 예방 및 치료용 조성물에 관한 것으로, 본 발명의 가시오갈피 추출물은 고지방식이 유도 고혈당 마우스에서 혈당상승 억제 활성, 인슐린 저항성 개선 활성 및 경구 당부하 실험에서 혈중 포도당 및 혈중 인슐린 농도를 떨어뜨리는 활성을 나타내므로, 당뇨병의 예방 및 치료용 의약품 및 건강기능식품으로 사용할 수 있다.

– 공개번호 : 10-2005-0080810, 출원인 : (주)한국토종약초연구소

▶ 면역활성을 갖는 가시오갈피 다당체 추출물 및 그 제조방법

본 발명은 다당체 가시오갈피 추출물의 제조방법에 관한 것으로, 더욱 상세하게는 가시오갈피를 열수 추출한 다음, 상기 열수 추출물에 메탄올을 첨가하여 메탄올–불용성 잔사를 수득하고, 이를 증류수로 용해시킨 다음 에탄올을 첨가하여 침전물을 수득하고, 상기 침전물로 조다당 획분을 제조한 다음 염화나트륨을 이용하여 활성획분을 수득하는 것을 특징으로 하는 가시오갈피 다당체 추출물의 제조방법 및 상기 추출물을 함유하는 의약조성물에 관한 것이다.

본 발명에 따른 가시오갈피 다당체 추출물은 점막 면역 증강 효과, 조혈세포의 증식 활성 효과, 종양 전이 활성 억제 효과 및 알레르기 면역 반응 억제 효과를 나타내어, 상기 가시오갈피 다당체 추출물이 함유된 의약조성물을 제공하는 효과도 있다.

– 공개번호 : 10-2006-0122604, 출원인 : 건국대학교 산학협력단

각 약초부위 생김새

가시오갈피_ 지상부

오갈피나무_ 지상부

가시오갈피_ 건조한 줄기

오갈피나무_ 건조한 줄기

가시오갈피_ 뿌리

오갈피나무_ 뿌리

가시오갈피_ 종자

오갈피나무_ 종자

감나무(술)

학 명 : *Diospyros kaki* Thunb.
과 명 : 감나무과(Ebenaceae)
이 명 : 돌감나무, 산감나무, 똘감나무, 과체(果滯), 시화(柿花)
생약명 : 시체(柿蒂), 시정(柿丁), 시목(柿木), 시자(柿子), 시근(柿根), 시목피(柿木皮), 시엽(柿葉)
맛과 약성 : 맛은 달고 떫으며 약성은 차다.
음용법 : 기호와 식성에 따라 꿀, 설탕을 가미하여 음용할 수 있다.

감나무_말린잎

감꼭지

약술 적용 병 증상

1. **고혈압(高血壓)** : 최고혈압과 최저혈압이 정상범위를 넘어 지속되는 증상을 말한다. 30mL를 1회분으로 1일 1~2회씩, 20~30일 정도 음용한다.
2. **숙취(宿醉)** : 술기운이 다음 날까지 남아 있는 증상을 말한다. 30mL를 1회분으로 1일 2회 정도 음용한다.
3. **기타 질환** : 뇌일혈, 방광염, 신장염, 장염, 중풍, 해수에 효과가 있다.

약술 담그기

1. 약효는 잎이나 감꼭지에 가장 많으므로 주로 잎, 감꼭지를 사용한다.
2. 잎은 5~7월에 채취하여 물에 깨끗이 씻어 적당히 잘라 한 번 쪄낸 후 그늘에 말려 사용한다. 감꼭지는 가을에 감을 수확한 후 과육에서 감꼭지만 도려낸 후 깨끗이 씻어 햇볕이나 그늘에 말려 사용한다.
3. 말린 잎을 사용할 경우에는 약 250~270g, 말린 감꼭지를 사용할 경우에는 약 220~250g을 소주 약 3.8~4L에 넣고 밀봉하여 햇볕이 들지 않는 서늘한 곳에 보관, 침출 숙성시킨다.
4. 3~6개월 정도 침출한 다음 건더기를 걸러내고 보관, 음용하며 건더기를 걸러낸 후 2~3개월 더 숙성하여 음용하면 향과 맛이 훨씬 더 부드러워 마시기 편하다.

⊙ 본 약술을 음용하는 중에 참기름을 금한다.

⊙ 치유되는 대로 중단하며, 장기간 과용하지 않는 것이 좋다.

생태적 특성

중·남부지방에 분포하는 낙엽활엽 교목으로 키는 15m 전후로 자라고 가지는 암갈색으로 약간의 털이 나 있다. 잎은 어긋나고 타원형 혹은 도란형에 길이 7~18㎝, 폭 4~10㎝로 잎 밑이 둥글고 끝이 뾰족하며 톱니 모양이 없고 혁질이다. 꽃은 양성화 또는 단성화로 노란색이고 취산꽃차례이며 잎겨드랑이에 달린다. 꽃받침의 하부는 통상이고 4개로 갈라지며 안쪽에 털이 나 있다. 꽃부리는 종 모양인데 4개로 갈라지고 수술이 수꽃에는 16개, 양성화에는 8~16개, 암꽃에는 퇴화된 수술이 8개 있다. 꽃은 5~6월에 노란색으로 피고 열매는 난구형으로 9~10월경에 등황색으로 결실한다.

감나무_수형   감나무_잎   감나무_꽃   감나무_열매

기능성 물질및 성분특허 자료

▶ 감 추출물 또는 타닌(tannin)을 유효성분으로 함유하는 면역관련 질환 치료용 조성물

본 발명은 타닌을 유효성분으로 함유하는 감 추출물 또는 타닌을 유효성분으로 함유하는 면역관련 질환 치료용 약학조성물에 관한 것으로서, 면역관련 질환 치료용 약학조성물 및 건강식품에 관한 것이다. 본 발명에 따르면 타닌을 유효성분으로 함유하는 감 추출물 또는 타닌은 아토피 유발 동물 모델에서 면역관련 세포증가 억제 효과를 나타내고 아토피, 천식, 비염 등과 같은 산화 스트레스에 의한 염증반응의 치료에 유용하다.

- 공개번호 : 10-2009-0084159, 출원인 : 경북대학교 산학협력단

개다래 (술)

학 명 : *Actinidia polygama* (Siebold & Zucc.) Planch. et Maxim.
과 명 : 다래나무과(Actinidiaceae)
이 명 : 개다래나무, 묵다래나무, 말다래, 쥐다래나무, 개다래덩굴, 천료(天蓼),
　　　　　등천료(藤天蓼), 천료목(天蓼木)
생약명 : 목천료(木天蓼), 목천료근(木天蓼根), 목천료자(木天蓼子)
맛과 약성 : 맛이 쓰고 매우며 약성은 따뜻하다. (약간의 독성)
음용법 : 기호와 식성에 따라 꿀, 설탕을 가미하여 음용할 수 있다.

개다래_벌레집(충영)

개다래_건조한 열매

약술 적용 병 증상

1. **산통(疝痛)** : 발작성 복통을 일으키는 증상을 말
한다. 급성위염, 신장결석, 기생충 등의 원인으
로 격심한 복통, 두통과 함께 고환이 붓고 아픈
증상을 말한다. 30mL를 1회분으로 1일 1~2회
씩, 10~15일 정도 음용한다.

2. **안면마비(顔面麻痺)** : 다발성 신경염, 뇌혈관장애,
수막염, 바이러스 감염 또는 추위로 인해 일어나는
증상을 말한다. 30mL를 1회분으로 1일 1~2회씩,
10~15일 정도 음용한다.

3. **통기(通氣)** : 자율신경증에 교감신경을 제대로
순환시키고자 하는 처방으로 30mL를 1회분으로
1일 1~2회씩, 10~15일 정도 음용한다.

4. **기타 질환** : 진통, 소염, 강장, 복통, 요통, 중풍,
진통, 추간판 탈출증, 풍습, 피로회복에 효과가
있다.

약술 담그기

1. 약효는 열매에 있으므로 주로 가을에 채취하여
술을 담근다.

2. 대개 생으로 사용하는데 말린 것도 사용할 수 있다.

3. 생열매를 사용할 경우에는 약 250~300g, 말린
열매를 사용할 경우에는 약 150~200g을 소주 약
3.8~4L에 넣고 밀봉하여 햇볕이 들지 않는 서늘
한 곳에 보관, 침출 숙성시킨다.

4. 4개월 정도 침출시킨 다음 건더기는 걸러내고 보
관, 음용하며 건더기를 걸러낸 후 2~3개월 더 숙
성하여 음용하면 향과 맛이 훨씬 더 부드러워 마
시기 편하다.

⊙ 본 약술을 음용하는 중에 가리는 음식은 없다.

⊙ 치유되는 대로 중단하며, 장기간 과용하지 않는 것이 좋다.

생태적 특성

전국의 깊은 산 계곡 및 산기슭에 자생하는 낙엽덩굴성 식물로 키는 5m 전후로 뻗어나가고 작은 가지에는 연한 갈색의 털이 나 있고 오래된 가지에는 털이 없는 회백색의 작은 껍질눈이 있다. 잎은 넓은 달걀형 또는 난상 타원형에 서로 어긋나고 막질인데 상단부 잎 일부 또는 전부가 흰색이나 노란색으로 변한다. 잎의 길이는 8~4cm, 폭은 3.5~8cm 정도로 잎 끝이 날카로우며 밑부분은 둥글거나 또는 일그러진 심장형이며 가장자리에는 잔톱니 모양이 나 있다. 꽃은 잎겨드랑이에 1개 또는 3개가 나와 비교적 크고 6~7월에 흰색으로 피고 방향성이 있다. 꽃받침은 5개로 난상 타원형이고 꽃잎도 5개로 도란형이다. 열매의 액과는 길고 둥근 달걀형이고 끝이 뾰족하며 9~10월에 귤홍색으로 익는다.

개다래_ 꽃봉오리와 꽃

개다래_ 수형

기능성 물질및 성분특허 자료

▶ 항통풍(抗痛風)활성을 갖는 개다래 추출물을 함유하는 약학조성물

본 발명은 항통풍활성을 갖는 개다래의 추출물을 함유하는 약학조성물 및 건강기능식품을 제공하는 것으로, 개다래 추출물이 고 요산 혈증으로 인한 통풍질환에 대해 요산 함량 강하작용 효과를 가짐으로써 통풍의 예방 및 치료제로서 사용할 수 있다.

– 공개번호 : 10-2004-0080640, 출원인 : (주)한국토종약초연구소

▶ 진통 및 소염 활성을 갖는 개다래의 추출물을 함유하는 조성물

본 발명은 진통 및 소염 활성을 갖는 개다래의 추출물을 함유하는 약학조성물 및 건강보조식품을 제공하는 것으로, 본 발명의 개다래 추출물은 진통 및 소염 효과를 나타내므로 진통 및 염증 치료제로서 사용할 수 있다.

– 공개번호 : 10-2004-0021716, 출원인 : (주)한국토종약초연구소

개다래_충영(벌레집)

개다래_ 채취한 충영

개다래_ 건조한 충영

각 약초부위 생김새

개다래_ 꽃

다래_ 꽃

개다래_ 열매

다래_ 열매

겨우살이 (술)

학 명 : *Viscum album var. coloratum* (Kom.) Ohwi
과 명 : 겨우살이과(Loranthaceae)
이 명 : 겨우사리, 붉은열매겨우사리, 동청(凍靑), 기생초(寄生草)
생약명 : 상기생(桑寄生), 곡기생(槲寄生)
맛과 약성 : 맛은 쓰고 달며 약성은 평(平)하다.
음용법 : 기호와 식성에 따라 꿀, 설탕을 가미하여 음용할 수 있다.

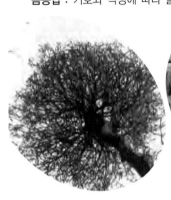

겨우살이_ 잎과 줄기

겨우살이_ 건조한 줄기

약술 적용 병 증상

1. **강장(强腸)** : 위와 장을 보호하기 위한 처방이다. 즉, 소화불량, 십이지장궤양, 위궤양, 위염 등 위장이 좋지 못한 경우를 말한다. 30mL를 1회분으로 1일 1~2회씩, 10~15일 정도 음용한다.

2. **신경통(神經痛)** : 신경에 염증이 생겨 신경이 밀려나면서 통증이 있는 증상을 말한다. 30mL를 1회분으로 1일 1~2회씩, 20~30일 정도 음용한다.

3. **치통(齒痛)** : 치아의 법랑질이 치아의 세균작용에 의해 파괴되고 입안의 음식물이 분해되어 형성된 산의 영향으로 탈피하는 경우이다. 30mL를 1회분으로 1일 1~2회씩, 4~6일 정도 복용한다.

4. **기타 질환** : 향균, 항바이러스, 항염, 항노화, 고혈압, 동맥경화, 산후요통, 항암에 효과가 있다.

약술 담그기

1. 약효는 전체에 있으므로 주로 줄기, 잎을 사용한다.

2. 11월경부터 이듬해 3월 사이에 줄기와 잎을 채취한 다음 깨끗이 씻어 물기를 제거한 후 생으로 쓰거나 말려서 사용한다.

3. 생으로 사용할 경우에는 약 270~300g, 말린 것을 사용할 경우에는 약 150~200g을 소주 약 3.8~4L에 넣고 밀봉하여 햇볕이 들지 않는 서늘한 곳에 보관, 침출 숙성시킨다.

4. 6~8개월 정도 침출한 다음 건더기를 걸러내고 보관, 음용하며 건더기를 걸러낸 후 2~3개월 더 숙성하여 음용하면 향과 맛이 훨씬 더 부드러워 마시기 편하다.

| 주의사항 |

⊙ 치유되는 대로 중단하며, 장기간 과용하지 않는 것이 좋다.

⊙ 본 약술을 음용하는 중에 오이풀이나 하수오(적하수오)를 금한다.

생태적 특성

중·남부지방의 높은 산에서 자라는, 큰 나무에 기생하는 상록 소저목으로 키가 30~60㎝ 정도이며 참나무, 팽나무, 물오리나무, 밤나무, 자작나무 등에 기생하여 자란다. 줄기와 가지는 원주상이고 황록색 또는 녹색에 약간의 다육질이며 2~3갈래로 갈라지고 가지가 갈라지는 곳이 점차 커져서 마디가 생긴다. 잎은 마주나는데 가지 끝에서 나오며 잎자루는 없고 잎은 두터우며 다육질에 황록색 윤채가 난다. 꽃은 이가화로 가지끝 두 잎 사이에서 나오고 4~5월에 미황색 꽃이 피고 꽃자루는 없으며 수꽃은 3~5개, 암꽃은 1~3개이다. 열매는 액과(腋果)로 둥글고 노란색 또는 등황색으로 10~12월에 익는다.

겨우살이_ 나무에 기생한 형태

꼬리겨우살이_열매

기능성 물질및 성분특허 자료

▶ 항노화 활성을 갖는 겨우살이 추출물

본 발명은 항노화 활성을 갖는 겨우살이 추출물에 관한 것으로, 본 발명에 따른 겨우살이 추출물 또는 이를 함유하는 기능성 식품 또는 약제학적 조성물은 생명을 연장시키는 효과가 있으며 전반적인 건강을 향상시키는 효과를 나타내는 바 기능성 식품 또는 의약 분야에서 매우 유용한 발명이다.

– 공개번호 : 10-2010-0102471, 출원인 : (주)미슬바이오텍

▶ 항비만 활성 및 지방간 예방 활성을 갖는 겨우살이 추출물

본 발명은 비만 억제 활성 및 지방간 예방 활성을 갖는 겨우살이 추출물에 관한 것으로, 본 발명 겨우살이 추출물 또는 이를 함유하는 기능성 식품 또는 약제학적 조성물은 항비만 활성을 증강시키고 지방간을 예방하는 효과가 있어 항비만에 뛰어난 효과를 나타내는 바 기능성 식품 또는 의약 분야에서 매우 유용한 발명이다.

– 공개번호 : 10-2011-0136539, 출원인 : (주)미슬바이오텍

골담초 (술)

학 명 : *Caragana sinica* (Buc'hoz) Rehder
과 명 : 콩과(Leguminosae)
이 명 : 금계아(金鷄兒), 황작화(黃雀花), 양작화(陽雀花), 금작근(金雀根), 백심피(白心皮)
생약명 : 골담초근(骨膽草根), 금작화(金雀花)
맛과 약성 : 맛은 쓰고 매우며 약성은 평(平)하다.
음용법 : 기호와 식성에 따라 꿀, 설탕을 가미하여 음용할 수 있다.

골담초_ 뿌리 절편

골담초_ 건조한 뿌리

약술 적용 병 증상

1. 유선염(乳腺炎) : 젖 분비선에 염증이 생기는 증상을 말하며 초산부의 수유기에 많이 발생한다. 30mL를 1회분으로 1일 1~2회씩, 15~20일 정도 음용한다.

2. 근육통(筋肉痛) : 근육이 당겨서 잘 걷지 못하며 통증이 있는 증상이다. 30mL를 1회분으로 1일 1~2회씩, 10~15일 정도 음용한다.

3. 이뇨(利尿) : 노쇠 현상이나 어떤 병증으로 인하여 소변이 순조롭지 못하며 요도에 불쾌감이 오는 증상을 말한다. 30mL를 1회분으로 1일 1~2회씩, 7~10일 정도 음용한다.

4. 기타 질환 : 항염, 고혈압, 강심, 거담, 신경통, 요통, 진통, 통풍에 효과가 있다.

약술 담그기

1. 약효는 뿌리에 있으므로 주로 뿌리를 사용한다.

2. 구입한 후 생으로 사용하거나 말린 것은 잘게 썰어서 사용한다.

3. 생뿌리를 사용할 경우에는 약 200~250g, 말린 뿌리를 사용할 경우에는 약 150~200g을 소주 약 3.8~4L에 넣고 밀봉하여 햇볕이 들지 않는 서늘한 곳에 보관, 침출 숙성시킨다.

4. 4~6개월 정도 침출시킨 다음 건더기는 걸러내고 보관, 음용하며 건더기를 걸러낸 후 2~3개월 더 숙성하여 음용하면 향과 맛이 훨씬 더 부드러워 마시기 편하다.

| 주의사항 |

◉ 치유되는 대로 중단하며, 장기간 과용하지 않는 것이 좋다.

◉ 본 약술을 음용하는 중에 가리는 음식은 없다.

생태적 특성

중·남부지방의 산지에서 자생 또는 재배하는 낙엽활엽 관목으로 키가 1~2m 정도로 줄기는 곧게 뻗거나 다수가 모여서 나고 작은 가지는 가늘고 길며 변형된 가지가 있다. 잎은 우수(偶數: 짝수) 깃꼴겹잎이며 작은 잎은 5개로 도란형에 잎끝은 둥글거나 오목하게 들어가고 돌기가 있는 것도 있다. 꽃은 단성(單性)에 4~5월에 노란색으로 피는데 3~4일 지나면 적갈색으로 변한다. 수술은 10개에 암술이 1개로 자방은 자루가 없고 암술대는 곧게 서 있다. 열매는 두과로 꼬투리 속에 종자가 4~5개씩 들어 있으나 결실하지 못한다.

골담초_수형

골담초_꽃

골담초꽃_꼬투리

기능성 물질및 성분특허 자료

▶ 골담초를 포함하는 천연유래물질을 이용한 통증 치료제 및 화장품의 제조방법 및 그 통증 치료제와 그 화장품

본 발명에 따른 골담초를 포함하는 천연유래물질을 이용한 통증 치료제 및 화장품의 제조방법은 현미 또는 백미와 누룩과 미생물과 미네랄 농축수가 혼합된 제1용액을 발효하는 단계, 골담초를 포함하는 천연유래물질의 생약원료와 미생물이 혼합된 제2용액을 상기 제1용액에 혼합 후 발효하는 단계, 상기 생약원료를 가열 및 가압하여 열수를 추출하는 단계, 상기 발효된 제1용액 및 제2용액과 상기 추출된 열수를 혼합하여 증류시키는 단계 및 상기 증류된 용액을 여과하는 단계를 포함하는 것을 특징으로 한다. 이에 의하여 부작용이 없고 단기간에 탁월한 통증치료의 효과를 발휘할 수 있으며, 통증 치료제와 함께 화장품의 제조도 가능하다.

– 공개번호 : 10-2014-0118173, 출원인 : (주)파인바이오

▶ 골담초 추출물을 함유하는 자외선으로 인한 피부 손상 방지용 및 주름 개선용 화장료 조성물

본 발명은 골담초 추출물을 함유하는 자외선으로 인한 피부 손상 방지용 및 주름 개선용 화장료 조성물에 관한 것으로, 본 발명의 골담초 추출물은 자외선으로 인한 피부의 손상을 방지할 수 있고, 본 발명의 골담초 에탄올 추출물은 피부 탄력을 개선시킬 수 있다.

– 공개번호 : 10-2014-0006139, 출원인 : (주)래디안

구기자나무 (술)

학 명 : *Lycium chinense* Mill.
과 명 : 가지과(Solanaceae)
이 명 : 감채자(甘菜子), 구기자(拘杞子), 구기근(拘杞根), 구기근피(拘杞根皮), 지선묘(地仙苗),
천정초(天庭草), 구기묘(拘杞苗), 감채(甘菜)
생약명 : 구기자(拘杞子), 지골피(地骨皮), 구기엽(拘杞葉)
맛과 약성 : 맛은 달고 매우며 약성은 차다(평(平)하다고도 함).
음용법 : 기호와 식성에 따라 꿀, 설탕을 가미하여 음용할 수 있다.

구기자나무_ 열매

구기자나무_ 건조한 뿌리

──── 약술 적용 병 증상 ────

1. 당뇨(糖尿) : 췌장에서 분비되는 인슐린 부족으로 오는 증상이다. 당뇨병에 음나무 술과 함께 음용하면 효과적이다. 30mL를 1회분으로 1일 1~2회씩, 30~40일 정도 음용한다.

2. 보양(補陽) : 남자의 양기와 정신력과 원기를 돋우는 처방이다. 30mL를 1회분으로 1일 1~2회씩, 30~40일 정도 음용한다.

3. 빈혈(貧血) : 혈액 속에 적혈구나 헤모글로빈이 부족하여 어지럼증을 일으키는 증세이다. 30mL를 1회분으로 1일 1~2회씩, 15~20일 정도 음용한다.

4. 기타 질환 : 고지혈증, 소염, 자양강장, 강정, 건위, 두통, 불면증, 신경쇠약, 요실금, 조갈증, 건강증진, 기억력, 치매에 효과가 있다.

──── 약술 담그기 ────

1. 약효는 열매, 줄기, 뿌리에 있으므로 주로 열매, 줄기, 뿌리를 사용한다. 뿌리는 껍질(지골피)을 사용한다.

2. 열매는 씻어 사용하고 줄기나 뿌리는 적당한 크기로 잘라 씻어서 사용한다.

3. 열매, 줄기나 뿌리를 생으로 사용할 경우에는 약 250~300g, 말린 것을 사용할 경우에는 약 100~150g을 소주 약 3.8L에 넣고 밀봉하여 햇볕이 들지 않는 서늘한 곳에 보관, 침출 숙성시킨다.

4. 3~6개월 정도 침출한 다음 건더기는 걸러내고 보관, 음용하며 건더기를 걸러낸 후 2~3개월 더 숙성하여 음용하면 향과 맛이 훨씬 더 부드러워 마시기 편하다.

⊙ 치유되는 대로 중단하며, 장기간 과용하지 않는 것이 좋다.

⊙ 본 약술을 음용하는 중에 가리는 음식은 없다.

⊙ 당뇨병이 있다면 음용 시 꿀, 설탕을 가미하지 않는다.

생태적 특성

전국의 울타리나 인가 근처 또는 밭둑에서 자라거나 재배하는 낙엽활엽 관목이다. 키가 1~2m 정도로, 줄기가 많이 갈라지고 비스듬하게 뻗어나가며 다른 물체에 기대어 자라는 것은 3~4m 이상 자라는 것도 있다. 줄기 끝이 밑으로 처지고 가시가 나 있으며 잎은 서로 어긋나거나 2~4개가 짧은 가지에 모여 나며 넓은 달걀형 또는 달걀 모양 피침형에 가장자리는 밋밋하고 잎자루가 1㎝ 정도이다. 꽃은 1~4개씩 단생하거나 잎겨드랑이에 달리고 꽃부리는 자주색으로 6~9월에 꽃이 핀다. 열매는 장과로 난상 타원형이며 7~10월에 선홍색으로 익는다.

구기자_수형   구기자_꽃   구기자_열매

기능성 물질및 성분특허 자료

▶ 구기자 추출물을 포함하는 학습 및 기억력 향상 생약조성물

본 발명은 구기자 추출물을 유효성분으로 함유하는 학습 및 기억력 향상 생약조성물에 관한 것으로, 구체적으로 본 발명의 생약조성물은 구기자를 유기용매로 추출하고 동결건조시켜 제조한 구기자 추출물을 유효성분으로 함유하여 학습능력을 향상시키고 기억력을 증진시키는 효과가 우수하므로 청소년의 학습능력 및 기억능력의 향상, 노년기의 건망증 또는 치매 예방 및 치료제로서 유용하게 사용될 수 있을 뿐 아니라 건강보조식품 및 식품 첨가제로도 응용될 수 있다.

– 공개번호 : 10-2002-0038381, 출원인 : 퓨리메드(주)

귤(진피)(술)

학 명 : *Citrus unshiu* S.Marcov.
과 명 : 운향과(Rutaceae)
이 명 : 귤나무, 참귤나무, 밀감나무, 온주밀감(溫州蜜柑)
생약명 : 진피(陳皮), 청피(靑皮)
맛과 약성 : 맛은 맵고 쓰며 약성은 따뜻하다.
음용법 : 기호와 식성에 따라 꿀, 설탕을 가미하여 음용할 수 있다.

귤_ 건조한 청피

귤_ 건조한 과피(절단)

약술 적용 병 증상

1. **어체(魚滯)** : 담수어나 바다고기 등을 먹고 체한 경우이다. 30mL를 1회분으로 1일 1~2회씩, 3~5일 정도 음용한다.

2. **위팽만(胃膨滿)** : 위가 부풀어 터질 듯한 증세로 배를 두드리면 북소리가 나며 심하면 온몸이 붓는다. 30mL를 1회분으로 1일 1~2회씩, 5~10일 정도 음용한다.

3. **흉협팽만(胸脇膨滿)** : 명치에서부터 양 옆구리에 걸쳐 사지를 누르면 긴장감과 저항이 느껴지고 압통이 나는 병증이다. 30mL를 1회분으로 1일 1~2회씩, 1~2일 정도 음용한다.

4. **기타 질환** : 감기, 해열, 진통, 피로해소, 거담, 진해, 소화불량, 유즙 결핍, 산후부종에 효과가 있다.

※ 방향성(芳香性) : 좋은 향기를 내는 성질

약술 담그기

1. 약효는 과일(껍질)에 있으므로 주로 과일(껍질)을 사용한다. 방향성(芳香性)이 있다.

2. 농약을 사용하지 않은 귤을 깨끗이 씻어 껍질을 벗겨 말린 다음 1년 정도 저장하였다가 사용한다.

3. 말린 귤껍질 약 180~200g을 소주 약 3.8~4L에 넣고 밀봉하여 햇볕이 들지 않는 서늘한 곳에 보관, 침출 숙성시킨다.

4. 3~4개월 정도 침출한 다음 건더기를 걸러내고 보관, 음용하며 건더기를 걸러낸 후 2~3개월 더 숙성하여 음용하면 향과 맛이 훨씬 더 부드러워 마시기 편하다.

◉ 신체허약자나 다한증(多汗症)이 있다면 음용하지 않는다.

◉ 본 약술을 음용하는 중에 가리는 음식은 없다.

생태적 특성

제주도 및 남부지방에서 과수로 재배하는 상록활엽 소교목으로 키가 3~5m 정도이며 가지에는 가시가 있거나 없고 햇가지는 편평하다. 잎은 피침형 또는 넓은 피침형에 서로 어긋나 있고 잎 밑쪽은 좁으며 잎끝은 날카롭고 가장자리가 밋밋하거나 파상의 잔톱니 모양이 나 있다. 꽃은 5~6월에 흰색으로 피고 향기가 있으며 꽃받침 잎과 꽃잎은 각각 5개이고 20개 정도의 수술과 1개의 암술이 있다. 열매는 편구 형이고 10~11월에 등황색으로 익는다.

귤_ 덜 익은 열매

귤_ 익은 열매

기능성 물질및 성분특허 자료

▶ 귤나무속(屬) 열매 발효물을 유효성분으로 포함하는 항바이러스용 조성물

본 발명은 귤나무속(genus citrus) 열매 발효물을 유효성분으로 포함하는 항바이러스 조성물에 관한 것으로, 구체적으로 본 발명의 귤나무속(屬) 열매 분쇄물 및 발효물은 인체 독성이 없고, 다양한 형태의 인플루엔자 바이러스(influenza virus), 로타바이러스(rotavirus) 및 코로나 바이러스(corona virus)에 대한 증식 저해 효과가 있으므로 항바이러스능을 갖는 약학적 조성물 또는 상기 목적의 건강식품 및 사료첨가제로 유용하게 사용될 수 있다.

－ 공개번호 : 10-2014-0106198, 출원인 : 한국생명공학연구원2024 · (주)휴림 · 인하대학교 산학협력단

▶ 귤껍질 분말 또는 이의 추출물을 함유하는 위장 질환 예방 및 치료용 조성물

본 발명은 귤껍질 분말 또는 이의 추출물을 유효성분으로 함유하는 조성물에 관한 것으로, 상세하게는 귤껍질 분말 또는 이의 추출물은 위장의 궤양 저해 효과를 나타내므로 위장 질환 예방 및 치료용 약학조성물 및 건강기능식품으로 이용될 수 있다.

－ 공개번호 : 10-2008-0094982, 출원인 : 강릉원주대학교 산학협력단

약초부위 생김새

귤_ 꽃봉오리와 꽃

귤_ 수피

귤_ 어린 열매

귤_ 덜 익은 열매

귤_ 수형

귤_ 꽃

귤_ 열매

유자나무_ 꽃

유자나무_ 열매

탱자나무_ 꽃

탱자나무_ 열매

꾸지뽕나무 (술)

학 명 : *Cudrania tricuspidata* (Carr.) Bureau ex Lavallee
과 명 : 뽕나무과(Moraceae)
이 명 : 구지뽕나무, 굿가시나무, 활뽕나무, 자수(柘樹)
생약명 : 자목백피(柘木白皮)
맛과 약성 : 맛은 달고 약성은 따뜻하다.
음용법 : 기호와 식성에 따라 꿀, 설탕을 가미하여 음용할 수 있다.

꾸지뽕나무_ 건조한 뿌리 절편

꾸지뽕나무_ 익은 열매

약술 적용 병 증상

1. **생리통(生理痛)** : 일반적인 생리 전후에 따르는 현상으로 주로 아랫배가 심히 아픈 증세를 총칭하는 말이다. 30mL를 1회분으로 1일 3~4회씩, 2~3일 정도 음용한다.

2. **명목(明目)** : 주로 노쇠현상에서 오는 경우로 눈이 침침하여 사물을 알아보기 힘든 경우에 눈을 밝게 하기 위한 처방이다. 30mL를 1회분으로 1일 2~3회씩, 10~15일 정도 음용한다.

3. **익기(益氣)** : 몸속의 기력을 보완하기 위한 처방이다. 30mL를 1회분으로 1일 2~3회씩, 15~20일 정도 음용한다.

4. **기타 질환** : 소염, 염좌, 항암, 혈관 강화, 강장, 관절통, 요통, 타박상, 해열, 활혈, 아토피 질환에 효과가 있다.

약술 담그기

1. 약효는 주로 나무껍질이나 가지, 뿌리에 있으며 익은 열매도 사용할 수 있다.

2. 나무껍질이나 가지는 단오 전후의 봄에 채취하여 깨끗이 씻어 말린 다음 썰어서 사용하며 뿌리는 늦가을에 채취하여 말려 사용한다.

3. 말린 나무껍질이나 가지, 뿌리를 사용할 경우에는 약 150~200g, 익은 열매를 사용할 경우에는 약 200~250g을 소주 약 3.8~4L에 넣고 밀봉하여 햇볕이 들지 않는 서늘한 곳에 보관, 침출 숙성시킨다.

4. 나무껍질이나 가지, 뿌리는 6~8개월, 열매는 1~2개월 정도 침출한 다음 건더기를 걸러내고 보관, 음용하며 건더기를 걸러낸 후 2~3개월 더 숙성하여 음용하면 향과 맛이 훨씬 더 부드러워 마시기 편하다.

| 주의사항 |

⦿ 치유되는 대로 중단하며, 장기간 과용하지 않는 것이 좋다.

⦿ 본 약술을 음용하는 중에 도라지, 복령, 지네, 철을 금한다.

생태적 특성

전국의 산야에 자생 또는 재배하는 낙엽활엽 소교목 또는 관목이다. 뿌리는 황색에 가지는 많이 갈라지고 검은 녹갈색이며 광택이 있고 딱딱한 억센 가시가 있다. 잎은 난형 또는 도란형에 서로 어긋나며 혁질에 가깝고 밑부분은 원형으로 잎끝은 뭉툭하거나 날카롭다. 잎 가장자리는 밋밋하고 표면은 암녹색에 털이 나 있으나 성장하면서 중앙의 맥에만 조금 남고 그 이외에는 털이 없어진다. 꽃은 단성에 암수딴그루로 모두 두화를 이루며 5~6월에 노란색 꽃이 피고 열매는 둥글고 9~10월에 빨간색으로 익는다.

꾸지뽕_수형

꾸지뽕_꽃

꾸지뽕_덜 익은 열매

기능성 물질및 성분특허 자료

▶ 꾸지뽕나무 잎 추출물을 포함하는 신경세포 손상의 예방 또는 치료용 조성물

본 발명은 꾸지뽕나무 잎의 메탄올 추출물 또는 에탄올 추출물을 포함하는 신경세포 손상의 예방, 개선 또는 치료용 조성물에 관한 것이다. 또한 본 발명의 조성물은 척수 손상, 말초신경 손상, 퇴행성 뇌 질환, 뇌졸중, 치매, 알츠하이머병, 파킨슨병, 헌팅턴병, 픽(Pick)병 또는 크로이츠펠트야콥병 등의 예방, 개선 또는 치료를 위하여 사용될 수 있다.

- 공개번호 : 10-2013-0016679, 출원인 : 한창석

▶ 꾸지뽕나무 줄기 추출물을 함유하는 아토피질환 치료용 조성물

본 발명은 꾸지뽕나무 추출물을 유효성분으로 함유하는 조성물에 관한 것으로, 보다 구체적으로는 꾸지뽕나무 줄기 추출물을 함유하는 아토피 유사 피부질환 예방 및 치료용 약학조성물 또는 건강 기능성 식품에 관한 것이다.

- 공개번호 : 10-2013-0019352, 출원인 : 한양대학교 산학협력단

▶ 꾸지뽕나무 잎 추출물을 포함하는 췌장암의 예방 및 치료용 조성물

본 발명은 꾸지뽕나무 잎의 에탄올 추출물을 포함하는 췌장암의 예방 또는 치료용 약학조성물에 관한 것이다. 또한 본 발명은 꾸지뽕나무 잎의 에탄올 추출물을 포함하는 췌장암의 예방 또는 개선용 식품조성물에 관한 것이다.

- 공개번호 : 10-2013-0016678, 출원인 : 한창석

각 약초부위 생김새

꾸지뽕나무_ 잎

뽕나무_ 잎

꾸지뽕나무_ 꽃

뽕나무_ 꽃

꾸지뽕나무_ 열매

뽕나무_ 열매

꾸지뽕나무_ 수피

뽕나무_ 수피

감국 (술)

학 명 : *Dendranthema indicum* (L.) DesMoul.
과 명 : 국화과(Compositae)
이 명 : 국화, 들국화, 선감국, 황국
생약명 : 감국(甘菊), 야국(野菊)
맛과 약성 : 맛은 달고 쓰며 약성은 약간 차다.
음용법 : 기호와 식성에 따라 꿀, 설탕을 가미하여 음용할 수 있다.

감국_ 꽃 말린것

감국_ 건조한 꽃 봉우리

약술 적용 병 증상

1. **위냉증(胃冷症)** : 냉병으로 생긴 배앓이 병으로 배를 만져보면 아래가 차며 소화불량에 걸리거나 음식을 먹으면 자주 체하는 증상을 말한다. 30mL를 1회분으로 1일 1~2회씩, 15~20일 정도 음용한다.

2. **풍비(風痺)** : 풍사(風邪)가 경락에 침입하여 기혈의 흐름을 가로막아 관절과 기육(肌肉)에 걸리고 아프며 심한 통증이 일어나는 증세이다. 30mL를 1회분으로 1일 1~2회씩, 7~10일 정도 음용한다.

3. **기타 질환** : 고혈압, 당뇨, 강심, 두통, 복통, 빈혈, 열독증, 치열, 풍습, 현기증에 효과가 있다.

약술 담그기

1. 약효는 꽃과 전초에 있으므로 주로 꽃을 포함한 전초를 사용한다(주로 꽃을 사용). 방향성(芳香性)이 있다.

2. 채취한 전초를 말려 사용한다. 꽃만 사용하면 더욱 효과적이다.

3. 병에 들어갈 수 있도록 잘게 잘라서 사용한다.

4. 말린 전초 또는 말린 꽃 약 200~250g을 소주 약 3.8~4L에 넣고 밀봉하여 햇볕이 들지 않는 서늘한 곳에 보관, 침출 숙성시킨다.

5. 3~4개월 정도 침출한 다음 건더기를 걸러내고 보관, 음용하며 건더기를 걸러낸 후 2~3개월 더 숙성하여 음용하면 향과 맛이 훨씬 더 부드러워 마시기 편하다.

◉ 치유되는 대로 중단하며, 장기간 과용하지 않는 것이 좋다.

◉ 본 약술을 음용하는 중에 가리는 음식은 없다.

생태적 특성

전국의 산과 들에서 자라는 다년생 초본이다. 생육환경은 양지 혹은 반그늘의 풀숲에서 자란다. 키는 30~80cm이고 잎의 길이는 3~5cm, 폭 2.5~4cm이며 새의 날개처럼 깊게 갈라지고 끝에 톱니 모양이 나 있다. 꽃은 9~11월에 노란색으로 줄기와 가지 끝에 펼쳐지듯 뭉쳐 피며 지름은 2.5cm 정도이다. 열매는 12월경에 달리고 작은 종자들이 많이 들어 있다.

감국_지상부   감국_꽃봉우리   감국_꽃

기능성 물질및 성분특허 자료

▶ 감국 추출물을 함유하는 당뇨병, 당뇨 합병증의 예방 및 치료용 약학 조성물

본 발명은 감국 추출물을 포함하는 당뇨병, 당뇨 합병증의 예방 및 치료용 조성물에 관한 것이다. 본 발명의 당뇨병, 당뇨 합병증의 예방 및 치료를 위한 조성물은 조성물 총중량에 대하여 감국 추출물을 0.5~50중량%로 포함한다.

– 공개번호 : 10-2009-0106700, 출원인 : 김성진

감초(술)

학 명 : *Glycyrrhiza uralensis* Fisch.
과 명 : 콩과(Leguminosae)
이 명 : 우랄감초, 만주감초, 국노(國老), 첨초(甛草)
생약명 : 감초(甘草)
맛과 약성 : 맛은 달고 약성은 평(平)하다.
음용법 : 기호와 식성에 따라 꿀, 설탕을 가미하여 음용할 수 있다.

감초_ 뿌리

감초_ 뿌리(절편)

약술 적용 병 증상

1. 오장보익(五臟補益) : 오장의 피로를 개선해준다. 30mL를 1회분으로 1일 1~2회씩, 20~30일 정도 음용한다.

2. 근골격통(筋骨格通) : 근육과 뼈에서 일어나는 통증으로 운동이 어려워지는 증상을 말한다. 30mL를 1회분으로 1일 1~2회씩, 20~30일 정도 음용한다.

3. 기타 질환 : 해독, 위염, 위궤양, 항알레르기, 항염, 건망증, 과실중독, 비위허약, 소변불통, 신경쇠약, 심장병, 편도선염에 효과가 있다.

약술 담그기

1. 약효는 뿌리에 있으므로 주로 뿌리를 사용한다. 약간의 방향성(芳香性)이 있다.

2. 대개는 약재상에서 가공, 건조하여 절단된 약재를 구입하여 사용한다.

3. 오래 묵지 않은 약재가 더욱 효과적이다.

4. 말린 뿌리 약 200~250g을 소주 약 3.8~4L에 넣어 밀봉하여 햇볕이 들지 않는 서늘한 곳에 보관, 침출 숙성시킨다.

5. 2~3개월 정도 침출한 다음 건더기를 걸러내고 보관, 음용하며 건더기를 걸러낸 후 2~3개월 더 숙성하여 음용하면 향과 맛이 훨씬 더 부드러워 마시기 편하다.

⦿ 치유되는 대로 중단하며, 장기간 과용하지 않는 것이 좋다.

⦿ 본 약술을 음용하는 중에 가리는 음식은 없다.

생태적 특성

다년생의 콩과식물로 중국 북부지방 및 시베리아, 이태리 남부, 만주, 몽고 등지에 자생 또는 재배된다. 감초의 뿌리는 거의 원주형이며 지름은 5~30㎜이고 키는 1~1.5m에 이른다. 잎은 주맥으로부터 새의 깃털 모양으로 갈라져 겹잎인 우상복엽(羽狀複葉)으로 아까시나무 잎과 비슷하다. 줄기 전체에 작은 털이 밀생한다. 꽃은 연한 자주색으로 7~8월에 잎겨드랑이에서 총상꽃차례로 핀다. 열매는 길이 6~8㎝로 굽은 장원형이며 종자는 겉에 털이 별로 없고 검은 빛을 띠고 있다. 전량 수입에 의존했으나 우리나라에서도 재배에 성공하여 재배면적이 확대되고 있다. 건강식물의 대표 역할을 하는 감초는 텃밭 재배도 권장할 만한 식물이다.

감초_지상부   감초_꽃봉우리   감초_열매

기능성 물질및 성분특허 자료

▶ 감초 추출물을 유효성분으로 함유하는 퇴행성 신경질환 예방 및 치료용 조성물

본 발명의 감초 추출물은 산화적 스트레스에 대한 신경세포의 산화적 손상을 억제하여 신경세포를 보호하면서 세포사멸을 억제하는 효과가 매우 우수하고 인체에는 거의 무해한 효과를 제공함으로써 새로운 퇴행성 신경질환 예방 및 치료용 조성물을 제공한다.

– 공개번호 : 10-2009-0016883, 출원인 : 경남대학교 산학협력단

구릿대(술)

학 명 : *Angelica dahurica* (Fisch. ex Hoffm.) Benth. & Hook.f. ex Franch. & Sav.
과 명 : 산형과(Umbelliferae)
이 명 : 구리때, 백채, 방향, 두약, 택분, 삼려, 향백지
생약명 : 백지(白芷)
맛과 약성 : 맛은 맵고 약성은 따뜻하다.
음용법 : 기호와 식성에 따라 꿀, 설탕을 가미하여 음용할 수 있다.

구릿대_ 뿌리 절단 단면

구릿대_ 뿌리

약술 적용 병 증상

1. **치질(痔疾)** : 항문 근처가 붓고 아프고 가려운 증상을 말한다. 변을 보기가 거북하고 출혈이 생겨 앉기도 힘들다. 30mL를 1회분으로 1일 2~3회씩, 30~40일 정도 음용한다.

2. **혈붕(血崩)** : 염증으로 자궁이나 항문에 벌집처럼 구멍이 난 곳으로 배설물이나 대하 또는 피가 새어나오는 증상을 말한다. 30mL를 1회분으로 1일 2~3회씩, 20~25일 정도 음용한다.

3. **요독증(尿毒症)** : 신장의 기능이 부진하여 소변으로 배출되어야 할 성분이 혈액 속에 남아 있어 일어나는 중독 증상을 말한다. 30mL를 1회분으로 1일 3~4회씩, 15~20일 정도 음용한다.

4. **기타 질환** : 항균, 신경통, 천식, 진통, 진정, 두통, 풍한, 생리통, 한열왕래, 통풍, 요혈, 두드러기에 효과가 있다.

약술 담그기

1. 약효는 뿌리에 있으므로 주로 뿌리를 사용한다.

2. 뿌리를 깨끗이 씻어 말린 다음 적당한 크기로 잘라서 사용한다.

3. 말린 뿌리 약 200~250g을 소주 약 3.8~4L에 넣고 밀봉하여 햇볕이 들지 않는 서늘한 곳에 보관, 침출 숙성시킨다.

4. 3~4개월 정도 침출한 다음 건더기는 걸러내고 보관, 음용하며 건더기를 걸러낸 후 2~3개월 더 숙성하여 음용하면 향과 맛이 훨씬 더 부드러워 마시기 편하다.

⦿ 치유되는 대로 중단하며, 장기간 과용하지 않는 것이 좋다.

⦿ 본 약술을 음용하는 중에 선복화(금불초)를 금하며 음기 허약자는 장기 음용하지 않는다.

생태적 특성

전국의 산골짜기에 자생하며 농가에서 재배한다. 2~3년생 초본 식물로 1~2m 정도로 곧게 자라며 줄기는 원기둥 모양이고 뿌리 부근은 자홍색을 나타낸다. 뿌리는 거칠고 크다. 뿌리에서 나오는 근생엽은 잎자루가 길며 2~3회 깃 모양으로 갈라지고 끝 부분의 작은 잎은 다시 3개로 갈라지며 타원형으로 톱니 모양이 나 있고 끝이 뾰족하다. 6~8월에 흰색 꽃이 피는데 꽃대 끝에서 많은 꽃이 우산 모양으로 나와서 끝마디에 꽃이 하나씩 붙는 산형꽃차례(傘形花序)이다. 열매는 9~10월에 맺는다.

구릿대_지상부   구릿대_꽃   구릿대_열매

기능성 물질및 성분특허 자료

▶ 항천식 활성을 갖는 백지 추출물을 함유하는 조성물

본 발명은 항천식 활성을 갖는 백지(구릿대 뿌리) 추출물을 함유하는 조성물에 관한 것으로, 백지 추출물을 함유하는 조성물은 천식의 예방 및 치료용 약학적 조성물 또는 건강보조식품 또는 건강기능식품으로서 유용하게 이용될 수 있다.

– 공개번호 : 10-2011-0071729, 출원인 : 한국한의학연구원

▶ 백지 추출물을 유효성분으로 함유하는 장출혈성 대장균 감염증의 예방 또는 치료용 약학조성물

본 발명은 백지(구릿대 뿌리) 추출물을 유효성분으로 함유하는 장출혈성 대장균 감염증의 예방 또는 치료용 약학조성물에 관한 것이다. 본 발명에 따른 백지 추출물은 장출혈성 대장균 O157:H7에 대한 항균 활성을 우수하게 나타냄으로써 장출혈성 대장균 감염증의 예방 또는 치료에 유용하게 사용될 수 있다.

– 공개번호 : 10-2013-0096088, 출원인 : 경희대학교 산학협력단

구절초(술)

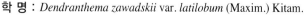

학 명 : *Dendranthema zawadskii* var. *latilobum* (Maxim.) Kitam.
과 명 : 국화과(Compositae)
이 명 : 서흥구절초, 넓은잎구절초, 낙동구절초, 선모초, 찰씨국
생약명 : 구절초(九折草)
맛과 약성 : 맛은 쓰고 약성은 따뜻하다.
음용법 : 기호와 식성에 따라 꿀, 설탕을 가미하여 음용할 수 있다.

구절초_꽃(건조)

구절초_전초

약술 적용 병 증상

1. **보신(補身)** : 몸이 냉하거나 허약할 때 사용한다. 30mL를 1회분으로 1일 1~2회씩, 15~20일 정도 음용한다.
2. **불임증(不姙症)** : 결혼 후 3년이 지나도 임신이 안 되는 경우이다. 30mL를 1회분으로 1일 1~2회씩, 20일 이상 음용한다.
3. **부인병(婦人病)** : 여성에게 신체적으로 이상이 생겨 일어나는 병을 전체적으로 부인병이라고 일컫는다. 30mL를 1회분으로 1일 1~2회씩, 20일 이상 음용한다.
4. **기타 질환** : 월경불순, 자궁냉증, 당뇨, 항암, 강장, 건위, 소화불량증, 신경통, 조루증, 중풍, 현기증에 효과가 있다.

약술 담그기

1. 약효는 뿌리를 포함한 전초에 있다. 특히 음력 9월 9일(가을) 전후해서 채취하는 것이 약효가 좋다고 하며 햇볕에 말려 적당한 크기로 잘라서 쓴다. 방향성(芳香性)이 있다.
2. 1년 이상 묵은 것은 약효가 반으로 떨어진다.
3. 말린 전초 약 150~200g을 소주 약 3.8~4L에 넣고 밀봉하여 햇볕이 들지 않는 서늘한 곳에 보관, 침출 숙성시킨다.
4. 3~4개월 정도 침출한 다음 건더기를 걸러내고 보관, 음용하며 건더기를 걸러낸 후 2~3개월 더 숙성하여 음용하면 향과 맛이 훨씬 더 부드러워 마시기 편하다.

| 주의사항 |

- ⊙ 치유되는 대로 중단하며, 장기간 과용하지 않는 것이 좋다.
- ⊙ 남성이 장기간 복용하면 양기가 준다고 전해진다.
- ⊙ 본 약술을 음용하는 중에 가리는 음식은 없다.

생태적 특성

전국의 산야에 분포하는 숙근성 다년생 초본이다. 땅속의 뿌리줄기가 옆으로 길게 뻗으며 번식하고 키는 50㎝ 정도로 곧게 자란다. 잎은 달걀 모양이며 어긋나고 새 깃 모양으로 깊게 갈라지고 갈라진 잎 조각은 다시 몇 갈래로 갈라지거나 끝이 둔한 톱니 모양으로 갈라진다. 꽃은 9~10월에 원줄기와 가지 끝에 흰색 또는 연분홍색으로 1송이씩 달려 핀다. 열매는 장타원형이며 성숙해도 껍질이 작고 말라서 단단하여 터지지 않고 가죽질이나 나무질로 되어 있는 수과로 10~11월에 결실한다.

구절초_군락

기능성 물질및 성분특허 자료

▶ 구절초 추출물을 포함하는 신장암 치료용 조성물 및 건강기능성 식품

본 발명은 구절초 에탄올 추출물을 유효성분으로 함유하는 신장암 예방 및 치료용 조성물과 식품학적으로 허용 가능한 식품보조 첨가제를 포함하는 구절초 에탄올 추출물을 유효성분으로 함유하는 신장암 예방용 기능성 식품에 관한 것이다. 본 발명에 따른 신장암 치료용 조성물 및 기능성 식품은 신장암 세포의 성장을 억제하고 세포사멸을 유도하는 효과가 있어 신장암 치료 및 예방에 효과적으로 사용할 수 있다.

― 공개번호 : 10-2012-0111121, 출원인 : (주)한국전통의학연구소

▶ 구절초 추출물을 유효성분으로 함유하는 위장관 질환의 예방 및 치료용 조성물

구절초 추출물 또는 구절초 분획물은 헬리코박터 파일로리(Helicobacter pylori)의 생육억제 활성, 헬리코박터 파일로리 우레아제 저해 활성 및 자유라디칼 소거 활성을 나타냄으로써 위장관 질환의 치료 및 예방용 약학조성물로 유용하게 이용될 수 있다.

― 공개번호 : 10-2010-0044433, 출원인 : (주)유영제약

▶ 구절초 추출물을 포함하는 당뇨 질환의 예방 및 치료용 조성물

본 발명은 구절초 추출물을 포함하는 당뇨 질환 예방 및 치료용 조성물에 관한 것이다. 본 발명에 따른 구절초 추출물을 포함하는 조성물은 췌장 베타세포의 손상을 억제하고 손상된 췌장 베타세포를 회복시켜, 인슐린 분비가 원활히 이루어지도록 하고 당 독성을 방지하는 작용을 할 수 있다.

― 등록번호 : 10-1236588-0000, 출원인 : 구절초시인과 전복신랑영농조합법인

약초부위 생김새

구절초_지상부

구절초_잎(앞면)

구절초_잎(뒷면)

구절초_꽃(앞면)

구절초_꽃(뒷면)

구절초_열매

결명자 (술)

학 명 : *Senna tora* (L.) Roxb.
과 명 : 콩과(Leguminosae)
이 명 : 긴강남차, 결명차, 초결명
생약명 : 결명자(決明子)
맛과 약성 : 맛은 달고 짜고 쓰며 약성은 약간 차다.
음용법 : 기호와 식성에 따라 꿀, 설탕을 가미하여 음용할 수 있다.

결명자_ 열매

결명자_ 종자

약술 적용 병 증상

1. **늑막염(肋膜炎)** : 흉곽막에 염증이 생기는 것으로 늑막에 액이 고인 상태를 말한다. 헛기침, 식욕부진, 두통, 재채기, 딸꾹질과 늑골 부위에 통증이 온다. 30mL를 1회분으로 1일 1~2회씩, 15~20일 정도 음용한다.

2. **담석증(膽石症)** : 담낭에 결석이 생겨 심한 통증이 오는 경우이며 구토, 오한, 변비와 경련, 허탈 증세가 생긴다. 30mL를 1회분으로 1일 1~2회씩, 25~30일 정도 음용한다.

3. **눈망울이 아플 때** : 눈병의 질환으로 인하여 수정체나 흰자위의 눈망울에 통증이 오는 경우이다. 30mL를 1회분으로 1일 1~2회씩, 15~20일 정도 음용한다.

4. **기타 질환** : 고혈압, 항균, 간염, 간경변, 변비, 위장병, 두통, 풍열, 명목, 야맹증, 정수고갈, 홍안에 효과가 있다.

약술 담그기

1. 약효는 열매에 있으므로 주로 열매를 사용한다. 열매가 없을 경우 잎을 사용할 수도 있다.

2. 구입하거나 채취한 열매를 깨끗이 씻어 말린 다음 사용한다.

3. 말린 열매 또는 잎 약 200~250g을 소주 약 3.8~4L에 넣고 밀봉하여 햇볕이 들지 않는 서늘한 곳에 보관, 침출 숙성시킨다.

4. 열매는 2~3개월, 잎은 1~2개월 정도 침출한 다음 건더기를 걸러내고 보관, 음용하며 건더기를 걸러낸 후 2~3개월 더 숙성하여 음용하면 향과 맛이 훨씬 더 부드러워 마시기 편하다.

◉ 치유되는 대로 중단하며, 장기간 과용하지 않는 것이 좋다.
◉ 본 약술을 음용하는 중에 가리는 음식은 없다.

생태적 특성

결명자는 북아메리카 원산의 1년생 초본으로서 키는 1~1.5m 정도이다. 6~8월경 잎겨드랑이에 노랗고 작은 꽃이 아래로 달린다. 꽃이 진 다음 가늘고 긴 강낭콩 모양으로 굽은 콩꼬투리가 생기고 그 속에는 갈색으로 육각형 모양을 한 종자(씨앗)가 들어 있다. 이 종자를 건조한 것이 세간에서 흔히 말하는 결명자인데 달여서 마시면 눈병에 효과가 있다는 의미에서 '決明子(결명자)'라는 이름이 붙여졌다.

결명자_지상부   결명자_꽃   결명자_열매

기능성 물질및 성분특허 자료

▶ 항비만 효과를 갖는 결명자 추출물 및 그의 제조방법

본 발명은 볶지 않고 말린 결명자로부터 용매 추출한 후 컬럼크로마토그래피를 이용하여 효소 활성 저해능력이 탁월하여 항비만 효과를 갖는 결명자 추출물 및 그의 제조방법에 관한 것이다.

— 등록번호 : 10-0772058, 출원인 : 김의용, 김갑식

▶ 결명자 또는 초결명에서 분리된 화합물을 유효성분으로 함유하는 인지기능장애의 예방 및 치료용 조성물

본 발명은 결명자 또는 초결명에서 분리된 화합물들은 스코폴라민에 의해 유도된 기억력 감퇴 동물군의 학습증진 효능을 나타냄으로써, 인지기능장애의 예방 및 치료를 위한 약학조성물 및 건강기능식품으로 유용하게 이용될 수 있다.

— 공개번호 : 10-2011-0039762, 출원인 : 경희대학교 산학협력단

궁궁이(술)

학 명 : *Angelica polymorpha* Maxim.
과 명 : 산형과(Umbelliferae)
이 명 : 천궁, 개강활, 제주사약채, 백봉천궁, 토천궁
생약명 : 토천궁(土川芎)
맛과 약성 : 맛은 맵고 약성은 따뜻하다.
음용법 : 기호와 식성에 따라 꿀, 설탕을 가미하여 음용할 수 있다.

궁궁이_ 뿌리

궁궁이_ 건조한 뿌리(절단)

약술 적용 병 증상

1. **조갈증(燥渴症)** : 여러 가지 원인으로 목이 말라 물을 자주 마시는 증상을 말한다. 30mL를 1회분으로 1일 1~2회씩, 7~10일 정도 음용한다.

2. **풍한두통(風寒頭痛)** : 찬 데서 자거나 찬바람을 쐬면 일어나는 감기 증세로 맑은 콧물, 발열, 오한, 코막힘 등과 함께 머리가 몹시 아픈 증상을 말한다. 30mL를 1회분으로 1일 1~2회씩, 7~10일 정도 음용한다.

3. **현기증(眩氣症)** : 눈앞이 아찔아찔 어지러운 증상을 말한다. 30mL를 1회분으로 1일 1~2회씩, 10~15일 정도 음용한다.

4. **기타 질환** : 항암, 두통, 복통, 진통, 편두통, 혈전증, 활혈에 효과가 있다.

약술 담그기

1. 약효는 뿌리에 있으므로 주로 뿌리를 사용한다.

2. 구입하거나 채취한 뿌리를 깨끗이 씻어 말린 다음 잘라서 사용한다.

3. 말린 뿌리 약 100~150g을 소주 약 3.8~4L에 넣고 밀봉하여 햇볕이 들지 않는 서늘한 곳에 보관 침출 숙성시킨다.

4. 3~4개월 정도 침출시킨 다음 건더기는 걸러내고 보관, 음용하며 건더기를 걸러낸 후 2~3개월 더 숙성하여 음용하면 향과 맛이 훨씬 더 부드러워 마시기 편하다.

| 주의사항 |

⊙ 치유되는 대로 중단하며, 장기간 과용하지 않는 것이 좋다.

⊙ 본 약술을 음용 중에 가리는 음식은 없다.

⊙ 차나 약으로 사용할 때는 찬물에 하룻밤쯤 담가 물이 넘치게 하여 휘발성 정유물질을 제거한 후에 사용해야 두통을 방지할 수 있다.

생태적 특성

우리나라 각처에 자생하는 다년생 초본으로서 민간에서 '토천궁(土川芎)'이라고도 불린다. 원산지가 중국으로 우리나라에는 약용재배식물로 들어온 중국 천궁(*Ligusticum chuanxiong*), 한국·중국·일본 등에 많이 재배하고 있는 천궁(*L.officinale*) 등과는 식물분류학적으로는 구분이 되며 농가에서는 천궁(*L.officinale*)의 재배가 더 많다. 키는 60cm 이상으로 줄기에 털이 없고 곧게 자란다. 잎은 마치 당근 잎처럼 갈라져 나오고 끝은 뾰족하며 톱니 모양이 나 있다. 8~9월에 피는 꽃은 흰색으로 겹우산모양꽃차례로 20~40개 정도의 작은 꽃들이 줄기 끝에 뭉쳐 핀다. 열매는 10~11월경에 달리고 납작하며 길이는 0.4~0.5cm이다.

| 궁궁이_지상부 | 궁궁이_꽃 | 궁궁이_열매 |

기능성 물질및 성분특허 자료

▶ 궁궁이 뿌리 추출물을 포함하는 항암제 조성물

본 발명은 궁궁이의 식물 추출물을 유효성분으로 함유하는 항암제 조성물 및 이를 포함하는 건강기능성 식품 조성물에 관한 것이다.

- 공개번호 : 10-2012-0000240, 출원인 : 한림대학교 산학협력단

각 약초부위 생김새

궁궁이_ 잎

궁궁이_ 꽃

왜당귀_ 잎

왜당귀_ 꽃

참당귀_ 잎

참당귀_ 꽃

천궁_ 잎

천궁_ 꽃

꼭두서니 (술)

학 명 : *Rubia akane* Nakai
과 명 : 꼭두서니과(Rubiaceae)
이 명 : 꼭두선이, 가삼자리
생약명 : 천초근(茜草根)
맛과 약성 : 맛은 쓰고 떫으며 약성은 차다.
음용법 : 다른 첨가물은 절대 넣지 않는다.

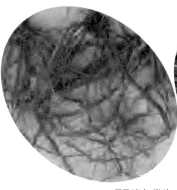

꼭두서니_ 뿌리

꼭두서니_ 건조한 전초 절단

약술 적용 병 증상

1. **강정(强精)** : 심신의 피로를 풀어주고 정력을 강하게 해주는 처방이다. 30mL를 1회분으로 1일 1~2회씩, 15~20일 정도 음용한다.

2. **관절염(關節炎)** : 세균에 의해 관절에 염증이 발생하는 증상을 말하는데 운동 장애가 온다. 30mL를 1회분으로 1일 1~2회씩, 15~20일 정도 음용한다.

3. **구내염(口內炎)** : 세균, 바이러스, 곰팡이 등에 의한 감염으로 인해 입 안 점막에 염증이 생기는 질환을 말한다. 30mL를 1회분으로 1일 1~2회씩, 5~10일 정도 음용한다.

4. **기타 질환** : 진해, 거담, 황달, 만성기관지염, 심장병, 요혈, 출혈증, 편도선염, 피로회복, 허약체질에 효과가 있다.

약술 담그기

1. 약효는 뿌리에 있으므로 주로 뿌리를 사용한다.

2. 생으로 쓰거나, 직접 채취하거나, 약재상에서 말린 것을 구입하여 사용한다.

3. 직접 채취한 경우 씻어 말려두고 사용한다.

4. 생뿌리를 사용할 경우에는 약 200~250g, 말린 뿌리를 사용할 경우에는 약 100~200g을 소주 약 3.8~4L에 넣고 밀봉하여 햇볕이 들지 않는 서늘한 곳에 보관, 침출 숙성시킨다.

5. 3~4개월 정도 침출시킨 다음 건더기를 걸러내고 보관, 음용한다. 또는 건더기를 걸러낸 후 2~3개월 더 숙성하여 음용하면 향과 맛이 훨씬 더 부드러워 마시기 편하다.

◉ 치유되는 대로 중단하며, 장기간 과용하지 않는 것이 좋다.

◉ 본 약술을 음용하는 중에 고삼을 금한다.

생태적 특성

우리나라 각처에서 자라는 덩굴성 다년생 초본이다. 생육환경은 습지를 제외한 어디서나 잘 자란다. 키는 1m 정도이고 잎은 심장형으로 길이는 3~7㎝, 폭은 1~3㎝이고 줄기를 따라 4개씩 돌아가며 달리고 가장자리에는 잔가시가 나 있다. 7~8월에 피는 꽃은 연한 노란색으로 지름이 0.4㎝ 정도이고 원줄기 끝에 작은 꽃들이 많이 핀다. 열매는 10월경에 둥글고 검게 달린다. 줄기에는 작은 가시들이 많이 달려 있어 잘 달라붙는 습성이 있으며 예전부터 쪽과 함께 염료식물로 많이 이용되어 왔다.

꼭두서니_지상부   꼭두서니_꽃   꼭두서니_열매

기능성 물질및 성분특허 자료

▶ 천초근(꼭두서니 뿌리) 추출물로부터 분리된 몰루긴을 유효성분으로 함유하는 비만의 예방 및 치료용 조성물

본 발명은 천초근 추출물로부터 분리되는 몰루긴(mollugin)을 유효성분으로 함유하는 조성물에 관한 것으로서 상세하게는 몰루긴은 전지방세포의 지방으로의 분화 억제 및 지방세포, 성숙지방세포의 세포 사멸 효과를 나타내는 바, 비만의 예방 및 치료용 약학조성물 및 분자 세포생물학적 연구를 위한 약학조성물로 유용하게 사용될 수 있다.

− 공개번호 : 10-2012-0021358, 출원인 : 경북대학교 산학협력단

꽃향유 (술)

학 명 : *Elsholtzia splendens* Nakai ex F. Maek
과 명 : 꿀풀과(Labiatae)
이 명 : 붉은향유
생약명 : 향유(香薷)
맛과 약성 : 맛은 맵고 약성은 따뜻하다.
음용법 : 기호와 식성에 따라 꿀, 설탕을 가미하여 음용할 수 있다.

꽃향유_전초

꽃향유_ 건조한 전초

약술 적용 병 증상

1. **두통(頭痛)** : 감기 및 소화불량 등 그 외 여러 가지 원인으로 귀가 멍멍하며 머리가 무겁고 통증이 오는 증상이다. 30mL를 1회분으로 1일 2~3회씩, 3~5일 정도 음용한다.

2. **복통(腹痛)** : 장에 장애가 일어나 통증이 오는 경우로 복통을 일으키는 질병은 매우 많으며 그 원인부터 밝혀 치료해야 한다. 30mL를 1회분으로 1일 3~4회씩, 3~5일 정도 음용한다.

3. **반위(反胃)** : 위(胃)에 들어갔던 음식물이 소화되어 내리지 못하고 위로 올라오는 증상으로 위가 허하거나 위암과 같은 질병이 있을때 생긴다. 30mL를 1회분으로 1일 2~3회씩, 3~5일 정도 음용한다.

4. **기타 질환** : 우울증, 항산화, 발한, 감기, 수종(水腫), 세포성장촉진, 각기, 구토증, 설사증, 약한 발열, 해열에 효과가 있다.

약술 담그기

1. 약효는 전초에 있으므로 주로 전초를 사용한다. 방향성(芳香性)이 있다.

2. 전초를 채취하여 깨끗이 씻어 말린 다음 필요한 만큼 잘라서 사용한다.

3. 썰어 말린 전초 약 100~150g을 소주 약 3.8~4L에 넣고 밀봉하여 햇볕이 들지 않는 서늘한 곳에 보관, 침출 숙성시킨다.

4. 4~6개월 정도 침출시킨 다음 건더기를 걸러내고 보관, 음용하며 건더기를 걸러낸 후 2~3개월 더 숙성하여 음용하면 향과 맛이 훨씬 더 부드러워 마시기 편하다.

| 주의사항 |

⊙ 치유되는 대로 중단하며, 장기간 과용하지 않는 것이 좋다.
⊙ 본 약술을 음용하는 중에 가리는 음식은 없다.

생태적 특성

우리나라 중부 이남에 자생하는 1년생 초본이다. 생육환경은 양지 혹은 반그늘의 습기가 많은 풀숲에서 자란다. 키는 약 50㎝이고 잎은 가장자리에 이 모양의 둔한 톱니 모양이 나 있으며 길이는 8~12㎝ 정도이다. 9~10월에 피는 꽃은 분홍빛이 나는 자주색으로 줄기 한쪽 방향으로만 빽빽이 뭉쳐서 피고 길이는 6~15㎝이다. 열매는 11월에 달리고 꽃봉오리가 진 자리에 작고 많은 씨가 달려 있다.

꽃향유_지상부

꽃향유_꽃

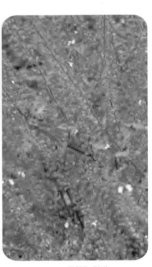

꽃향유_열매

기능성 물질및 성분특허 자료

▶ 항산화 활성을 갖는 꽃향유 추출물

본 발명에 따른 꽃향유 추출물은 낮은 농도에서는 활성산소 종의 생성으로 세포 신호 전달을 자극하여 세포 성장을 촉진하는 효과가 있고 높은 농도에서는 세포 성장을 유의성 있게 감소시키지 않으면서 활성산소 종의 생성을 억제하였다. 또한 본 발명에 따른 꽃향유 추출물은 카탈라제와 CuZnSOD와 MnSOD mRNA 발현을 촉진하여 활성산소 종을 제거하는 항산화 활성이 있다.

− 공개번호 : 10-2009-0062342, 출원인 : 덕성여자대학교 산학협력단

▶ 월경 전 증후군 또는 우울증에 효과적인 꽃향유 추출물

본 발명은 월경 전 증후군 또는 항우울증 효과가 있는 꽃향유 추출물 및 그의 제조방법에 관한 것이다.

− 공개번호 : 10-2009-0095154, 출원인 : 덕성여자대학교 산학협력단

까마중 (술)

학 명 : *Solanum nigrum* L.
과 명 : 가지과(Solanaceae)
이 명 : 가마중, 강태, 깜푸라지, 먹딸기, 먹때왈, 까마종
생약명 : 용규(龍葵)
맛과 약성 : 맛은 쓰고 약성은 차다.
음용법 : 기호와 식성에 따라 꿀, 설탕을 가미하여 음용할 수 있다.

까마중_열매

까마중_절단

약술 적용 병 증상

1. **음식체(飮食滯)** : 각종 음식을 먹고 체한 증상을 말한다. 30mL를 1회분으로 1일 2~3회씩, 2~3일 정도 음용한다.

2. **황달(黃疸)** : 황색의 담즙색소(빌리루빈)가 몸에 필요 이상으로 과다하게 쌓여 눈의 흰자위나 피부, 점막 등이 노랗게 착색되는 증상을 말한다. 30mL를 1회분으로 1일 3~4회씩, 12~15일 정도 음용한다.

3. **안구건조증(眼球乾燥症)** : 간장, 심장이 무리하여 피곤해질 때 발생하는 것으로 눈물이 부족하거나 눈물이 지나치게 증발하여 눈이 시리고 이물감, 건조감 같은 자극 증상이 있다. 30mL를 1회분으로 1일 2~3회씩, 3~7일 정도 음용한다.

4. **기타 질환** : 청열, 활혈, 소종, 단독, 신장염, 노화억제, 기관지염, 부종, 설사증, 신경통, 신장병, 좌골신경통, 타박상, 혈액순환에 효과가 있다.

약술 담그기

1. 약효는 전초에 있으므로 주로 전초를 사용한다.

2. 깨끗이 씻은 다음 말려 사용한다.

3. 말린 전초 약 150~200g을 소주 약 3.8~4L에 넣고 밀봉하여 햇볕이 들지 않는 서늘한 곳에 보관, 침출 숙성시킨다.

4. 4~5개월 정도 침출시킨 다음 건더기는 걸러내고 보관, 음용하며 건더기를 걸러낸 후 2~3개월 더 숙성하여 음용하면 향과 맛이 훨씬 더 부드러워 마시기 편하다.

◉ 치유되는 대로 중단하며, 장기간 과용하지 않는 것이 좋다.

◉ 본 약술을 음용하는 중에 가리는 음식은 없다.

◉ 생열매로 담글 수 있으나 생열매는 수분이 많아 변질될 수 있으므로 도수가 높은 술로 담가야 한다.

생태적 특성

우리나라 각처의 밭이나 길가에서 자라는 1년생 초본이다. 생육환경은 양지와 반그늘에서 자란다. 키는 20~90㎝이고 잎은 길이가 6~10㎝, 폭은 4~6㎝로 달걀 모양이며 어긋난다. 5~7월에 피는 꽃은 흰색이고 지름은 약 0.6㎝인데 작은 꽃줄기가 있으며 정상부에 3~8송이가 핀다. 열매는 9~11월경에 둥글고 검게 달린다.

까마중_지상부   까마중_꽃   까마중_열매

기능성 물질및 성분특허 자료

▶ 까마중 추출물 등을 이용한 피로회복 및 노화 억제에 좋은 음료의 제조방법

본 발명은 까마중 추출물과 자몽 추출물을 이용한 피로회복 및 노화 억제에 좋은 음료의 제조방법에 관한 것으로, 더욱 상세하게는 피로회복 및 노화 억제에 좋은 까마중 추출물과 자몽 추출물에 활성산소에 대한 항산화 작용이 우수한 알칼리 이온수를 첨가하여 피로를 억제하며 인체에 유익한 건강음료를 제조하는 것이다.

– 공개번호 : 10-2014-0134956, 출원인 : 장하진

구름송편버섯(운지) (술)

학 명 : *Trametes versicolor* (L.) Lloyd
과 명 : 구멍장이버섯과(Polyporaceae)
이 명 : 구름버섯
생약명 : 운지(雲芝)
맛과 약성 : 맛은 쓰고 달며 약성은 약간 차다.
음용법 : 기호와 식성에 따라 꿀, 설탕을 가미하여 음용할 수 있다.

구름송편버섯

구름송편버섯_ 채취한 버섯

약술 적용 병 증상

1. **어혈(瘀血)** : 삐거나 타박상으로 인해 피가 잘 돌지 못하고 한 곳에 머물러 있어 시퍼렇게 멍이 든 경우이다. 30mL를 1회분으로 1일 3~4회씩, 7~10일 정도 음용한다.

2. **기관지염(氣管支炎)** : 기관지에 염증을 일으키는 경우로서 대개 감기가 그 원인인 경우가 많으므로 특히 환절기에 유의해야 한다. 30mL를 1회분으로 1일 2~3회씩, 6~8일 정도 음용한다.

3. **신경쇠약(神經衰弱)** : 사물을 느끼거나 생각하는 힘이 평소보다 약해지는 증세를 말한다. 30mL를 1회분으로 1일 2~3회씩, 10~15일 정도 음용한다.

4. **기타 질환** : 각종 항암, 면역증강, 간기능 개선, 강장, 진정, 해수에 효과가 있다.

약술 담그기

1. 약효는 버섯 전체에 있으므로 전체를 사용한다.

2. 버섯 전체를 채취하여 깨끗이 씻어 그늘에 말린 다음 사용한다.

3. 말린 버섯 약 200~250g을 소주 약 3.8~4L에 넣고 밀봉하여 햇볕이 들지 않는 서늘한 곳에 보관, 침출 숙성시킨다.

4. 6개월 이상 숙성한 다음 사용하며 그대로 계속 보관 사용할 수 있다.

◉ 치유되는 대로 중단하며, 장기간 과용하지 않는 것이 좋다.

◉ 본 약술을 음용하는 중에 가리는 음식은 없다.

생태적 특성

운지버섯은 활엽수의 썩은 줄기나 가지 위에서 기왓장처럼 무리를 지어 자란다. 포자를 만드는 영양체인 자실체(fruit body)는 착생이거나 반착생 또는 겹으로 뭉쳐나는 것이 특징으로 갓은 반원형으로 지름은 1~5㎝, 두께는 1~2㎜의 크기이다. 갓은 가죽질이며 고리에는 회색, 흰색, 노란색, 갈색, 빨간색, 초록색, 검은색 등으로 무늬가 나 있다. 살은 흰색 또는 젖빛을 띤 흰색을 띠고 섬유질로 되어 있으며 가장자리는 얇고 예리하다. 두께는 대부분이 1㎜ 이하로 자실층은 흰색 또는 회색빛을 띤 흰색이고 관공이 길이 0.1㎝이며 관공구는 원형 또는 다각형이다. 포자는 원통형이나 가끔 구부러진 곳이 있고 밋밋하며 포자무늬는 흰색이다. 전 세계에 분포하며 우리나라에서는 두륜산, 발왕산, 지리산, 만덕산, 한라산 등지에서 많이 자라고 있다.

구름송편버섯_ 겹쳐서 발생한 구름 모양의 자실체

구름송편버섯_ 표면에 털이 나 있는 어린 버섯

구름송편버섯_ 가죽질의 노숙한 자실체

기능성 물질및 성분특허 자료

▶ 간 기능 개선에 유효한 구름버섯 추출 단백다당체 및 그의 제조방법

구름버섯의 균사체를 PDA배지에서 배양하여 간편한 방법으로 고수율로 추출, 정제함으로써 간 기능 개선에 유효한 단백다당체를 제공한다. 더욱 상세하게는 구름버섯 균주를 PDA배지에서 2~3주간 배양하며 얻은 균사체를 pH3-5의 약산성 수용액으로 추출하고 추출액에 황산암모늄을 가하여 침전시켜 정제, 동결 건조하여 간 기능 개선에 유효한 단백다당체를 제조한다.

- 공개번호 : 10-1993-0000691, 출원인 : (주)메디카코리아

다래 (술)

학 명 : *Actinidia arguta* (Siebold & Zucc.) Planch. ex Miq.
과 명 : 다래나무과(Actinidiaceae)
이 명 : 다래나무, 참다래나무, 다래너출, 다래넝쿨, 참다래, 청다래넌출, 다래넌출,
　　　　청다래나무, 조인삼(租人蔘), 미후도(獼猴桃)
생약명 : 목천료(木天蓼), 미후리(獼猴梨), 미후도(獼猴桃), 등리근(藤梨根)
맛과 약성 : 맛은 달고 약간 쓰며 약성은 평(平)하다.
음용법 : 열매에 다른 것을 첨가할 필요는 없으며 뿌리로 담근 술은 기호에 따라 꿀이나
　　　　설탕을 가미하여 음용할 수 있다.

다래_ 뿌리(절단)

다래_ 채취한 열매

약술 적용 병 증상

1. **소화불량(消化不良)** : 소화기 내에서 섭취한 음식물을 분해하여 흡수하는 화학적 작용이나 물리적 작용이 잘 되지 않아 늘 설사나 변비 등이 잦은 경우를 말한다. 30mL를 1회분으로 1일 1~2회씩, 15~20일 정도 음용한다.

2. **황달(黃疸)** : 눈의 흰자가 노랗게 되거나 피부와 소변 색이 누렇게 변하는 소화성 질환으로 습한 기운과 내열의 작용으로 혈액이 소모되어 나타난다. 30mL를 1회분으로 1일 3~4회씩, 20~30일 정도 음용한다.

3. **풍한습비(風寒濕痺)** : 찬 데서 자거나 찬바람을 쐬어 일어나는 마비 증상을 말한다. 30mL를 1회분으로 1일 1~2회씩, 15~20일 정도 음용한다.

4. **기타 질환** : 항알레르기, 항염, 지갈, 간염, 건위, 관절통, 기관지염, 조갈증, 진통, 해독, 해열에 효과가 있다.

약술 담그기

1. 약효는 뿌리와 열매에 있으므로 주로 뿌리, 열매를 사용한다.

2. 뿌리와 열매는 깨끗이 씻은 다음 뿌리는 썰어 말리고 열매는 생으로 쓰는 것이 효과적이다.

3. 생열매를 사용할 경우에는 약 250~300g, 말린 뿌리를 사용할 경우에는 약 200~250g을 소주 약 3.8~4L에 넣고 밀봉하여 햇볕이 들지 않는 서늘한 곳에 보관, 침출 숙성시킨다.

4. 생열매는 4개월 정도, 말린 뿌리는 6개월 정도 침출한 다음 건더기를 걸러내고 보관, 음용하며 건더기를 걸러낸 후 2~3개월 더 숙성하여 음용하면 향과 맛이 훨씬 더 부드러워 마시기 편하다.

◉ 치유되는 대로 중단하며, 장기간 과용하지 않는 것이 좋다.

◉ 본 약술을 음용하는 중에 가리는 음식은 없다.

생태적 특성

전국 각지의 산지 계곡에 자라는 낙엽덩굴성 식물로 덩굴 길이가 7~10m 정도이며 그 이상의 것도 있다. 새 가지에는 회백색의 털이 드문드문 나 있으며 오래된 가지에는 털이 없고 매끄럽다. 잎은 난형 또는 타원상 난형에 서로 어긋나고 막질이며 잎 길이는 6~13㎝, 폭은 5~9㎝로 끝은 점점 뾰족하고 잎 가장자리는 날카로운 톱니 모양이 나 있다. 꽃은 잎겨드랑이에서 취산꽃차례로 3~6개가 달려 5~6월에 흰색의 꽃이 피며 열매는 액과(液果)로 난상 원형에 표면은 반질거리며 9~10월경 초록색으로 익는다.

다래_ 열매   다래_ 건조한 열매

기능성 물질및 성분특허 자료

▶ 다래 추출물을 함유하는 알레르기성 질환 및 비알레르기성 염증 질환의 치료 및 예방을 위한 약학조성물

본 발명은 항알레르기 및 항염증 활성을 갖는 다래 과실 추출물을 함유한 약학조성물에 관한 것으로, 본 발명의 다래 과실 추출물은 Th1 사이토카인 및 IgG2a의 혈청 내 수치를 높이고, Th2 사이토카인 및 IgE의 혈청 레벨을 낮춤으로써 비만세포(mast cell)로부터 히스타민의 방출 억제 및 염증 활성을 억제시키는 작용을 나타냄으로써 알레르기성 질환 또는 비알레르기성 염증 질환의 예방 및 치료에 유용한 약학조성물로 사용될 수 있다.

— 공개번호 : 10-2004-0018118, 출원인 : (주)팬제노믹스

▶ 다래 추출물을 함유한 탈모 및 지루성 피부 증상의 예방 및 개선용 건강기능식품

본 발명은 생약을 이용하여 제조한 탈모 및 지루성 피부 증상 예방 및 개선용 조성물에 관한 것이다. 본 발명의 생약 조성물은 독성 등의 부작용이 없으면서 탈모 증상과 지루성 피부 증상에 대해 우수한 예방, 개선 및 치료 효과를 나타내는 건강기능식품으로 유용하게 사용될 수 있다.

— 공개번호 : 10-2004-0097716, 출원인 : (주)팬제노믹스

약초부위 생김새

다래_ 잎(앞면)

다래_잎(뒷면)

다래_ 암꽃

다래_ 수꽃

다래_ 지상부

대추나무 (술)

학 명 : *Zizyphus jujuba* var. *inermis* (Bunge) Rehder
과 명 : 갈매나무과(Rhamnaceae)
이 명 : 대추, 건조(乾棗), 미조(美棗), 양조(量棗), 홍조(紅棗)
생약명 : 대조(大棗)
맛과 약성 : 맛은 쓰고 매우며 약성은 따뜻하다.
음용법 : 기호와 식성에 따라 꿀, 설탕을 가미하여 음용할 수 있다.

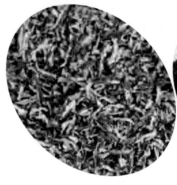

대추나무_ 열매 절편

대추나무_ 건조한 열매

약술 적용 병 증상

1. **불면증(不眠症)** : 질병이나 감정적 흥분, 심신피로 등으로 인해 잠이 오지 않는 증상을 말한다. 어떤 원인이든 기분전환이 필요하다. 30mL를 1회분으로 1일 1~2회씩, 12~15일 정도 음용한다.

2. **번갈(煩渴)** : 가슴이 답답하고 병적으로 갈증이 심한 증상을 말한다. 대추나무주에 생강을 조금 넣어 음용하면 더욱 효과적이다. 30mL를 1회분으로 1일 1~2회씩, 20~25일 정도 음용한다.

3. **흉통(胸痛)** : 밤알 크기로 피가 뭉쳐 다니며 심장과 비장 사이에 통증이 나타나는 증상을 말한다. 30mL를 1회분으로 1일 1~2회씩, 20~25일 정도 음용한다.

4. **기타 질환** : 완화, 수렴, 지혈, 뇌혈관 질환, 진정, 해독, 강장, 강심, 건망증, 견인통, 관절냉기, 담석증, 사지동통, 비만증, 신경쇠약에 효과가 있다.

약술 담그기

1. 약효는 열매(대추)에 있으므로 주로 열매를 사용한다.

2. 묵은 대추가 아닌 햇대추를 사용하는 것이 좋다.

3. 생대추를 사용할 경우에는 약 300~350g, 말린 대추를 사용할 경우에는 약 200~250g을 소주 약 3.8~4L에 넣고 밀봉하여 햇볕이 들지 않는 서늘한 곳에 보관, 침출 숙성시킨다.

4. 한 달 정도 침출한 후 열매를 건져내고 술만 숙성시켜 음용하거나 씨를 제거하고 술을 담근다. 장기간 침출하면 씨앗에서 독성이 침출된다.

◎ 치유되는 대로 중단하며, 장기간 과용하지 않는 것이 좋다.

◎ 본 약술을 음용하는 중에 대암풀, 뽕나무, 산수유 등을 금한다.

생태적 특성

전국의 마을 부근과 밭둑, 과수원 등에 식재하는 낙엽활엽 관목 또는 소교목으로 키가 10m 전후로 자라고 가지에는 가시가 나 있다. 잎은 난형 또는 난상 피침형에 서로 어긋나고 잎끝은 뭉뚝하며 밑부분은 좌우가 같지 않고 가장자리에는 작은 톱니 모양이 나 있다. 꽃은 양성으로 취산꽃차례로 잎겨드랑이에 모여 나고 5~6월에 황록색의 꽃이 핀다. 열매는 핵과로 난형 또는 장원형이고 9~10월에 심홍색 혹은 적갈색으로 익는다.

대추나무_줄기   대추나무_꽃   대추나무_덜 익은 열매

기능성 물질및 성분특허 자료

▶ 대추 추출물을 유효성분으로 함유하는 허혈성 뇌혈관 질환의 예방 및 치료용 조성물

본 발명의 대추 추출물은 PC12 세포주 또는 해마조직 CA1 영역의 신경세포 손상을 효과적으로 예방하는 것을 확인함으로써 허혈성 뇌혈관 질환의 예방 또는 치료용 조성물로 유용하게 이용될 수 있다.

— 등록번호 : 10-0757207, 출원인 : (주)네추럴에프앤피

▶ 대추를 이용한 숙취 해소 음료 및 제조 방법

본 발명은 씨를 포함한 대추 및 각종 한약재에서 과육을 추출하여 음용이 용이한 음료로 제조함으로써 숙취 해소 및 기력 증강에 도움을 주려는 데 있다.

— 공개번호 : 10-2010-0026487, 출원인 : 충청대학 산학협력단

▶ 대추나무의 열매, 잎, 가지, 뿌리를 이용한 청국장 제조방법

본 발명은 대추나무의 열매, 잎, 가지, 뿌리를 손질한 후 열수 추출하고, 추출한 대추의 추출액을 물에 혼합한 후 불린 콩을 삶고, 삶은 콩에 대추씨 분말을 혼합하고, 대추씨 분말이 혼합된 삶은 콩에 대추의 추출액이 혼합된 액체배지에 배양된 청국장균을 접종한 후 발효함으로써 청국장의 맛과 영양을 고스란히 보존하면서도 청국장 특유의 불쾌한 냄새를 최소화시킴과 동시에 대추나무의 열매, 잎, 가지, 뿌리에 함유된 인체에 유용한 영양성분 및 약리적 기능성이 가미된 대추나무의 열매, 잎, 가지, 뿌리를 이용한 대추청국장 제조방법에 관한 것이다.

— 등록번호 : 10-0905286-0000, 출원인 : 윤종준

각 약초부위 생김새

대추나무_ 꽃

묏대추나무_ 꽃

대추나무_ 가시

묏대추나무_ 가시

대추나무_ 종자

묏대추나무_ 종인

대추나무_ 열매

묏대추나무_ 열매

더위지기(술)

학 명 : *Artemisia gmelini* Weber ex Stechm.
과 명 : 국화과(Compositae)
이 명 : 부덕쑥, 애기바위쑥, 인진(茵蔯)
생약명 : 한인진(韓茵蔯)
맛과 약성 : 맛은 쓰고 약성은 차다.
음용법 : 기호와 식성에 따라 꿀, 설탕을 가미하여 음용할 수 있다.

더위지기_절단

더위지기_전초건조

약술 적용 병 증상

1. **담낭염(膽囊炎)** : 세균 감염으로 일어나는 쓸개의 염증성 질환으로 담즙 배설에 장애가 오면 얼굴이 누런(황색)빛을 띤다. 30mL를 1회분으로 1일 1~2회씩, 10~20일 정도 공복에 음용한다.

2. **토사곽란(吐瀉癨亂)** : 주로 여름철에 많이 발생하며 음식에 체하여 토하면서 설사가 나는 급성위장병, 급성중독성위염을 가리킨다. 30mL를 1회분으로 1일 2~3회씩, 1~2일 정도 공복에 음용한다.

3. **음극사양(陰極似陽)** : 체내에 냉기가 극심하여 겉으로는 반대 현상으로 양증처럼 나타나는 증상이다. 30mL를 1회분으로 1일 1~2회씩, 10~20일 정도 음용한다.

4. **기타 질환** : 이담작용, 이뇨, 숙취, 해독, 보간(補肝), 안태(安胎), 지방간, 해열, 황달에 효과가 있다.

약술 담그기

1. 약효는 전초에 있으므로 주로 전초를 사용한다.

2. 깨끗이 씻어 말려 적당한 크기로 잘라서 사용한다.

3. 말린 전초 약 100~150g을 소주 약 3.8~4L에 넣고 밀봉하여 햇볕이 들지 않는 서늘한 곳에 보관, 침출 숙성시킨다.

4. 4~5개월 이상 숙성한 다음 건더기를 걸러내고 보관, 음용하며 건더기를 걸러낸 후 2~3개월 더 숙성하여 음용하면 향과 맛이 훨씬 더 부드러워 마시기 편하다.

⦿ 장기, 과다 음용하면 양기가 준다고 전해진다.

⦿ 치유되는 대로 중단하며, 장기간 과용하지 않는 것이 좋다.

⦿ 본 약술을 음용하는 중에 가리는 음식은 없다.

생태적 특성

낙엽활엽 관목으로 키는 1m 정도로 자란다. 잎은 깃 모양으로 깊게 갈라지고 갈라진 잎은 피침형이며 끝이 날카롭고 대게 톱니 모양이 나 있으며 잎자루는 2~3㎝이다. 노란색의 꽃이 7~8월에 피며 꽃통은 종 모양 원통형으로 겉에 선점이 있다. 작은 수과의 열매를 맺으며 11월에 익는다. 특유의 냄새가 있고 맛은 약간 쓰다.

더위지기_지상부   더위지기_꽃봉우리   더위지기_꽃

기능성 물질및 성분특허 자료

▶ 더위지기 추출물을 함유하는 화장료 조성물

본 발명은 더위지기 추출물을 유효성분으로 포함하는 미백용 화장료 조성물에 관한 것이다. 본 발명에 따른 더위지기 추출물은 멜라닌 생성을 저해하며, 티로시나아제 활성을 억제한다. 또한 항산화 활성이 우수하고 세포독성이 거의 나타나지 않기 때문에 미백용 화장료 조성물로 유용하게 사용될 수 있다.

– 공개번호 : 10-2013-0022476, 출원인 : (주)더페이스샵

▶ 인진쑥 등의 추출물을 포함하는 숙취 예방 또는 해소용 조성물

본 발명은 (a)마름 추출물, (b)인진쑥, 녹엽, 뽕잎, 여주, 칡 및 연근의 식물발효추출물 및 (c)미배아 복합발효추출액을 포함하는 숙취 예방 또는 해소용 조성물에 관한 것으로, 상기 조성물은 알코올 분해 능력 및 아세트알데하이드 분해 능력이 우수하여 숙취 예방 또는 해소에 효과적이다.

– 등록번호 : 10-1247927-0000, 출원인 : 보령제약(주

두릅나무 (술)

학 명 : *Aralia elata* (Miq.) Seem.
과 명 : 두릅나무과(Araliaceae)
이 명 : 참두릅, 드릅나무, 둥근잎두릅, 둥근잎두릅나무
생약명 : 총목피(楤木皮)
맛과 약성 : 맛은 맵고 약성은 평(平)하다.
음용법 : 기호와 식성에 따라 꿀, 설탕을 가미하여 음용할 수 있다.

두릅나무_ 뿌리

두릅나무_ 새싹

약술 적용 병 증상

1. 골절번통(骨折煩痛) : 뼈가 쑤시고 아픈 증상이다. 30mL를 1회분으로 1일 1~2회씩, 15일 정도 음용한다.

2. 위경련(胃經攣) : 내장에 심한 통증이 오는 경우로 일명 가슴앓이라고도 한다. 30mL를 1회분으로 1일 1~2회씩, 10~11일 정도, 심하면 20일까지 음용한다.

3. 신기허약(腎氣虛弱) : 늘 피로하고 일에 대한 의욕이 없고 권태증이 나는 경우이다. 30mL를 1회분으로 1일 1~2회씩, 15~20일 정도 음용한다.

4. 기타 질환 : 소염, 이뇨, 신장염, 간염, 강장, 건비위, 관절염, 신경쇠약, 중풍에 효과가 있다.

약술 담그기

1. 약효는 나무껍질(樹皮 : 수피)이나 뿌리껍질(根皮 : 근피)에 있으므로 주로 수피와 근피를 사용한다.

2. 3~4월경 이른 봄에 채취한 수피와 근피를 썰어서 말려 사용하거나 생으로 사용한다. 수피 가시는 제거하고 사용한다.

3. 채취한 수피, 근피는 잘게 썰고 쪼개서 사용하면 추출이 빨라진다.

4. 생으로 사용할 경우에는 약 250~300g, 말린 것을 사용할 경우에는 약 100~150g을 소주 약 3.8~4L에 넣고 밀봉하여 햇볕이 들지 않는 서늘한 곳에 보관, 침출 숙성시킨다.

5. 3~5개월 정도 침출한 다음 건더기를 걸러내고 보관, 음용하며 건더기를 걸러낸 후 2~3개월 더 숙성하여 음용하면 향과 맛이 훨씬 더 부드러워 마시기 편하다.

◉ 치유되는 대로 중단하며, 장기간 과용하지 않는 것이 좋다.
◉ 본 약술을 음용하는 중에 특별히 가리는 음식은 없다.
◉ 당뇨병이 있어도 장기간 음용할 수 있으나 음용 시 꿀, 설탕을 가미하지 않는다.

생태적 특성

전국의 산기슭 양지 및 인가 근처에 자라는 낙엽활엽 관목으로 높이는 2~4m 정도로 가지에 가시가 많이 나 있다. 잎은 서로 어긋나고 기수 2~3회 우상복엽이며 가지의 끝에 모여 있다. 작은 잎은 다수로 난형 또는 타원상 난형에 잎끝이 뽀족하고 밑부분은 둥글거나 넓은 설형 또는 심장형이며 가장자리에는 넓은 톱니 모양이 나 있다. 꽃은 7~8월에 흰색으로 피고 열매는 둥글고 9~10월에 검은색으로 익으며 종자는 뒷면에 알갱이 모양의 돌기가 약간 있다.

두릅나무_수형　　　　　　두릅나무_꽃　　　　　　두릅나무_열매

기능성 물질및 성분특허 자료

▶ 두릅을 용매로 추출한 백내장에 유효한 조성물

본 발명은 두릅 추출물 및 이를 유효성분으로 하는 치료제에 관한 것으로, 본 발명의 조성물 및 치료제는 백내장의 예방, 진행의 지연 및 치료의 효과가 있다. 본 발명에 따라 두릅의 수(水) 추출물을 4가지 용매-클로로포름, 에틸아세테이트, 부탄올 그리고 물로 추출한다. 이 추출물에 마이오-이노시톨 또는 타우린을 추가하면 백내장 치료의 상승효과를 얻을 수 있다. 또한 두릅 추출물을 유효성분으로 포함하는 음료, 생약제제, 건강보조식품은 경구 투여에 의해 당에 기인하는 백내장의 예방, 지연, 치료 및 회복의 효과를 얻을 수 있다.

－ 출원번호 : 10-2000-0004354, 특허권자 : (주)메드빌

두충 (술)

학 명 : *Eucommia ulmoides* Oliv.
과 명 : 두충과(Eucommiaceae)
이 명 : 두충나무, 목면수(木綿樹), 석사선(石思仙)
생약명 : 두충(杜仲), 두충엽(杜仲葉)
맛과 약성 : 맛은 달고도 약간 매우며 약성은 따뜻하다.
음용법 : 기호와 식성에 따라 꿀, 설탕을 가미하여 음용할 수 있다.

두충_ 건조한 수피 겉껍질

두충_ 수피 속껍질 체취

약술 적용 병 증상

1. **비출혈(鼻出血)** : 주로 코에서 피가 나오는 증상을 말한다. 육혈(衄血)이라고도 한다. 30mL를 1회분으로 1일 1~2회씩, 8~10일 정도 음용한다.
2. **보신(補身)** : 몸의 기력이 약하고 허한 경우이다. 30mL를 1회분으로 1일 1~2회씩, 20~30일 정도 음용한다.
3. **근골위약(筋骨萎弱)** : 힘줄이 당기는 병증으로 몸 안에 열이 생겨 담즙이 지나치게 많이 나와 입이 쓰고 힘줄이 생긴다. 30mL를 1회분으로 1일 1~2회씩, 15~20일 정도 음용한다.
4. **기타 질환** : 보신, 요통, 이뇨, 가려움증, 관절염, 근골통, 근육통, 보간, 복통, 소변불통, 신경통에 효과가 있다.

약술 담그기

1. 약효는 15년 이상 된 나무껍질에 있으므로 주로 15년 이상 된 나무껍질을 이용한다.
2. 채취한 나무껍질을 씻은 후 겉껍질을 제거하고 속껍질을 사용하는데, 생으로 사용하거나 말려서 사용한다.
3. 껍질을 잘게 자른 다음 볶아서 사용한다.
4. 생으로 사용할 경우에는 약 250~300g, 말린 것을 사용할 경우에는 약 150~200g을 소주 약 3.8~4L에 넣고 밀봉하여 햇볕이 들지 않는 서늘한 곳에 보관, 침출 숙성시킨다.
5. 3~5개월 정도 침출한 다음 음용하며 4개월 쯤에 건더기를 걸러낸 후 2~3개월 숙성시켜 음용하면 매운맛이 줄며 향과 맛이 훨씬 더 부드러워 마시기 편하다.

◉ 치유되는 대로 중단하며, 장기간 과용하지 않는 것이 좋다.

◉ 본 약술을 음용하는 중에 가리는 음식은 없다. 단, 신기허약자는 음용을 금한다.

생태적 특성

전국 각지에서 재배하는 낙엽활엽 교목으로 높이 20m 내외이며 작은 가지는 미끄럽고 광택이 난다. 수피, 가지, 잎 등에는 미끈미끈한 교질(膠質)이 함유되어 있다. 잎은 타원형이거나 난형에 서로 어긋나 있고 잎끝은 날카로우며 밑부분은 넓은 설형에 가장자리에는 톱니 모양이 나 있다. 꽃은 단성 이가화로 잎과 같이, 혹은 잎보다 조금 먼저 4~5월에 꽃이 피며 열매는 익과로 난상 타원형에 편평하고 끝이 오목하게 들어가 있으며 9~10월에 성숙하고 그 안에 종자가 1개 들어 있다.

두충_수형   두충_꽃   두충_열매

기능성 물질및 성분특허 자료

▶ 두충 추출물을 유효성분으로 함유하는 류머티스 관절염의 예방 또는 치료용 약학조성물 및 건강식품 조성물
본 발명은 항염증 활성과 파골세포 억제 효과를 갖는 두충 추출물, 상기 추출물을 유효성분으로 함유하는 류머티스 관절염 예방 또는 치료용 약학조성물 및 상기 추출물을 유효성분으로 함유하는 류머티스 관절염 예방 또는 개선용 건강기능식품에 관한 것이다.

– 공개번호 : 10-2011-0066263, 출원인 : 대한민국

달래 (술)

학 명 : *Allium monanthum* Maxim.
과 명 : 백합과(Liliaceae)
이 명 : 들달래, 쇠달래, 애기달래
생약명 : 해백(薤白)
맛과 약성 : 맛은 맵고 약성은 따뜻하다.
음용법 : 기호와 식성에 따라 꿀, 설탕을 가미하여 음용할 수 있다.

달래_알뿌리(인경)

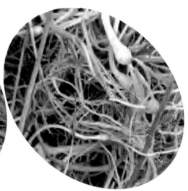

달래_ 전초

약술 적용 병 증상

1. 불면증(不眠症) : 대뇌의 흥분으로 잠이 오지 않는 증상을 말한다. 30mL를 1회분으로 1일 1~2회씩(주로 취침 1시간 전), 10~15일 정도 음용한다.

2. 소변불통(小便不通) : 소변을 볼 때 불편을 느끼는 증상을 말한다. 30mL를 1회분으로 1일 1~2회씩, 10~15일 정도 공복에 음용한다.

3. 기타 질환 : 진정, 이뇨, 진통, 기침, 목의 염증, 소화불량, 항암에 효과가 있다.

약술 담그기

1. 약효는 전초나 뿌리에 있으므로 주로 전초, 뿌리를 사용한다. 방향성(芳香性)이 있다.

2. 깨끗이 씻어 말린 다음 사용한다.

3. 뿌리와 함께 말린 전초 약 100~150g을 소주 약 3.8~4L에 넣고 밀봉하여 햇볕이 들지 않는 서늘한 곳에 보관, 침출 숙성시킨다.

4. 3~4개월 정도 침출시킨 다음 건더기를 걸러내고 보관, 음용하며 건더기를 걸러낸 후 2~3개월 더 숙성하여 음용하면 향과 맛이 훨씬 더 부드러워 마시기 편하다.

⊛ 치유되는 대로 중단하며, 장기간 과용하지 않는 것이 좋다.

⊛ 본 약술을 음용하는 중에 가리는 음식은 없으나 과다 음용하면 진액이 마른다.

생태적 특성

중부 이남의 산이나 들에서 자라는 다년생 초본이다. 생육환경은 풀숲 반그늘의 비옥한 땅에서 자란다. 키는 5~12㎝, 잎은 길이가 10~20㎝, 폭이 0.3~0.8㎝이며 뿌리에서 1~2장 나오고 부채꼴 모양이다. 4월에 피는 꽃은 흰색 또는 빨간색이 도는 흰색으로 꽃줄기 끝에서 1~2송이 핀다. 꽃이 피기 전 비늘과 같은 것이 꽃을 감싸고 있다. 열매는 6~7월경에 달리고 검고 둥글다. 주변에서 많이 볼 수 있는 품종이며 유사한 종으로는 산달래가 있다.

달래_지상부   달래_꽃   달래_열매

더덕(술)

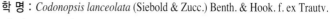

학 명 : *Codonopsis lanceolata* (Siebold & Zucc.) Benth. & Hook. f. ex Trautv.
과 명 : 초롱꽃과(Campanulaceae)
이 명 : 참더덕, 노삼(奴蔘), 통유초(通乳草), 사엽삼(四葉蔘)
생약명 : 양유(羊乳), 사엽삼(四葉蔘)
맛과 약성 : 맛은 달고 매우며 약성은 평(平)하다.
음용법 : 기호와 식성에 따라 꿀, 설탕을 가미하여 음용할 수 있다.

더덕_ 뿌리

더덕_ 건조한 뿌리(절단)

약술 적용 병 증상

1. **산통(疝痛)** : 발작성 복통으로 급성위염, 신장결석, 기생충 등이 원인으로 격심한 복통, 두통과 함께 고환이 붓고 아픈 증상을 말한다. 30mL를 1회분으로 1일 1~2회씩, 12~15일 정도 음용한다.
2. **임파선염(淋巴腺炎)** : 임파선에 생겨나는 병원균에 의한 염증으로 목, 겨드랑이, 팔꿈치, 허벅지 등의 임파에 화농 등이 있다. 30mL를 1회분으로 1일 1~2회씩, 20~25일 정도 음용한다.
3. **인후염(咽喉炎)** : 목구멍이 아프고 붓는 증상을 말한다. 30mL를 1회분으로 1일 1~2회씩 10~15일, 심하면 20일 정도 음용한다.
4. **기타 질환** : 해독, 거담, 종독, 당뇨, 고환염, 불면증, 신경쇠약, 심장병, 오장보익, 편도선염에 효과가 있다.

약술 담그기

1. 약효는 뿌리에 있으므로 주로 뿌리를 사용한다.
2. 말린 것보다 생으로 사용하는 것이 더 좋다.
3. 씻은 다음 껍질을 벗기고 적당한 크기로 잘라 사용한다.
4. 생뿌리를 사용할 경우에는 약 100~200g, 마른 뿌리를 사용할 경우에는 약 200~250g을 소주 약 3.8~4L에 넣고 밀봉하여 햇볕이 들지 않는 서늘한 곳에 보관, 침출 숙성시킨다.
5. 3~5개월 정도 침출한 다음 건더기를 걸러내고 보관, 음용하며 건더기를 걸러낸 후 숙성하여 음용하면 향과 맛이 훨씬 더 부드러워 마시기 편하다.

⊙ 장기간 음용해도 무방하다.

⊙ 본 약술을 음용하는 중에 가리는 음식은 없다.

생태적 특성

덩굴성 다년생 초본으로 키는 2m 이상 자란다. 잎은 서로 어긋나며 3~4개의 잎이 피침형 또는 장타원형으로 나고 톱니 모양이 없다. 꽃은 8~9월에 짧은 가지 끝에서 아래쪽을 향해서 작은 종이 달린 것처럼 핀다. 꽃의 겉은 연한 녹색이고 안쪽은 자주색 반점과 테가 있다. 열매는 삭과로 9~10월에 결실한다. 뿌리는 길이 10~20㎝, 직경 1~3㎝ 정도로 자라며 오래될수록 껍질에 두꺼비등처럼 더덕더덕한 혹들이 많이 달린다. 더덕은 전국 각지의 산야에 자생하며 농가에서 많이 재배한다. 실제로 우리나라의 한약재 생산현황을 조사한 자료를 보면 사삼(沙蔘: 기원식물 잔대)의 재배 면적이 모두 이 더덕을 기반으로 조사되었다.

더덕_지상부   더덕_꽃   더덕_열매

기능성 물질및 성분특허 자료

▶ 더덕 추출물을 유효성분으로 포함하는 당뇨 또는 당뇨합병증 예방 또는 치료용 조성물

본 발명에 따르면 더덕 추출물 또는 상기 추출물의 분획물을 유효성분으로 함유하는 당뇨 및 당뇨합병증의 예방 및 치료용 조성물이 제공된다.

- 공개번호 : 10-2011-0058556, 출원인 : 한림대학교 산학협력단

도라지 (술)

학 명 : *Platycodon grandiflorum* (Jacq.) A.DC.
과 명 : 초롱꽃과(Campanulaceae)
이 명 : 약도라지, 고경(苦梗), 고길경(苦桔梗)
생약명 : 길경(桔梗)
맛과 약성 : 맛은 쓰고 매우며 약성은 평(平)하다.
음용법 : 기호와 식성에 따라 꿀, 설탕을 가미하여 음용할 수 있다.

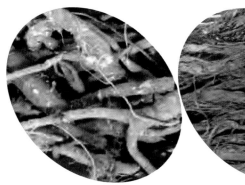

도라지_뿌리   흙도라지_건조

약술 적용 병 증상

1. 폐기보호(肺氣保護) : 폐가 약한 경우나 폐병을 앓고 난 후에 효과적이다. 30mL를 1회분으로 1일 1~2회씩, 20~25일 정도 음용한다.

2. 해수(咳嗽) : 기침을 계속하는 경우이다. 30mL를 1회분으로 1일 1~2회씩, 15~20일 정도 음용한다.

3. 천식(喘息) : 호흡이 곤란하고 심한 기침을 하게 되며 심하면 쇳소리가 나기도 한다. 30mL를 1회분으로 1일 1~2회씩, 25일 이상 음용한다.

4. 기타 질환 : 진해, 거담, 배농, 전립선암, 기관지염, 늑막염, 대하증, 딸꾹질, 요실금, 위산과다증에 효과가 있다.

약술 담그기

1. 약효는 백도라지나 자색도라지 모두 비슷하다. 주로 뿌리를 사용한다.

2. 들이나 산에서 채취하여 사용하는 것이 좋다.

3. 생뿌리를 사용할 경우에는 약 200~250g, 말린 뿌리를 사용할 경우에는 약 150~200g을 소주 약 3.8~4L에 넣고 밀봉하여 햇볕이 들지 않는 서늘한 곳에 보관, 침출 숙성시킨다.

4. 4~6개월 정도 침출한 다음 건더기를 걸러내고 보관, 음용하며 음용 기간이 짧을 경우 건더기를 걸러내지 않아도 된다. 또는 건더기를 걸러낸 후 2~3개월 더 숙성하여 음용하면 향과 맛이 훨씬 더 부드러워 마시기 편하다.

⊙ 치유되는 대로 중단하며, 장기간 과용하지 않는 것이 좋다.

생태적 특성

다년생 초본으로 전국 각지의 산야에 자생하며 전국적으로 재배되고 있는데 특히 경북 봉화, 충북 단양, 전북 순창과 진안 등지에서 많이 재배하고 있다. 키는 40~100cm에 이르고 잎은 마주나기, 돌려나기 또는 어긋나기도 하며 긴 달걀 모양이고 길이 4~7cm, 폭 1.5~4cm로 가장자리에 예리한 톱니 모양이 나 있다. 꽃은 보라색 또는 흰색으로 7~8월에 원줄기 끝에 1개 또는 여러 개가 위를 향해 끝이 퍼진 종 모양으로 핀다. 뿌리는 원기둥(원주)형 혹은 약간 방추형(紡錘形)으로 하부는 차츰 가늘어지고 분지된 것도 있으며 약간 구부러져 있다. 길이는 7~20cm, 지름 1~1.5cm이다. 뿌리 표면은 흰색 또는 엷은 황백색으로 껍질을 벗기지 않은 것은 표면이 황갈색 또는 회갈색이며 비틀린 세로 주름이 있고 가로로 긴 구멍과 곁뿌리의 흔적이 있다. 상부에는 가로 주름이 있고 정단(頂端)에는 짧은 뿌리줄기가 있으며 그 위에는 여러 개의 반달형 줄기흔적(莖痕)이 있다.

도라지_지상부   도라지_꽃   도라지_열매

기능성 물질및 성분특허 자료

▶ 도라지 추출물을 함유하는 전립선암 예방 및 치료용 조성물
도라지를 열수 추출한 추출물이 요산의 히스톤 아세틸 전이효소를 저해하고 남성호르몬인 안드로젠 수용체 매개 전립선암 세포주에서 월등한 항암 효과를 나타냄으로써 의약품 및 건강식품의 소재로서 유용하게 사용될 수 있는 도라지 추출물의 새로운 의약용도에 관한 것이다.

- 등록번호 : 10-0830236, 출원인 : 연세대학교 산학협력단

둥굴레(술)

학 명 : *Polygonatum odoratum var. pluriflorum* (Miq.) Ohwi
과 명 : 백합과(Liliaceae)
이 명 : 맥도둥굴레, 애기둥굴레, 좀둥굴레, 여위(女萎)
생약명 : 옥죽(玉竹), 위유(萎蕤)
맛과 약성 : 맛은 달고 약성은 평(平)하다.
음용법 : 기호와 식성에 따라 꿀, 설탕을 가미하여 음용할 수 있다. 단, 1년 이상
　　　　 침출할 경우 꿀이나 설탕은 첨가하지 않는다.

둥굴레_ 뿌리

둥굴레_ 건조한 뿌리

약술 적용 병 증상

1. **번갈(煩渴)** : 가슴이 답답하고 목이 마르거나 또
　는 병적으로 갈증이 심한 증상을 말한다. 30mL
　를 1회분으로 1일 1~2회씩, 10~15일 정도 음용
　한다.

2. **강심(强心)** : 심장의 기능을 강하게 하기 위한 처
　방이다. 30mL를 1회분으로 1일 1~2회씩, 25~30
　일 정도 음용한다. 오래 음용해도 몸에 해가 없다.

3. **조갈증(燥渴症)** : 목이 말라 물을 자주 마시는 증
　상을 말한다. 30mL를 1회분으로 1일 1~2회씩,
　15~20일 정도 음용한다.

4. **기타 질환** : 지갈, 혈압 강하, 당뇨, 명목, 보신,
　심신허약, 오장보익, 폐기보호에 효과가 있다.

약술 담그기

1. 약효는 뿌리줄기에 있으므로 주로 뿌리줄기를 사
　용한다.

2. 대개 약재상에서 말린 것을 구입하여 사용한다.

3. 말린 뿌리 약 200~250g을 소주 약 3.8~4L에 넣
　고 밀봉하여 햇볕이 들지 않는 서늘한 곳에 보관,
　침출 숙성시킨다.

4. 8~10개월 정도 침출한 다음 건더기를 걸러내고
　보관, 음용하며 건더기를 걸러낸 후 2~3개월 더
　숙성하여 음용하면 향과 맛이 훨씬 더 부드러워
　마시기 편하다.

5. 민간요법으로는 10년 이상 숙성시킬 수 있으며 오
　래 묵힐수록 효과가 좋다고 전해내려 오고 있다.

◉ 과다 음용해도 무방하다.

◉ 본 약술을 음용하는 중에 가리는 음식은 없다.

◉ 당뇨병이 있다면 꿀, 설탕을 가미하지 않는다.

생태적 특성

전국 각지의 산지에서 자생하는 다년생 초본으로 키는 30~60㎝ 정도로 자란다. 잎은 서로 어긋나고 길이는 5~10㎝ 정도로 한쪽으로 치우쳐 퍼지며 잎자루가 없다. 굵은 육질의 근경(根莖: 뿌리줄기)은 옆으로 뻗고 줄기에 6개의 능각이 있으며 끝은 비스듬히 처진다. 꽃은 6~7월에 줄기의 중간부분부터 1~2송이씩 잎 겨드랑이에서 통 모양으로 피는데 밑부분은 흰색, 윗부분은 초록색을 띤다. 꽃의 길이는 1.5~2㎝로 2개의 작은 꽃자루가 밑부분에서 서로 합쳐져서 꽃대로 된다. 열매는 9~10월에 둥근 모양으로 달리며 검게 익는다. 둥굴레는 농가에서 많이 재배하는 식물 중의 하나로 충청도, 전라도, 경상도에서 많이 생산한다.

둥굴레_지상부

둥굴레_꽃

둥굴레_열매

기능성 물질및 성분특허 자료

▶ 둥굴레 추출물과 그를 함유한 혈장 지질 및 혈당 강하용 조성물

본 발명은 둥굴레 추출물과 그를 함유한 혈장 지질 및 혈당강하용 조성물에 관한 것으로, 둥굴레 추출물은 동물체 내의 혈장 지질 및 혈당강하 효과 등의 좋은 생리활성도를 유의적으로 나타내고 부작용이나 급성 독성 등의 면에서 안전하여 심혈관계 질환인 고지혈증 및 당뇨병의 예방, 치료를 위한 약학적 조성물 또는 기능성식품 등의 유효성분으로 이용할 수 있는 매우 뛰어난 효과가 있다.

– 공개번호 : 10-2002-0030687, 출원인 : 신동수

마가목 (술)

학 명 : *Sorbus commixta* Hedl.
과 명 : 장미과(Rosaceae)
이 명 : 은빛마가목, 잡화추(雜花楸), 일본화추(日本花楸)
생약명 : 정공피(丁公皮), 마가자(馬家子)
맛과 약성 : 맛은 맵고 쓰며 시다. 약성은 평(平)하다. 다른 약술과 희석하면 독특한 맛과
　　　　　향이 난다.
음용법 : 기호와 식성에 따라 꿀, 설탕을 가미하여 음용할 수 있다.

마가목_ 수피

마가목_ 열매

약술 적용 병 증상

1. **기관지염(氣管支炎)** : 기관지에 염증이 난 증상으로 대부분 감기가 그 원인이기에 특히 환절기에 유의해야 한다. 30mL를 1회분으로 1일 1~2회씩, 12~15일 정도 음용한다.

2. **방광염(膀胱炎)** : 방광 점막에 염증이 생긴 증상으로 소변이 자주 마렵고 약간의 통증이 느껴진다. 30mL를 1회분으로 1일 1~2회씩, 15~20일 정도 음용한다.

3. **진해(鎭咳)** : 독감이나 감기에 의한 기침은 아니지만 기침을 계속하는 증상이다. 30mL를 1회분으로 1일 1~2회씩 10~15일 정도, 심하면 15~20일 정도 음용한다.

4. **기타 질환** : 해독, 거풍, 강장, 보혈, 신기허약, 양모, 조갈증, 폐결핵, 해수에 효과가 있다.

약술 담그기

1. 약효는 주로 나무껍질에 있으며 열매도 사용할 수 있다.

2. 나무껍질을 잘게 썰어서 생으로 쓰거나 말려두고 사용하여도 무방하다.

3. 열매로 술을 담글 경우에는 익은 열매를 말려서 사용하는 것이 좋다.

4. 나무껍질이나 열매를 생으로 사용할 경우에는 약 230~250g, 말린 것을 사용할 경우에는 약 100~150g을 소주 약 3.8~4L에 넣고 밀봉하여 햇볕이 들지 않는 서늘한 곳에 보관, 침출 숙성시킨다.

5. 3~5개월 정도 침출한 다음 음용하며, 침출 후 건더기를 걸러내고 2~3개월 숙성하여 음용하면 향과 맛이 훨씬 더 부드러워 마시기 편하다.

| 주의사항 |

◉ 치유되는 대로 중단하며, 장기간 과용하지 않는 것이 좋다.

◉ 본 약술을 음용하는 중에 가리는 음식은 없다.

생태적 특성

중·남부지방에 자라는 낙엽활엽 소교목으로 키 6~8m 정도로 작은 가지와 겨울눈에는 털이 없다. 잎은 우상복엽이며 서로 어긋나고 작은 잎은 9~13개에 피침형, 넓은 피침형 또는 타원상 피침형이고 양면에 털이 없이 잎 가장자리에 길고 뾰족한 복거치 또는 단거치가 있다. 꽃은 복산방꽃차례로 털이 없으며 5~6월에는 흰색 꽃이 피고 열매는 이과(梨果)로 둥글고 9~10월에 적색 또는 황적색으로 익는다.

미숙

완숙

마가목_수형　　　　　　　마가목_꽃　　　　　　　마가목_열매

기능성 물질및 성분특허 자료

▶ 마가목 추출물을 유효성분으로 하는 흡연독성 해독용 약제학적 조성물

본 발명은 흡연독성 해독용 약제학적 조성물에 관한 것으로서, 구체적으로는 마가목 추출물을 유효성분으로 하는 흡연독성 해독용 약제학적 조성물에 관한 것이다.

– 출원번호 : 10-2011-0044223, 특허권자 : 남종현

매실나무 (술)

학 명 : *Prunus mume*(siebold) Siebold & Zucc.
과 명 : 장미과(Rosaceae)
이 명 : 매화나무, 매화수(梅花樹), 육판매(六瓣梅), 천지매(千枝梅)
생약명 : 오매(烏梅)
맛과 약성 : 맛은 시고 약성은 평(平)하다.
음용법 : 기호와 식성에 따라 꿀, 설탕을 가미하여 음용할 수 있다. 단, 1년 이상
숙성 시켜 보관할 경우에는 꿀, 설탕을 가미하지 않는다.

매실나무_ 열매

매실나무_ 오매(약재)

약술 적용 병 증상

1. 숙취(宿醉) : 취기가 남아 그 후유증이 심한 증상
을 말한다. 술을 과음하여 이튿날이 되어도 술이
깨지 않고 몸이 잘 움직여지지 않으며 속이 쓰리
고 구토가 나며 두통이 심하다. 30mL를 1회분으
로 1일 1~2회씩, 7~8일 정도 음용한다.

2. 구토(嘔吐) : 구역질을 하거나 먹은 음식을 토하
는 것을 말하며 이런 증상이 계속되면 위장장애
가 심한 경우이다. 30mL를 1회분으로 1일 1~2회
씩, 12~15일 정도 음용한다.

3. 차멀미 : 교통수단을 이용할 때 멀미가 나는 경
우이며 심하면 자율신경충동으로 두통, 빈혈, 구
토를 하게 된다. 30mL를 1회분으로 1일 1~3회씩
음용한다.

4. 기타 질환 : 항균, 살균, 식중독, 해수, 복통, 거
담, 늑막염, 담석증, 설사, 위경련, 피로회복, 혈
변에 효과가 있다.

약술 담그기

1. 약효는 씨가 딱딱하게 익은 과육(果肉)에 있으므
로 주로 푸른 열매를 사용한다.

2. 씻어서 물기를 제거하고 사용한다.

3. 생열매 약 300~350g을 소주 약 3.8~4L에 넣고
밀봉하여 햇볕이 들지 않는 서늘한 곳에 보관, 침
출 숙성시킨다.

4. 1~2개월 정도 침출한 후 건더기를 걸러내고 1년
이상 숙성시켜 사용하면 효과적이다. 매실나무의
생열매를 통째로 담글 때는 씨앗에서 유독성분이
분출되기 때문에 생열매 속의 딱딱한 핵과를 제거
하고 담거나 40일을 넘기지 말고 걸러낸 후 숙성
시킨다.

| 주의사항 |

⊙ 본 약술을 음용하는 중에 돼지고기를 금하고 위산과다 증상이 있다면 음용하지 않는다.
⊙ 돼지고기 양념재료로 매실청을 사용하는 경우가 많다. 하지만 이는 배합이 맞지 않으므로 피하는 것이 좋다.

생태적 특성

중·남부지방에서 재배하는 낙엽활엽 소교목으로 키가 5m 정도로 자라고 수피는 담회색 또는 담녹색에 가지가 많이 갈라진다. 잎은 서로 어긋나고 잎자루 밑부분에 선형의 탁엽(턱잎)이 2개 있으며 잎 바탕은 난형에서 장타원상 난형에 양면으로 잔털이 나 있거나 뒷면의 잎맥 위에 털이 나 있고 가장자리에도 예리한 긴 톱니 모양이 나 있다. 꽃은 2~3월에 흰색 또는 분홍색으로 잎보다 먼저 피고 방향성(芳香性)이 강하며 꽃잎은 넓은 도란형(거꿀 달걀형)이다. 열매는 핵과로 둥글고 6~7월에 노란색으로 익는다.

매실나무_수형   매실나무_꽃   홍매화(원예종)   매실나무_열매

기능성 물질및 성분특허 자료

▶ 매실 추출물을 함유하는 피부 알레르기 완화 및 예방용 조성물

매실 추출물이 알레르기의 주된 인자인 히스타민의 유리를 탁월하게 억제하는 것으로부터 착안하여 피부 알레르기 완화를 목적으로 하는 조성물에 대한 것이다.

- 등록번호 : 10-0827195, 출원인 : (주)엘지생활건강

▶ 항응고 및 혈전용해 활성을 갖는 매실 추출물

천연물로부터 유래되어 인체에 안전할 뿐 아니라 항응고 및 혈전 용해 효과가 뛰어난 매실 추출물의 유효성분을 함유하는 식품 및 의약 조성물을 제공한다.

- 공개번호 : 10-2011-0036281, 출원인 : 정산생명공학(주

▶ 매실을 함유하는 화상 치료제

본 발명은 매실의 성분을 함유하는 화상 치료제에 관한 것으로서 수포, 동통, 발적과 같은 화상으로 인한 증상을 완화시켜 손상된 피부의 치유 기간을 단축시키는 역할을 한다.

- 등록번호 : 10-0775924, 출원인 : 한경E

약초부위 생김새

매실나무_ 꽃봉오리

매실나무_꽃

매실나무_어린열매

매실나무_익은열매

매실나무_ 종자

매실나무_ 종인

각 약초부위 생김새

매실나무_ 잎

살구나무_ 잎

매실나무_ 꽃

살구나무_ 꽃

매실나무_ 열매(청매실)

살구나무_ 열매

매실나무_ 수피

살구나무_ 수피

모과나무(술)

학 명 : *Chaenomeles sinensis* (Thouin) Koehne
과 명 : 장미과(Rosaceae)
이 명 : 모과, 산목과(酸木瓜), 토목과(土木瓜), 화이목(花梨木), 화류목(華榴木), 향목과(香木瓜),
　　　　대이(大李), 목이(木李), 목이(木梨)
생약명 : 목과(木瓜)
맛과 약성 : 맛은 약간 시고 약성은 따뜻하다.
음용법 : 기호와 식성에 따라 꿀, 설탕을 가미하여 음용할 수 있다.

모과나무_ 미숙 열매

모과나무_ 익은 열매

──── 약술 적용 병 증상 ────

1. 구토(嘔吐) : 몸속의 여러 가지 이상으로 헛구역
질을 하거나 먹은 음식물을 토하는 경우로 심한
통증이 따른다. 30mL를 1회분으로 1일 1~2회
씩, 8~10일 정도 음용한다.

2. 곽란(藿亂) : 토하면서 설사가 따르는 급성위장
병이다. 즉, 먹은 음식에 의한 급성체증이다.
30mL를 1회분으로 1일 1~2회씩 7~8일 정도,
심하면 10일 정도 음용한다.

3. 더위증(夏暑) : 여름에 더위를 먹어서 발병하는
것으로 소화불량과 구토 증세가 나타난다. 30mL
를 1회분으로 1일 1~2회씩, 9~10일 정도 음용
한다.

4. 기타 질환 : 진해, 거담, 거풍습, 감기, 근육통,
기관지염, 동통, 보간, 빈혈, 사지동통에 효과가
있다.

──── 약술 담그기 ────

1. 약효는 열매에 있으므로 주로 열매를 사용한다.
약간의 방향성(芳香性)이 있다.

2. 열매를 잘 씻은 다음 물기를 제거하고 잘게 썰어
사용한다.

3. 열매를 생으로 사용할 경우에는 약 300~350g, 말
린 것을 사용할 경우에는 약 100~150g을 소주 약
3.8~4L에 넣고 밀봉하여 햇볕이 들지 않는 서늘
한 곳에 보관, 침출 숙성시킨다.

4. 3개월 정도 침출한 다음 건더기를 걸러내고 보
관, 음용하며 2~3개월 더 숙성 시키면 신맛을 줄
여 음용하기 편하며 음용 기간이 짧을 경우 건더
기를 걸러내지 않아도 무방하다.

⊙ 장기간 음용해도 무방하다.

⊙ 본 약술을 음용하는 중에 가리는 음식은 없다.

생태적 특성

중·남부지방의 산야에 야생하고 과수로 재배하는 낙엽활엽 소교목 또는 교목으로 높이 10m 전후로 자라고 작은 가지에 가시가 없고 어릴 때는 털이 나며 2년째 가지는 자갈색으로 윤태가 있다. 잎은 타원상 난형 또는 긴 타원형에 서로 어긋나며 양끝이 좁고 가장자리에 뾰족한 잔톱니 모양이 나 있으나 어릴 때는 선상이고 뒷면에 털이 나 있으나 점차 없어진다. 꽃은 4~5월에 연한 빨간색으로 피고 열매는 원형 또는 타원형에 9~10월경 노란색으로 익으며 그윽한 향기를 풍기지만 과육은 시큼하다.

모과나무_수형   모과나무_꽃   모과나무_열매

기능성 물질및 성분특허 자료

▶ 모과 열매 추출물을 유효성분으로 함유하는 당뇨병의 예방 및 치료용 약학조성물 및 건강식품 조성물

본 발명은 모과 열매의 용매 추출물을 유효성분으로 함유하는 당뇨병의 예방 및 치료용 약학조성물 및 건강기능식품에 관한 것이다.

– 공개번호 : 10-2011-0000323, 출원인 : 공주대학교 산학협력단

▶ 모과 추출물을 함유하는 미백 조성물

본 발명은 모과 추출물을 함유하는 미백 조성물에 관한 것으로, 더 상세하게는 천연 미백 소재인 모과의 열수 추출물 또는 에탄올 추출물을 함유하는 미백 조성물에 관한 것이다.

– 공개번호 : 10-2003-0090126, 출원인 : 메디코룩스(주)

마늘 (술)

학 명 : *Allium seorodorp asum* var. *multibillosum* Y. N. Lee(조선마늘)
scorodropasum var. *viviparum* Regel

과 명 : 백합과(Liliaceae)

이 명 : 호마늘, 육지마늘, 대마늘, 왕마늘, 호대선

생약명 : 대산(大蒜)

맛과 약성 : 맛은 맵고 약성은 따뜻하다.

음용법 : 기호와 식성에 따라 꿀, 설탕을 가미하여 음용할 수 있다.

흙마늘

마늘_ 깐마늘

─── 약술 적용 병 증상 ───

1. **감기(感氣) :** 추위에서 오는 호흡기 계통의 염증성 질환으로 사람에 따라 그 증상이 다르다. 30mL를 1회분으로 1일 1~2회씩, 10~15일 정도 음용한다.

2. **상완신경통(上腕神經痛) :** 다발성 관절로 팔꿈치에 열감이 오면서 아픈 증상을 말한다. 30mL를 1회분으로 1일 1~2회씩 12~15일 정도, 심하면 30일 정도 음용한다.

3. **혈담(血痰) :** 가슴이 아프면서 저리고 입에서 피가 나오는 증상을 말한다. 30mL를 1회분으로 1일 1~2회씩, 20~25일 정도 음용한다.

4. **기타 질환 :** 항균, 항암, 혈액순환, 강정, 간경변증, 강심제, 당뇨증, 위경련, 치은염, 피로회복, 견비통에 효과가 있다.

─── 약술 담그기 ───

1. 약효는 인경(鱗莖: 비늘줄기)에 있으므로 주로 인경을 사용한다. 방향성(芳香性)이 있으나 술을 오래 숙성할수록 향이 사라진다.

2. 통마늘을 쪼개어 껍질을 벗겨 사용한다.

3. 생마늘 약 250~300g을 소주 약 3.8~4L에 넣고 밀봉하여 햇볕이 들지 않는 서늘한 곳에 보관, 침출 숙성시킨다.

4. 건더기를 건져내지 않고 6개월 이상 침출하며 오래 숙성할수록 효험하다.

| 주의사항 |

◉ 본 약술을 음용하는 중에 백하수오, 맥문동, 개고기를 금하며 음기 허약자는 음용을 금한다.

◉ 20일 이상 장기 음용하면 몸에 이롭다.

◉ 당뇨병이 있다면 꿀, 설탕을 가미하지 않는다.

생태적 특성

다년생 초본으로 전국적으로 가을에 심어 이듬해 봄에 수확하며 알뿌리로 번식하는 재배작물이다. 통마늘은 연한 갈색의 껍질로 싸여 있고 안쪽에 5~6개의 마늘쪽이 들어 있으며 마늘 줄기의 길이는 40~80㎝ 정도이다. 어긋나는 잎은 밑 부분이 엽초로 되어 서로 감싸고 있다. 산형꽃차례는 부리처럼 뾰족하고 5~7월경 잎 속에서 꽃줄기가 나와 연한 홍자색의 꽃을 피우는데 꽃 사이에 많은 무성아(無性芽)가 달린다.

마늘_지상부　　　　　　　　마늘_꽃　　　　　　　　마늘_열매

기능성 물질및 성분특허 자료

▶ 마늘 당절임 추출물을 유효성분으로 함유하는 혈당강하 또는 당뇨병의 예방 및 치료용 조성물

당에 의한 삼투작용으로 마늘의 유용성분들을 추출함으로써 고농도로 농축된 본 발명의 마늘 당절임 추출물이 함유된 식이투여 시, 혈당 조절 효과가 우수하여 당뇨병의 예방 및 치료에 유용한 약학조성물 및 건강기능식품에 이용될 수 있다.

－ 등록번호 : 10-1071511, 출원인 : 인제대학교 산학협력단

▶ 마늘기름 추출방법 및 마늘기름을 함유하는 여드름 진정 및 개선용 화장료 조성물

마늘기름을 유효성분으로 함유하는 화장료 조성물은 여드름 발생을 미연에 예방하고 여드름의 악화를 막아주는 등 여드름 진정 및 개선에 관한 조성물로 사용될 수 있다.

－ 공개번호 : 10-2009-0026446, 출원인 : 이경희

맥문동 (술)

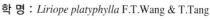

학 명 : *Liriope platyphylla* F.T.Wang & T.Tang
과 명 : 백합과(Liliaceae)
이 명 : 알꽃맥문동, 넓은잎맥문동, 맥동(麥冬), 문동(門冬)
생약명 : 맥문동(麥門冬)
맛과 약성 : 맛은 달고 약간 쓰며 약성은 차다.
음용법 : 기호와 식성에 따라 꿀, 설탕을 가미하여 음용할 수 있다. 단,
1년 이상 보관할 경우에는 당류를 가미하지 않는다.

맥문동_ 덩이뿌리

맥문동_ 건조한 덩이뿌리

약술 적용 병 증상

1. **자궁발육부전(子宮發育不全)** : 여성의 생식기관인 수란관(수정관)이 자라며 제 기능을 수행하지 못하는 증상을 말한다. 30mL를 1회분으로 1일 1~2회씩, 30~35일 정도 음용한다.

2. **불면증(不眠症)** : 대뇌가 지나치게 흥분하거나 신경쇠약, 심신피로 등으로 잠을 이루지 못하는 증상을 말한다. 30mL를 1회분으로 1일 2~3회씩, 10~15일 정도 음용한다.

3. **신경과민(神經過敏)** : 사소한 자극에도 예민한 반응을 보이는 신경계통의 불안정한 상태를 말한다. 30mL를 1회분으로 1일 1~3회씩, 15~25일 정도 음용한다.

4. **기타 질환** : 진정, 당뇨, 항균, 소갈, 토혈, 객혈, 번열, 항염, 중풍, 강심, 거담, 구갈증, 기관지염, 변비, 심장병, 음위증에 효과가 있다.

약술 담그기

1. 약효는 덩이뿌리에 있으므로 주로 덩이뿌리를 사용한다.

2. 채취하거나 구입한 것을 깨끗이 씻어 말린 후 사용한다.

3. 말린 뿌리 약 150~200g을 소주 약 3.8~4L에 넣고 밀봉하여 햇볕이 들지 않는 서늘한 곳에 보관, 침출 숙성시킨다.

4. 6개월 정도 침출한 다음 건더기는 걸러내고 보관, 음용하며 건더기를 걸러낸 후 2~3개월 더 숙성하여 음용하면 향과 맛이 훨씬 더 부드러워 마시기 편하다.

| 주의사항 |

◉ 본 약술을 음용하는 중에 오이풀, 무, 마늘, 파를 금한다.

◉ 치유되는 대로 중단하며, 장기간 과용하지 않는 것이 좋다.

◉ 심을 제거하고 사용한다.

생태적 특성

중부 이남의 산지에서 자라는 상록 다년생 초본이다. 생육환경은 반그늘 혹은 햇볕이 잘 들어오는 나무 아래에서 자란다. 짙은 녹색의 잎은 밑에서 모여나기하고 길이는 30~50㎝, 폭은 0.8~1.2㎝이며 끝이 뾰족해지다가 둔해지기도 한다. 꽃은 5~8월에 자줏빛으로 1마디에 여러 송이가 피며 꽃대가 30~50㎝로 자라 맥문동의 키가 된다. 주변에 조경용으로 많이 심어져 있는 친숙한 식물로 열매는 10~11월에 익으며 푸른색이지만 껍질이 벗겨지면 검은색 종자가 나타난다. 잎은 겨울에도 지상부가 남아 있기 때문에 쉽게 찾을 수 있으며 덩이뿌리는 약용으로 사용한다.

맥문동_지상부

맥문동_꽃

맥문동_익은 열매

기능성 물질및 성분특허 자료

▶ 맥문동 추출물을 유효성분으로 포함하는 염증성 질환 치료 및 예방용 조성물

본 발명은 맥문동 추출물을 유효성분으로 포함하는 것을 특징으로 하는 염증성 질환 치료 및 예방용 조성물에 관한 것으로, 더욱 상세하게는 맥문동 추출물 중 악티제닌의 함량이 일정 범위로 포함되도록 규격화 및 표준화시키고 제제화하여 진통 억제, 급성 염증 억제 및 급성 부종 억제 등의 염증성 변화에 의하여 나타나는 제 증상의 억제 효과가 우수하게 발현되어 관절염 등의 염증성 변화에 의한 질환 치료 및 예방에 유용한 약제로 사용할 수 있는 맥문동 추출물에 관한 것이다.

– 등록번호 : 10-1093731, 출원인 : 신도산업(주

머위(술)

학 명 : *Petasites japonicus* (Siebold & Zucc.) Maxim.
과 명 : 국화과(Compositae)
이 명 : 머구, 머웃대, 백채(白茶), 사두초(蛇頭草), 야남과(野南瓜)
생약명 : 봉두채(蜂斗菜)
맛과 약성 : 맛은 맵고 쓰며 약성은 시원하다.
음용법 : 기호와 식성에 따라 꿀, 설탕을 가미하여 음용할 수 있다.

머위_새싹(봉두채)

머위_ 건조한 뿌리

약술 적용 병 증상

1. 어혈(瘀血) : 외부 충격으로 시퍼렇게 멍든 부분에 어혈(죽은 피)이 모여 있는 경우를 말한다. 30mL를 1회분으로 1일 2~3회씩, 12~15일 정도 음용한다.

2. 토혈각혈(吐血恪血) : 토혈(소화기관의 질환으로 인하여 피를 토하는 증세), 각혈(호흡기 질환으로 인하여 피를 토하는 증세)에 30mL를 1회분으로 1일 2~3회씩, 9~11일 정도 음용한다.

3. 인후통증(咽喉痛症) : 목구멍이 아프고 붓는 경우이며 주로 감기 증상으로 나타나는 경우가 많다. 30mL를 1회분으로 1일 2~3회씩, 15~17일 정도 음용한다.

4. 기타 질환 : 해독, 종기, 타박상, 각혈, 거담, 건위, 기관지염, 편도선염에 효과가 있다.

약술 담그기

1. 약효는 뿌리나 꽃에 있으므로 주로 뿌리, 꽃을 사용한다.

2. 특히 뿌리를 채취하여 쓰며 깨끗이 씻어 말린 다음 사용한다.

3. 생 꽃을 사용할 경우에는 약 200~300g, 말린 뿌리를 사용할 경우에는 약 200~250g을 소주 약 3.8~4L에 넣고 밀봉하여 햇볕이 들지 않는 서늘한 곳에 보관, 침출 숙성시킨다.

4. 꽃은 3개월 정도, 뿌리는 8개월 정도 침출시킨 다음 건더기를 걸러내고 보관, 음용하며 건더기를 걸러낸 후 2~3개월 더 숙성하여 음용하면 향과 맛이 훨씬 더 부드러워 마시기 편하다.

⊙ 치유되는 대로 중단하며, 장기간 과용하지 않는 것이 좋다.

⊙ 본 약술을 음용하는 중에 가리는 음식은 없다.

생태적 특성

다년생 초본으로 키는 5~45㎝이다. 굵은 땅속줄기가 옆으로 뻗으며 뿌리에서 잎이 나온다. 잎은 지름이 15~30㎝로 표면에 구부러진 털이 나 있으나 자라면서 없어지고 가장자리에 불규칙한 치아 모양의 톱니 모양이 나 있다. 콩팥 모양으로 생긴 잎은 둥글고 잎자루가 길다. 꽃은 4~5월에 암꽃은 흰색으로, 수꽃은 황백색으로 핀다. 꽃의 지름은 0.7~1㎝로 여러 개가 뭉쳐서 달리고 포가 밑부분을 둘러싸고 있다. 열매는 5~7월경에 길이 0.3㎝, 지름 0.1㎝의 크기로 열리며 모양은 원통형으로 겉에 흰색으로 된 갓털이 달린다. 전초를 봉두채, 꽃을 봉두화, 뿌리를 봉두근이라 하여 약용한다. 우리나라에서는 중남부 지방에 주로 분포하며 주로 햇볕이 잘 드는 습한 곳을 좋아한다. 잎자루와 어린순은 식용이다.

머위_지상부   머위_꽃   머위_열매

기능성 물질및 성분특허 자료

▶ 머위 추출물을 함유하는 기억력 증강을 위한 건강기능식품

본 발명은 기억력 증강기능을 갖는 새로운 건강기능식품의 소재인 머위 추출물을 주원료, 부원료로 이용하여 제조되거나, 각종 기호성 식품에 첨가하여 제조된 건강기능식품에 관한 것이다. 본 발명의 머위 추출물을 함유하는 건강기능식품은 청소년, 성인 및 노인층의 광범위한 계층까지 기억력 증강을 기대할 수 있다.

– 공개번호 : 10-2005-0000354, 특허권자 : (주)케이티앤지

물레나물 (술)

학 명 : *Hypericum ascyron* L.
과 명 : 물레나물과(Guttiferae)
이 명 : 애기물레나물, 큰물레나물, 매대체, 좀물레나물, 긴물레나물
생약명 : 홍한련(紅旱蓮)
맛과 약성 : 맛은 약간 쓰고 약성은 차다.
음용법 : 기호와 식성에 따라 꿀, 설탕을 가미하여 음용할 수 있다.

물레나물_뿌리

물레나물_전초채취시기

약술 적용 병 증상

1. **근육통(筋肉痛)** : 주로 감기 등이 원인이 되어 몸의 연한 부분을 이루고 있는 살과 힘줄 등에 통증이 일어나는 증상을 말한다. 30mL를 1회분으로 1일 1~2회씩, 7~10일 정도 음용한다.

2. **월경이상(月經異常)** : 월경주기는 대개 28일이며 기간은 3~7일 정도인데 월경주기와 양에 이상이 생겼을 경우 일어나는 증상을 말한다. 30mL를 1회분으로 1일 1~2회씩, 5~7일 정도 음용한다.

3. **출혈증(出血症)** : 비정상적인 이유로 피를 흘리는 증상을 말한다. 주로 토혈, 각혈, 비출혈, 자궁출혈 등이 있는데 원인을 밝히는 것이 우선이다. 30mL를 1회분으로 1일 1~2회씩, 3~5일 정도 음용한다.

4. **기타 질환** : 지혈, 종기, 뼈질환, 동통, 보간, 수종, 임파선염, 타박상, 해열, 혈액순환에 효과가 있다.

약술 담그기

1. 가을에 열매가 익었을 때 열매가 달린 채로 전초를 채취하여 씻는다.

2. 끓는 물에 살짝 담갔다가 건져 햇볕에 말린 다음 사용한다.

3. 말린 전초 약 200~250g 정도를 소주 약 3.8~4L에 넣고 밀봉하여 햇볕이 들지 않는 서늘한 곳에 보관, 침출 숙성시킨다.

4. 6~8개월 정도 침출시킨 다음 건더기를 걸러내고 보관, 음용하며 건더기를 걸러낸 후 2~3개월 더 숙성하여 음용하면 향과 맛이 훨씬 더 부드러워 마시기 편하다.

⊙ 치유되는 대로 중단하며, 장기간 과용하지 않는 것이 좋다.

⊙ 본 약술을 음용하는 중에 가리는 음식은 없다.

생태적 특성

우리나라 각처의 산지에서 자라는 다년생 초본이다. 생육환경은 반그늘이나 햇볕이 잘 들어오는 곳의 물기가 많은 곳에서 자란다. 키는 50~80㎝이며 잎은 피침형이며 밑동으로 줄기를 감싸고 있고 길이는 5~10㎝, 폭은 1~2㎝이다. 꽃은 6~8월에 줄기의 끝에서 1송이씩 계속해서 피며 지름은 4~6㎝이다. 이 품종은 물기가 많은 곳에서 자라고 꽃이 크며 또 꽃의 모양이 마치 배의 스크류나 바람개비와 비슷하기 때문에 알기 쉬운 꽃이다. 열매는 10~11월에 달리고 종자는 작은 그물 모양이고 길이 1㎜ 정도로 미세하다.

물레나물_지상부   물레나물_꽃   물레나물_열매

기능성 물질및 성분특허 자료

▶ 물레나물 추출물을 유효성분으로 하는 골질환 예방 및 치료용 조성물

본 발명은 물레나물 추출물을 유효성분으로 하는 골 질환 예방 및 치료용 조성물에 관한 것이다. 본 발명의 조성물은 파골세포(osteoclast)의 형성을 감소시켜 골 흡수를 억제하고, 조골세포(osteoblast)에 의한 염기성 인산분해효소의 발현 및 오스테오칼신의 발현을 증가시켜 골 생성을 촉진하는데 매우 우수한 효능을 발휘한다. 본 발명은 골 질환 예컨대 골다공증 및 암 세포의 골전이로 인하여 발생된 골 질환의 예방 및 치료 효능을 가지는 물레나물 추출물의 의약 및 식품으로서의 기초적인 자료를 제공한다.

– 공개번호 : 10-2010-0038529, 출원인 : 대한민국(농촌진흥청장), 연세대학교 산학협력단

민들레 (술)

학 명 : *Taraxacum platycarpum* Dahlst.
과 명 : 국화과(Compositae)
이 명 : 안질방이, 부공영(鳧公英), 포공초(蒲公草), 지정(地丁)
생약명 : 포공영(蒲公英)
맛과 약성 : 맛은 달고 쓰며 약성은 차다.
음용법 : 기호와 식성에 따라 꿀, 설탕을 가미하여 음용할 수 있다.

민들레_줄기

민들레_ 건조한 전초

약술 적용 병 증상

1. 유선염(乳腺炎) : 젖 분비선에 염증이 생기는 증상을 말하며 초산부의 수유기에 많이 발생한다. 30mL를 1회분으로 1일 1~2회씩, 8~9일 정도 공복에 음용한다.

2. 황달(黃疸) : 피부와 소변이 누렇게 변하는 소화성 질환이며 습한 기운과 냉열의 작용으로 혈액이 소모되어 나타난다. 30mL를 1회분으로 1일 1~2회씩, 12~15일 정도 공복에 음용한다.

3. 인후통증(咽喉痛症) : 목구멍이 아프고 붓는 증세의 총칭으로 감기로 인한 경우가 많으며 인후염도 같은 증세이다. 30mL를 1회분으로 1일 1~2회씩, 12~15일 정도 공복에 음용한다.

4. 기타 질환 : 해독, 이뇨, 감기, 발열, 편도선염, 위염, 간염, 요로감염, 갱년기장애, 건위, 기관지염, 담낭염, 심장병에 효과가 있다.

약술 담그기

1. 약효는 뿌리를 포함한 전초에 있으므로 주로 뿌리, 전초를 사용한다.

2. 꽃봉오리가 맺혀 있을 때 뿌리를 포함한 전초를 채취하여 깨끗이 씻은 후 햇볕에 말려서 사용한다.

3. 말린 전초(뿌리 포함)는 약 200~250g을 소주 약 3.8~4L에 넣고 밀봉하여 햇볕이 들지 않는 서늘한 곳에 보관, 침출 숙성시킨다.

4. 6개월 정도 침출한 다음 건더기를 걸러내고 보관, 음용하며 건더기를 걸러낸 후 2~3개월 더 숙성하여 음용하면 향과 맛이 훨씬 더 부드러워 마시기 편하다.

| 주의사항 |

⊙ 장기간 음용해도 무방하다.

⊙ 본 약술을 음용하는 중에 가리는 음식은 없다.

생태적 특성

전국 각지에 분포하며 경남 의령과 강원도 양구에서 많이 재배하는 다년생 초본이다. 키는 30㎝ 정도로 자라며 원줄기 없이 잎이 뿌리에서 모여나 옆으로 퍼진다. 잎의 길이는 20~30㎝, 폭은 2.5~5㎝이고 뾰족하다. 잎몸은 깊게 갈라지고 갈래는 6~8쌍이며 가장자리에 톱니 모양이 나 있다. 꽃은 4~5월에 노란색으로 잎과 같은 길이의 꽃줄기 위에서 피며 크기는 지름 3~7㎝이다. 서양민들레는 3~9월에 꽃이 핀다. 민들레 열매는 5~6월경 검은색 종자로 맺는데 종자에 흰색이나 은색 날개 같은 갓털이 붙어 있다. 종자는 공처럼 둥글게 뭉쳐 있는데 이것이 바람에 날려 사방으로 퍼져 번식한다. 토종 민들레는 꽃받침이 그대로 있지만 서양민들레는 아래로 처진다. 뿌리는 육질로 길며 포공영이라고 해서 약용한다. 생명력이 강하여 뿌리를 잘게 잘라도 다시 살아난다.

민들레_지상부   민들레_꽃   민들레_열매

기능성 물질및 성분특허 자료

▶ 민들레 추출물을 포함하는 알코올성 간 질환의 예방 및 치료용 조성물

본 발명은 민들레 추출물의 신규한 용도에 관한 것으로, 보다 상세하게는 민들레 추출물을 포함하는 알코올성 간 질환의 예방 및 치료용 조성물에 관한 것이다. 본 발명의 조성물은 알코올성 간 질환 및 간 기능 개선과 숙취해소 효과가 있어 알코올성 간 질환의 치료, 예방 및 개선하는 효과를 갖는다. 따라서 본 발명의 조성물은 알코올성 간 질환의 예방, 치료 및 개선의 목적으로 사용할 수 있다.

- 공개번호 : 10-2009-0018524, 출원인 : 이은지

박쥐나무 (술)

학 명 : *Alangium platanifolium* var. *trilobum* (Miq) Owhi
과 명 : 박쥐나무과(Alangiaceae)
이 명 : 누른대나무, 털박쥐나무, 팔각풍근(八角楓根), 대엽과목(大葉瓜木),
　　　　압각판수(鴨脚板樹), 과목근(瓜木根)
생약명 : 팔각풍근(八角楓根), 목팔각(木八角)
맛과 약성 : 맛은 맵고 약성은 따뜻하다.
음용법 : 기호와 식성에 따라 꿀, 설탕을 가미하여 음용할 수 있다.

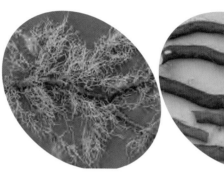
박쥐나무_ 채취한 뿌리

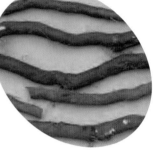
박쥐나무_ 잔뿌리를 제거한 뿌리

약술 적용 병 증상

1. 관절통(關節痛) : 관절염으로 인해 뼈와 뼈가 서로 맞닿는 연결 부위에 통증이 매우 심한 증상을 말한다. 30mL를 1회분으로 1일 1~2회씩, 10~15일 정도 음용한다.

2. 심장병(心臟病) : 심장이 제 역할을 못 하는 병증으로 심내막염, 심장실질염, 심장판막증, 심장신경통 등에 효과적이다. 30mL를 1회분으로 1일 1~2회씩, 20~25일 정도 음용한다.

3. 요통(腰痛) : 허리의 통증으로 주로 허리뼈 4~5번의 연부 조직에 이상이 생긴 증상을 말한다. 30mL를 1회분으로 1일 1~2회씩 10~15일 정도, 심하면 그 이상을 음용한다.

4. 기타 질환 : 거풍, 어혈, 요통, 근육통, 마목(발저림), 진통, 타박상, 해열에 효과가 있다.

약술 담그기

1. 약효는 뿌리에 있으므로 주로 뿌리를 사용한다.

2. 채취한 뿌리를 씻은 후 잘게 썰어 생으로 쓰거나 말려서 사용한다.

3. 생뿌리를 사용할 경우에는 약 200~250g, 말린 뿌리를 사용할 경우에는 약 100~150g을 소주 약 3.8~4L에 넣고 밀봉하여 햇볕이 들지 않는 서늘한 곳에 보관, 침출 숙성시킨다.

4. 4~5개월 정도 침출시킨 다음 건더기를 걸러내고 보관, 음용한다. 건더기를 걸러낸 후 2~3개월 더 숙성하여 음용하면 매운맛이 줄며 향과 맛이 훨씬 더 부드러워 마시기 편하다.

⊙ 치유되는 대로 중단하며, 장기간 과용하지 않는 것이 좋다.
⊙ 본 약술을 음용하는 중에 가리는 음식은 없다.

생태적 특성

남부지방의 숲 속이나 산기슭에 자생하는 낙엽활엽 관목으로 키는 3m 전후로 수피는 회색이며 작은 가지에 털이 나 있으나 곧 없어진다. 잎은 4각상 심원형 또는 원형에 서로 어긋나 있고 잎끝이 3~5개로 얕게 갈라지며 열편은 삼각형에 가장자리에는 톱니 모양이 없고 표면은 황록색에 짧은 털이 나 있으나 뒷면은 잔털이 드문드문 나 있다. 꽃은 취산꽃차례로 잎겨드랑이에 2~3개의 꽃이 6~8월에 연한 노란색으로 피고 열매는 타원상 원형으로 9~10월에 익으면 빨간빛이 도는 검은색이 된다.

박쥐나무_ 잎(앞면)

박쥐나무_ 수형

박쥐나무_ 잎(뒷면)

박쥐나무_ 꽃

박쥐나무_열매

보리수나무 (술)

학 명 : *Elaeagnus umbellata* Thunb.
과 명 : 보리수나무과(Elaeagnaceae)
이 명 : 볼네나무, 보리장나무, 보리화주나무, 보리똥나무, 산보리수나무
생약명 : 우내자(牛奶子)
맛과 약성 : 맛은 달고 쓰고 시며 약성은 시원하다.
음용법 : 기호와 식성에 따라 꿀, 설탕을 가미하여 음용할 수 있다.

보리수나무_ 채취한 열매

보리수나무_ 줄기(약재)

약술 적용 병 증상

1. **대하증(帶下症)** : 여성의 분비물이 많아져 붉은
   색, 흰색, 무색 등의 대하가 질(膣) 밖으로 흐르는
   증상을 말한다. 30mL를 1회분으로 1일 2~3회
   씩, 7~10일 정도 음용한다.
2. **복통(腹痛)** : 장에 장애가 일어나서 통증이 오는
   경우이다. 30mL를 1회분으로 1일 3~4회씩, 8~
   10일 정도 음용한다.
3. **기타 질환** : 청열, 해수, 붕루, 이질, 설사, 이뇨,
   자양강장, 출혈증에 효과가 있다.

약술 담그기

1. 약효는 익은 열매(보리수)에 있으므로 주로 익은
   열매를 사용한다.
2. 익은 열매를 채취하여 깨끗이 씻어 물기를 말린
   다음 생으로 사용한다.
3. 생열매 약 250~300g을 소주 약 3.8~4L에 넣고
   밀봉하여 햇볕이 들지 않는 서늘한 곳에 보관, 침
   출 숙성시킨다.
4. 5개월 정도 침출한 다음 건더기를 걸러내고 보
   관, 음용하며 건더기를 걸러낸 후 2~3개월 더 숙
   성하여 음용하면 향과 맛이 훨씬 더 부드러워 마
   시기 편하다.

| 주의사항 |

- 20일 이상 장기간 음용해도 무방하다.
- 본 약술을 음용하는 중에 가리는 음식은 없다.
- 생열매로 술을 담기에 도수가 높은 술로 담가야 부패하지 않는다.

생태적 특성

전국의 산기슭 및 계곡에 자생하는 낙엽활엽 관목으로 키는 3~4m 정도로 자라고 가지에는 가시가 돋아나 있다. 잎은 타원형 또는 난상 피침형에 서로 어긋나고 잎끝은 둔형으로 짧고 뾰족한 형이며 밑부분은 원형에서 넓은 설형으로 가장자리는 말려서 오그라들고 톱니 모양은 없다. 꽃은 5~6월에 흰색으로 피어 노란색으로 변하고 방향성이 있으며 열매는 구형 혹은 난원형이고 9~10월에 옅은 빨간색으로 익는다.

보리수나무_수형   보리수나무_잎(뒷면)_꽃   보리수나무_열매

기능성 물질및 성분특허 자료

▶ 보리수나무 열매를 주재로 한 약용술의 제조방법

본 발명의 생약을 주재로 한 약용 술 중 보리수나무 열매인 호뢰자를 주재한 신규의 약용술로, 잘 익은 호뢰자를 채취하여 수세 건조하고, 이를 소주(25~30%)에 침지, 밀봉한 다음 음지에서 15~30일 동안 숙성 발효시키고 여과한 여액을 다시 음지에서 2~3개월 2차 숙성 발효시킨 능금산이나 주석산 등이 함유된 갈색의 약용 술이다. 이 약용 술은 보리수나무 열매의 자연적인 향과 맛을 그대로 유지하면서 인체의 자양강장, 허약체질, 육체피로 등에 탁월한 개선 효과가 있는 것으로 본 발명은 산업적으로 매우 유용한 발명이다.

– 공개번호 : 10-1996-0007764, 출원인 : 박봉흠

복분자딸기(술)

학 명 : *Rubus coreanus* Miq.
과 명 : 장미과(Rosaceae)
이 명 : 곰딸, 곰의딸, 복분자딸, 복분자, 교맥포자(蕎麥抛子), 조선현구자(朝鮮懸鉤子),
　　　　 호수묘(胡須苗), 삽전포(揷田泡)
생약명 : 복분자(覆盆子)
맛과 약성 : 맛은 달고 시며 약성은 평(平)하다.
음용법 : 기호와 식성에 따라 꿀, 설탕을 가미하여 음용할 수 있다.

복분자딸기_ 열매

복분자딸기_ 건조한 열매

약술 적용 병 증상

1. **신기허약(腎氣虛弱)** : 몸의 모든 기력이 약해진
경우이다. 병후 허약증세와 노화, 또는 선천적인
허약체질 등 심신이 허약하고 늘 피로를 느끼며
항시 신체 내의 원기가 부족한 상태를 말한다.
30mL를 1회분으로 1일 1~2회씩, 20~30일 정도
음용한다.

2. **강장(强腸)** : 위와 장을 보호하기 위한 처방이다.
즉, 소화불량, 십이지장궤양, 위궤양, 위염 등 위
장이 좋지 못한 경우를 말한다. 30mL를 1회분으
로 1일 1~2회씩, 30~40일 정도 음용한다.

3. **정력증진(精力增進)** : 부족한 원기와 정력을 보충
하기 위한 처방이다. 30mL를 1회분으로 1일 1~2회
씩, 20~30일 정도 음용한다.

4. **기타 질환** : 월경불순, 보간, 보신, 당뇨병, 명목,
양모, 유정증, 자궁출혈, 조갈증, 행기에 효과가
있다.

약술 담그기

1. 약효는 덜 익은 열매에 있다. 소금물에 담갔다가
말려두고 사용한다. 약재상에서 말린 것을 살 때
에는 1년이 넘지 않는 것으로 구입한다.

2. 까맣게 잘 익은 열매는 채취하여 흐르는 물에 깨
끗이 씻어 물기를 말린 후 사용할 수도 있다.

3. 잘 익은 생열매를 사용할 경우에는 약 250~
300g, 말린 열매(미성숙)를 사용할 경우에는 약
100~150g을 소주 약 3.8~4L에 넣고 밀봉하여
햇볕이 들지 않는 서늘한 곳에 보관, 침출 숙성시
킨다.

4. 3개월 정도 침출시킨 다음 건더기를 걸러내고 보
관, 음용하며 건더기를 걸러낸 후 2~3개월 더 숙
성하여 음용하면 향과 맛이 훨씬 더 부드러워 마
시기 편하다.

◉ 장기간 음용해도 해롭지는 않으나 소변 부실자는 음용하지 않는다.

◉ 당뇨병이 있다면 꿀, 설탕을 가미하지 않는다.

복분자딸기_수형

생태적 특성

중 · 남부지방의 산기슭 계곡 양지에 자생 또는 재배하는 낙엽활엽 관목이다. 키는 3m 전후로 자라고 줄기는 곧게 서지만 덩굴처럼 휘어져 땅에 닿으면 뿌리를 내리며 적갈색에 백분(白粉)으로 덮여 있고 갈고리 모양의 가시가 나 있다. 잎은 기수 우상복엽이 어긋나고 잎자루가 있으며 작은 잎은 3~7개인데 5개가 많다. 가지 끝 쪽에서 붙어 있는 작은 잎이 비교적 크고 난형으로 잎끝은 날카롭고 가장자리에는 불규칙한 크고 날카로운 톱니 모양이 나 있다. 꽃은 산방꽃차례가 가지 끝 쪽이나 잎겨드랑이에 달려 5~6월에 담홍색의 꽃이 피고 열매는 취합과로 작은 난형인데 7~8월에 빨간색으로 익지만 시간이 지나면 검은색이 된다.

기능성 물질및 성분특허 자료

▶ 복분자 추출물을 함유하는 골다공증 예방 또는 치료용 조성물

본 발명의 조성물은 조골세포 활성 유도뿐만 아니라 파골세포 활성 억제 효과를 동시에 나타내므로 다양한 원인으로 인해 유발되는 골다공증의 예방 또는 치료에 유용하게 사용될 수 있다.

– 등록번호 : 10-0971039, 출원인 : 한재진

▶ 복분자 추출물을 포함하는 기억력 개선용 식품 조성물

본 발명은 복분자 추출물을 유효성분으로 포함하는 기억력 개선용 식품 조성물에 관한 것으로, 인체에 무해하고 부작용이 문제되지 아니한 복분자 추출물을 유효성분으로 포함하는 기억력 개선용 식품 조성물에 관한 것이다.

– 공개번호 : 10-2012-0090140, 출원인 : 한림대학교 산학협력단 오

▶ 복분자 추출물을 이용한 비뇨 기능 개선용 조성물

본 발명의 복분자 추출물은 비뇨 기능 개선용 의약품 및 건강 기능성 식품의 조성물로 제공할 수 있다.

– 등록번호 : 10-1043596, 출원인 : 전라북도 고창군

▶ 복분자 추출물을 포함하는 불안 및 우울증의 예방 및 치료용 약학조성물

복분자 추출물을 포함하는 불안, 우울증 및 치매의 예방 및 치료와 기억 증진용 조성물에 관한 것으로, 현대인들의 불안, 우울증 및 치매의 예방 및 치료와 기억력 증진 효과를 유발하는 약제 및 건강보조식품에 이용할 수 있다.

– 등록번호 : 10-0780333, 출원인 : 김성진

약초부위 생김새

꽃봉우리

꽃

미숙열매

성숙열매

수형

각 약초부위 생김새

복분자딸기_ 잎

산딸기_ 잎

복분자딸기_ 꽃

산딸기_ 꽃

복분자딸기_ 열매

산딸기_ 열매

복숭아나무 (술)

학 명 : *Prunus persica* (L.) Batsch
과 명 : 장미과(Rosaceae)
이 명 : 복성아나무, 복사, 도수(桃樹), 선과수(仙果樹)
생약명 : 도인(桃仁)
맛과 약성 : 맛은 달고도 쓰며 약성은 평(平)하다.
음용법 : 다른 당류는 가미하지 않는다.

복숭아나무_씨앗

복숭아나무 _ 종자 속 종인(도인)

약술 적용 병 증상

1. **위경련(胃經攣)** : 소화기관이 갑자기 확장되면서 참기 어려운 심한 통증을 일으키는 증상을 말한다. 30mL를 1회분으로 1일 2~3회씩, 11~12일 정도 음용한다.

2. **신장결석(腎臟結石)** : 신장에 염류의 건더기가 남거나 결핵균이 침범해 결석이 생기는 증상을 말한다. 30mL를 1회분으로 1일 2~3회씩, 25~30일 정도 음용한다.

3. **자궁출혈(子宮出血)** : 자궁 내의 염증에 의하여 자궁에서 출혈이 생기는 증상을 말한다. 30mL를 1회분으로 1일 2~3회씩, 10~15일 정도 음용한다.

4. **기타 질환** : 진해거담, 동맥경화, 두통, 생리통, 심장병, 어혈, 열병에 효과가 있다.

약술 담그기

1. 약효는 종인(種仁: 씨앗)에 있으므로 주로 종인을 사용한다. 복숭아나무열매는 과육(果肉) 속에 든 딱딱한 과핵(果核)을 깨면 그 안에 종인이 들어 있는데 이것을 도인(桃仁)이라 하여 약재로 쓴다.

2. 익은 열매를 수확하여 그 안에 든 종인을 채취한 후 뾰족한 첨두를 제거하고 쓴다. 복숭아나무열매를 통째로 술 담그는 것을 삼간다(통째로 담그면 과핵에서 독소가 배출됨).

3. 생종인 약 200~250g을 소주 약 3.8~4L에 넣고 밀봉하여 햇볕이 들지 않는 서늘한 곳에 보관, 침출 숙성시킨다.

4. 핵을 제거한 과육만 3~4개월 정도 침출한 다음 건더기를 걸러내고 보관, 음용하며 건더기를 걸러낸 후 2~3개월 더 숙성하여 음용하면 향과 맛이 훨씬 더 부드러워 마시기 편하다.

| 주의사항 |

⊙ 본 약술을 음용하는 중에 삽주(백출, 창출)를 금한다.

⊙ 치유되는 대로 중단하며, 장기간 과용하지 않는 것이 좋다.

⊙ 독성이 있는 첨두(尖頭 : 뾰족한 끝부분)와 쌍인(2개가 쌍둥이로 붙은 것)은 제거하고 사용한다.

생태적 특성

전국의 산야에서 자라거나 과수로 재배하는 낙엽활엽 소교목으로 키 6m 내외로 자라고 작은 가지에는 털이 없으며 겨울눈에는 털이 나 있다. 잎은 타원상 피침형 혹은 난상 피침형에 서로 어긋나고 잎끝은 길게 뾰족해지며 가장자리에는 톱니 모양이 나 있고 양쪽 면에는 털이 없다. 꽃은 보통으로 단성이며 4~5월에 잎보다 먼저 피고 짧은 꽃자루가 있으며 꽃받침 잎은 5개, 꽃잎도 5개로 도란형에 분홍색이다. 열매는 핵과로 난상 원형이고 짧은 섬모가 있으며 7~8월에 익는다. 과육은 흰색 또는 노란색인데 과육 속에는 딱딱한 씨가 있고 씨 속에는 종인이 들어 있다.

복숭아나무_수형   복숭아나무_꽃   복숭아나무_열매

기능성 물질및 성분특허 자료

▶ 복사나무 추출물을 유효성분으로 함유하는 동맥경화증을 포함한 산화관련 질환 또는 혈전관련 질환의 예방 및 치료용 조성물

본 발명은 복사나무 추출물을 함유하는 조성물에 관한 것으로서, 구체적으로 본 발명의 복사나무 추출물은 동맥경화증을 포함한 산화관련 질환 또는 혈전관련 질환의 예방 및 치료용 약학조성물로 유용하게 이용될 수 있다.

－ 공개번호 : 10-2009-0018466, 출원인 : 동국대학교 산학협력단

배암차즈기(술)

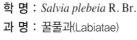

학 명 : *Salvia plebeia* R. Br.
과 명 : 꿀풀과(Labiatae)
이 명 : 배암차즈키, 뱀차조기, 배암배추, 뱀배추, 곰보배추
생약명 : 여지초(荔枝草)
맛과 약성 : 맛은 맵고 약성은 시원하다.
음용법 : 기호와 식성에 따라 꿀, 설탕을 가미하여 음용할 수 있다.

배암차즈기_줄기

배암차즈기_ 건조한 전초

약술 적용 병 증상

1. **기관지염(氣管支炎)** : 기관지에 염증을 일으키는 증상을 말하며 감기가 원인이 될 수도 있다. 30mL를 1회분으로 1일 2~3회씩, 7~10일 정도 음용한다.

2. **폐렴(肺炎)** : 폐렴균의 침입에 의해 폐에 생긴 염증을 말한다. 30mL를 1회분으로 1일 2~3회씩, 10~15일 정도 음용한다.

3. **토혈(吐血)** : 소화기관의 질환에 의해 입으로 피를 토하는 증상을 말한다. 30mL를 1회분으로 1일 2~3회씩, 5~7일 정도 음용한다.

4. **기타 질환** : 진해, 거담, 해독, 살충, 인후종통, 종기, 동맥경화증, 항염, 항산화, 각혈, 건위, 고혈압, 자양강장, 정력증진, 폐기보호, 흥분작용에 효과가 있다.

약술 담그기

1. 약효는 전초나 뿌리에 있으므로 주로 전초나 뿌리를 사용한다. 방향성(芳香性)이 있다.

2. 전초나 뿌리를 채취하여 깨끗이 씻어 전초는 생으로, 뿌리는 말린 다음 적당한 크기로 잘라서 사용한다.

3. 생전초를 사용할 경우에는 약 200~250g, 말린 뿌리를 사용할 경우에는 약 100~150g을 소주 약 3.8~4L에 넣고 밀봉하여 햇볕이 들지 않는 서늘한 곳에 보관, 침출 숙성시킨다.

4. 전초는 3개월, 뿌리는 6개월 정도 침출시킨 다음 건더기를 걸러내고 보관, 음용하며 건더기를 걸러낸 후 2~3개월 더 숙성하여 음용하면 향과 맛이 훨씬 더 부드러워 마시기 편하다.

◉ 치유되는 대로 중단하며, 장기간 과용하지 않는 것이 좋다.

◉ 본 약술을 음용하는 중에 가리는 음식은 없다.

생태적 특성

우리나라 각처의 산과 들, 습한 곳에서 자라는 2년생 초본이다. 생육환경은 주변의 습한 도랑이나 물기가 많은 곳에서 자란다. 키는 30~70㎝가량이고 잎은 긴 타원형으로 끝이 둔하고 밑은 뾰족하다. 잎 가장자리에는 둔한 톱니 모양이 나 있고 양면에 잔털이 드물게 나 있으며 길이는 3~6㎝가량이다. 꽃은 5~7월에 줄기 윗부분과 잎 사이에 길이 4~5㎜의 연한 보라색 꽃이 핀다. 열매는 짙은 갈색으로 타원형이다.

배암차즈기_지상부　　　　　배암차즈기_꽃　　　　　배암차즈기_열매

기능성 물질및 성분특허 자료

▶ 배암차즈기 추출물을 유효성분으로 하는 죽상동맥경화증 개선 및 예방 조성물

본 발명에 따른 방법으로 제조된 배암차즈기 추출물을 유효성분으로 하는 죽상동맥경화증 개선 및 조성물은 부작용이 없으면서 죽상동맥경화증의 발달단계 중 거품세포의 형성을 감소시키고, 이미 축적된 거품세포에서는 축적된 콜레스테롤을 외부로 유출하는 것을 촉진함으로써 죽상동맥경화증의 개선 및 예방할 수 있는 성분으로 제공될 수 있다.

　　　　　　　　　　　　　　　　　　　　　　　　　　　　　－ 공개번호 : 10-2013-0010941, 출원인 : 한림대학교 산학협력단

▶ 배암차즈기 잎을 이용한 항산화 및 항염 기능성 차(茶)

본 발명은 배암차즈기 잎을 이용한 기능성 차의 제조방법 및 기능성 차에 관한 것으로, 세포독성이 없고 항산화 및 항염 효능이 있는 배암차즈기 잎을 이용한 기능성 차의 제조방법 및 기능성 차에 관한 것이다.

　　　　　　　　　　　　　　　　　　　　　　　　　　　　　　　　－ 등록번호 : 10-1456287-0000, 출원인 : 구례군

살구나무 (술)

학 명 : *Prunus armeniaca* var. *ansu* Maxim.
과 명 : 장미과(Rosaceae)
이 명 : 살구, 개살구나무, 행수(杏樹), 행자(杏子), 대과감행(大果甘杏)
생약명 : 행인(杏仁)
맛과 약성 : 맛은 쓰고 달며 약성은 따뜻하다.
음용법 : 다른 당류는 가미하지 않는다.

살구나무_ 씨앗

살구나무_ 열매 속의 종인(행인)

약술 적용 병 증상

1. **호흡곤란증(呼吸困難症)** : 숨을 쉴 때 괴로움을 느끼는 증상을 말한다. 30mL를 1회분으로 1일 2~3회씩, 17~25일 정도 음용한다.

2. **진정(鎭靜)** : 들뜬 신경을 가라앉히는 경우를 말한다. 30mL를 1회분으로 1일 2~3회씩, 12~15일 정도 음용한다.

3. **자궁근종(子宮筋腫)** : 여성의 자궁에서 발견되는 혹으로 흔히 물혹이라고 하는 난소종양과 살혹이라고 하는 자궁근종 2가지가 있다. 30mL를 1회분으로 1일 2~3회씩, 20~30일 정도 음용한다.

4. **기타 질환** : 진해, 거담, 천식, 지갈, 변비, 구내염, 기관지염, 두통, 심장병, 해수, 해독, 무좀, 습진에 효과가 있다.

약술 담그기

1. 약효는 종인(種仁: 씨앗)에 있으므로 주로 종인을 사용한다. 살구나무의 열매는 과육(果肉) 속에 든 딱딱한 과핵(果核)을 깨면 그 안에 종인이 들어 있는데 이것을 행인(杏仁)이라 하여 약재로 쓴다.

2. 살구 종인을 깨끗이 씻은 다음 물기를 잘 말린 후에 사용한다.

3. 말린 종인 약 250~270g을 소주 약 3.8~4L에 넣고 밀봉하여 햇볕이 들지 않는 서늘한 곳에 보관, 침출 숙성시킨다.

4. 한 달 정도 침출한 다음 건더기를 걸러내고 보관, 음용한다. 또는 건더기를 걸러낸 후 2~3개월 더 숙성하여 음용하면 향과 맛이 훨씬 더 부드러워 마시기 편하다. 딱딱한 핵을 제거하고 과육으로만 술을 담그면 독성이 침출될 염려가 없다.

| 주의사항 |

- 본 약술을 음용하는 중에 칡, 황금, 황기, 조를 금한다.
- 2개가 붙어 있는 쌍인(雙仁)은 독성이 있으므로 골라내어 사용한다.
- 첨두(尖頭)를 제거하고 사용해야 하며 20일 이상 장기간 음용해도 무방하다.

생태적 특성

전국의 인가 근처 과수로 재배하는 낙엽활엽 소교목으로 키 5m 전후로 자라고 어린 가지는 매끄럽고 수피는 암적갈색이다. 잎은 난형 또는 넓은 타원형에 서로 어긋나고 잎 밑쪽은 둥글고 끝 쪽은 날카로우며 뾰족하고 가장자리에는 작은 톱니 모양이 나 있다. 꽃은 4~5월에 흰색 또는 담홍색으로 잎보다 먼저 피고 열매는 핵과로 6~7월에 황색 또는 적황색으로 익는다.

살구나무_수형   살구나무_꽃   살구나무_열매

기능성 물질및 성분특허 자료

▶ 살구와 빙초산을 이용한 무좀·습진약 제조방법

본 발명은 살구와 빙초산(CH3COOH)을 이용한 무좀·습진약 제조 방법으로서 그 제조방법은 다음과 같다. 빙초산(CH3COOH)과 씨를 제거한 살구의 비율을 1:1로 하여 항아리에 담아 밀봉하여 3~4개월간 숙성시키는 단계를 거친다. 숙성 단계가 완료되면 빙초산(CH3COOH)과 살구가 혼합될 수 있도록 잘 저어서 고운 채를 통해 걸러주는 단계를 거치게 되면 살구색의 맑은 액체만 추출이 가능하다. 이 액체가 바로 무좀·습진약이며, 약 7일 동안 하루 1회 사용으로 무좀·습진 치료가 가능하다.

- 공개번호 : 10-2006-0014554, 출원인 : 최용석

▶ 훈자 살구 추출물을 함유하는 화장료 조성물

본 발명은 훈자 살구 추출물을 함유하는 화장료 조성물에 관한 것으로, 보다 상세하게는 훈자 지방의 살구 추출물을 유효성분으로 함유하여 피부에 수분을 더욱 원활히 공급하고 들떠 있는 각질을 감소시키며 피부결을 부드럽게 할 뿐만 아니라, 훈자 살구 추출물의 강력한 항산화 효능이 피부에 존재하는 활성산소를 제거하고 피부 표면 케라틴 변성과 세포 손상을 억제하여 피부 수분 손실이나 피부가 칙칙해지는 현상을 개선하여 궁극적으로 피부 수분량의 증가와 피부결 개선 효과를 나타내는 화장료 조성물에 관한 것이다.

- 공개번호 : 10-2011-0027308, 특허권자 : (주)아모레퍼시픽

산딸기(술)

학 명 : *Rubus crataegifolius* Bunge
과 명 : 장미과(Rosaceae)
이 명 : 산딸기나무, 나무딸기, 흰딸, 함박딸, 참딸, 곰딸, 긴잎산딸기, 긴잎나무딸기, 긴나무딸기
생약명 : 복분자(覆盆子)
맛과 약성 : 맛은 달고 시며 약성은 평(平)하다.
음용법 : 기호와 식성에 따라 꿀, 설탕을 가미하여 음용할 수 있다.

산딸기_ 열매

산딸기_ 채취한 열매

약술 적용 병 증상

1. **위궤양(胃潰瘍)** : 위장 점막이 스트레스, 약제, 헬리코박터균의 감염, 악성종양, 흡연 등에 의해 손상되어 표면에 있는 점막층보다 깊이 패이면서 점막근층 이상으로 손상이 진행된 상태를 말한다. 30mL를 1회분으로 1일 3~4회씩, 7~10일 정도 음용한다.

2. **양위(陽萎)** : 남자의 정기와 성욕에 이상이 생겨 마음이 무겁고 답답하며 권태감, 심내막염 등이 발병한다. 30mL를 1회분으로 1일 2~3회씩, 15~20일 정도 음용한다.

3. **구갈(口渴)** : 목이 말라 물을 자주 마시는 증상을 말한다. 30mL를 1회분으로 1일 3~4회씩, 5~7일 정도 음용한다.

4. **기타 질환** : 강장, 고지혈증, 항산화, 눈의 충혈, 보간, 빈뇨, 설사증, 식욕부진, 유정증, 허약체질에 효과가 있다.

약술 담그기

1. 약효는 익은 열매에 있으므로 주로 익은 열매를 사용한다.

2. 익은 열매를 채취하여 깨끗이 씻어 물기를 제거한 다음 사용한다.

3. 생산딸기 약 350~400g을 소주 약 3.8~4L에 넣고 밀봉하여 햇볕이 들지 않는 서늘한 곳에 보관, 침출 숙성시킨다.

4. 3개월 정도 침출시킨 다음 건더기를 걸러내고 보관, 음용하며 건더기를 걸러낸 후 2~3개월 더 숙성하여 음용하면 향과 맛이 훨씬 더 부드러워 마시기 편하다.

| 주의사항 |

⊙ 20일 이상 장기간 음용해도 무방하다.
⊙ 본 약술을 음용하는 중에 가리는 음식은 없다.

생태적 특성

산딸기는 우리나라 각처의 산과 들에서 흔히 자라는 낙엽활엽 관목이다. 생육환경은 햇볕이 잘 들어오는 양지에서 자라며 키는 약 2m이다. 잎은 길이가 8~12㎝, 폭이 4~7㎝이고 뒷면 잎맥 위에만 털이 나 있거나 없는 경우가 있으며 잎 뒷면에는 가시가 많이 나 있다. 꽃은 흰색으로 가지 끝에 붙어서 피며 지름은 2㎝이다. 열매는 둥글고 6~7월에 익으며 검붉은 색으로 식용이 가능하다.

산딸기_수형   산딸기_꽃   산딸기_열매

기능성 물질및 성분특허 자료

▶ 산딸기 잎 추출물을 포함하는 비만 억제 및 고지혈증 예방 또는 치료용 조성물
본 발명은 산딸기 잎 추출물을 포함하는 비만 억제 및 고지혈증 예방 또는 치료용 조성물에 관한 것이다. 본 발명에 따른 산딸기 잎 추출물은 고지방 식이로 사육된 흰쥐의 지방조직의 무게, 혈청 지질, 혈청 총콜레스테롤 및 저밀도 지질 콜레스테롤을 유의성 있게 감소시키며, 고밀도 지질 콜레스테롤을 유의성 있게 증가시키고, 동맥경화 위험지수 (A.I.)도 유의성 있게 감소시키므로, 비만 억제 및 고지혈증 예방 또는 치료에 유용하게 사용될 수 있다.
– 공개번호: 10-2008-0086641, 출원인: 상지대학교 산학협력단

▶ 산딸기와 두릅을 용매로 추출한 항산화 효과를 가진 추출물
본 발명은 산딸기와 두릅의 추출물로서 강력한 항산화작용이 있어 노화로 인한 백내장 등의 질환을 예방, 진행의 지연 및 치료의 효과가 있는 조성물에 관한 것으로, 산딸기와 두릅을 물이나 알코올로 추출한다. 이 추출물은 기존에 알려져 있는 다른 항산화 물질들과 혼합하여 사용될 수 있으며, 마이오-이노시톨 또는 타우린을 포함하여 백내장 치료의 상승 효과를 얻을 수 있다. 또한 상기 추출물을 유효성분으로 포함하는 음료에 의해 음용을 가능하게 함으로써 노화에 따르는 여러 질병에 대해 예방, 지연 및 치료의 효과를 얻을 수 있다.
– 등록번호: 10-0389132, 출원인: (주)메드빌

산당화 (술)

학 명 : *Chaenomeles speciosa* (Sweet) Nakai
과 명 : 장미과(Rosaceae)
이 명 : 가시덱이, 명자꽃, 당명자나무, 잔털명자나무, 자주해당, 첩경해당(貼梗海棠),
　　　　백해당(白海棠), 명자나무
생약명 : 목과(木瓜), 모과(木瓜)
맛과 약성 : 맛은 시고 떫으며 약성은 따뜻하다.
음용법 : 기호와 식성에 따라 꿀, 설탕을 가미하여 음용할 수 있다.

산당화_ 열매

산당화_ 건조한 과육

약술 적용 병 증상

1. **곽란(霍亂)** : 주로 여름철에 음식을 잘못 먹고 체해서 토하거나 설사를 하게 되는 급성위장병이며 30mL를 1회분으로 1일 1~2회씩, 5~7일 정도 음용한다.
2. **장염(腸炎)** : 이급후중(裏急後重)이나 만성장염을 통틀어 장염이라 한다. 주로 설사가 심한 경우이다. 30mL를 1회분으로 1일 2~3회씩, 12~15일 정도 음용한다.
3. **장출혈(腸出血)** : 장에서 나는 출혈로 변의 색깔이 검다. 장암이나 십이지장궤양도 같은 색의 변을 본다. 30mL를 1회분으로 1일 1~2회씩, 15~20일 정도 음용한다.
4. **기타 질환** : 근육경련, 보간, 건위, 위염, 복통, 설사, 피로회복, 해수에 효과가 있다.

약술 담그기

1. 약효는 열매에 있으므로 주로 열매를 사용한다.
2. 가을(9~10월)에 익은 열매를 채취한다. 채취한 열매는 깨끗이 씻어 물기를 제거한 다음 열매는 작은 것은 반으로, 큰 열매는 사등분으로 잘라서 사용한다.
3. 열매를 생으로 사용할 경우에는 약 250~300g, 말린 것을 사용할 경우에는 약 100~150g을 소주 약 3.8~4L에 넣고 밀봉하여 햇볕이 들지 않는 서늘한 곳에 보관, 침출 숙성시킨다.
4. 2~3개월 정도 침출한 다음 건더기를 걸러내고 보관, 음용하며 건더기를 걸러낸 후 2~3개월 더 숙성하여 음용하면 향과 맛이 훨씬 더 부드러워 마시기 편하다.

⊙ 치유되는 대로 중단하며, 장기간 과용하지 않는 것이 좋다.
⊙ 본 약술을 음용하는 중에 가리는 음식은 없다.

생태적 특성

전국의 정원이나 울타리에 관상용으로 심고 있는 낙엽활엽 관목으로 키는 1~2m 정도로 자라고 가지 끝이 가시로 변한 것이 있다. 잎은 타원형 또는 긴 타원형에 서로 어긋나고 양 끝이 뾰족하며 가장자리 에는 잔톱니 모양이 나 있고 잎자루는 짧은 편이다. 꽃은 단성으로 4~5월에 연한 빨간색 또는 적색의 꽃이 피고 꽃받침은 짧고 종 모양 또는 통 모양이며 5개로 갈라져 열편은 둥글다. 꽃잎은 원형, 도란형 또는 타원형에 밑부분이 뾰족하며 수술은 30~50개이고 암술대는 5개로 밑부분에 잔털이 나 있다. 열매 는 타원형으로 9~10월에 익는다.

산당화_수형   산당화_꽃   산당화_열매

기능성 물질및 성분특허 자료

▶ 산당화 추출물을 함유하는 화장료 조성물

본 발명은 산당화 추출물 및 이를 주요 활성성분으로 함유하는 화장료 조성물에 관한 것으로서, 좀 더 구체적으로는 장미과의 낙엽관목으로 산당화의 줄기와 꽃의 추출물을 활성성분으로 0.001 내지 30.0중량%을 함유하는 것을 특징 으로 하는 항산화효과, 주름방지효과, 여드름방지효과, 자극 완화 효과가 우수한 화장료 조성물에 관한 것이다. 본 발 명에 의하면 산당화 추출물은 항산화뿐만 아니라 피부 잔주름 개선 효과, 여드름 방지 효과, 피부 자극 완화 효과가 있어 이 물질을 이용하여 각종 기능성 화장료를 제조할 수 있다.

– 공개번호 : 10-2008-0103890, 출원인 : (주)코스트

산사나무 (술)

학 명 : *Crataegus pinnatifida* Bunge
과 명 : 장미과(Rosaceae)
이 명 : 아아가와나무, 아그배나무, 찔구배나무, 질배나무, 동배, 애광나무, 산사, 양구자(羊仇子)
생약명 : 산사(山査)
맛과 약성 : 맛은 시고 달며 약성은 약간 따뜻하다.
음용법 : 기호와 식성에 따라 꿀, 설탕을 가미하여 음용할 수 있다.

산사나무_ 열매절편

산사나무_ 건조한 열매

약술 적용 병 증상

1. **장출혈(腸出血)** : 장에서 나는 출혈로 변의 색깔이 검다. 장암이나 십이지장궤양도 같은 색의 변을 본다. 30mL를 1회분으로 1일 2~3회씩, 10~15일 정도 음용한다.

2. **위팽만(胃膨滿)** : 위가 점점 부풀어 오르는 증세를 말한다. 배속은 비어 있는데 배는 팽팽하게 붓는다. 30mL를 1회분으로 1일 2~3회씩, 10~15일 정도 음용한다.

3. **건위(健胃)** : 소화가 잘 안 되는 증상이며 위가 약한 경우의 약재이다. 30mL를 1회분으로 1일 2~3회씩, 7~10일 정도 음용한다.

4. **기타 질환** : 항균, 건망증, 어혈, 요통, 복통, 설사, 소화불량, 식욕부진, 위염, 장염에 효과가 있다. 특히 고기(육식) 먹고 체한 것을 방지할 수 있어 고기요리를 할 때 첨가하면 좋다.

약술 담그기

1. 약효는 익은 열매에 있으므로 주로 익은 열매를 사용한다. 방향성(芳香性)이 있다.

2. 익은 열매를 9~10월에 채취하여 깨끗이 씻어 물기를 없앤 다음 사용한다.

3. 익은 생열매 약 250~300g을 소주 약 3.8~4L에 넣고 밀봉하여 햇볕이 들지 않는 서늘한 곳에 보관, 침출 숙성시킨다.

4. 6개월 정도 침출한 다음 건더기를 걸러내고 보관, 음용하며 건더기를 걸러낸 후 2~3개월 더 숙성하여 음용하면 향과 맛이 훨씬 더 부드러워 마시기 편하다.

| 주의사항 |

⊙ 20일 이상 장기간 음용해도 무방하다.

⊙ 비위 허약자나 입안에 병이 있다면 음용하지 않는다.

⊙ 벚잎꽃사과(*Malus prunifolia*(willd.) Borkh.)를 산사 대용품으로 사용하지 않도록 주의한다.

생태적 특성

전국 각지의 산야, 촌락 부근에 자생 또는 심어 가꾸는 낙엽활엽 교목으로 키는 6m 정도이며 가지에 털이 없고 가시가 나 있다. 잎은 넓은 난형 또는 삼각상 난형으로 서로 어긋나고 새 날개 깃처럼 깊게 갈라지며 가장자리에는 불규칙한 톱니 모양이 나 있다. 꽃은 산방꽃차례로 10~12개가 모여서 4~5월에 흰색 꽃이 피고 열매는 이과(梨果)로 둥글며 흰색 반점이 있고 9~10월에 붉게 익는다.

산사나무_수형 · 산사나무_꽃 · 산사나무_열매

기능성 물질및 성분특허 자료

▶ 산사 및 진피의 복합 추출물을 유효성분으로 함유하는 비만 또는 지질관련 대사성 질환의 치료 또는 예방용 약학조성물

본 발명은 산사 및 진피의 복합 추출물을 유효성분으로 포함하는 약학조성물 또는 건강기능식품을 제공한다. 상기 복합 추출물은 체중을 감소시키고 혈관 내 지질을 감소시키는 효과를 나타낸다.

- 공개번호 : 10-2014-0028293, 출원인 : (주)뉴메드

▶ 산사 추출물을 유효성분으로 함유하는 퇴행성 뇌질환 치료 및 예방용 조성물

본 발명은 장미과에 속하는 산리홍의 성숙한 과실인 산사자의 추출물을 유효성분으로 함유하는 건망증 개선 및 퇴행성 뇌 질환 치료용 약학조성물 또는 건강기능식품에 관한 것으로, 상세하게는 본 발명의 산사자 추출물은 스코폴라민에 의해 유도된 기억력 감퇴 동물군에서 수동 회피 실험, 모리스 수중 미로 실험 및 Y 미로 실험에서 학습 증진 및 공간 지각능력을 높은 수준으로 향상시키는 탁월한 효능을 나타내므로 건망증 개선 및 퇴행성 뇌질환 치료에 유용한 약학조성물 또는 건강기능식품을 제공한다.

- 공개번호 : 10-2011-0065151, 출원인 : 대구한의대학교 산학협력단

산수유 (술)

학 명 : *Cornus officinalis* Siebold & Zucc.
과 명 : 층층나무과(Cornaceae)
이 명 : 산수유나무, 산시유나무, 실조아(實棗兒), 촉산조(蜀酸棗), 약조(藥棗), 홍조피(紅棗皮), 육조(肉棗), 계족(鷄足)
생약명 : 산수유(山茱萸)
맛과 약성 : 맛은 시고 약간 떫으며 약성은 약간 따뜻하다.
음용법 : 기호와 식성에 따라 꿀, 설탕을 가미하여 음용할 수 있다.

산수유_ 열매

산수유_ 씨를 제거한 말린 과육

약술 적용 병 증상

1. **신경쇠약(神經衰弱)** : 사물을 느끼거나 생각하는 힘이 평소보다 약해지는 증상을 말한다. 감정의 기복이 심하여 갑자기 성질을 내거나 불평을 잘하고 권태나 피로를 쉽게 느낀다. 기억력이 떨어지고 불면증에 걸리기도 한다. 30mL를 1회분으로 1일 1~2회씩, 15~20일 정도 음용한다.
2. **간염(肝炎)** : 간에 염증이 생겨 간세포가 파괴되는 증상을 말한다. 30mL를 1회분으로 1일 1~2회씩, 20~30일 정도 음용한다.
3. **음위증(陰痿症)** : 남자의 생식기가 위축되거나 발기가 되지 않는 증상이다. 30mL를 1회분으로 1일 1~2회씩, 20~30일 정도 음용한다.
4. **기타 질환** : 자양강장, 정기수렴, 항염, 보신, 혈전, 항산화, 건위, 늑막염, 보간, 심계항진, 요슬산통, 유정증, 현기증에 효과가 있다.

약술 담그기

1. 약효는 잘 익은 열매에 있으므로 주로 열매를 사용한다.
2. 열매는 활정(滑精)하는 부작용이 있으므로 반드시 씨를 제거한 후 과육만을 건조시켜서 사용한다.
3. 말린 과육 약 200~250g을 소주 약 3.8~4L에 넣고 밀봉하여 햇볕이 들지 않는 서늘한 곳에 보관, 침출 숙성시킨다.
4. 3~4개월 정도 침출한 다음 건더기를 걸러내고 보관, 음용하며 건더기를 걸러낸 후 2~3개월 더 숙성하여 음용하면 향과 맛이 훨씬 더 부드러워 마시기 편하다.

⊙ 장기간 음용해도 해롭지는 않으나 신맛이 강하므로 꿀을 적당량 타서 음용한다.

⊙ 물은 배로 타서 음용하는 것이 좋다.

⊙ 음용 중에 도라지와 방기 등을 금하고 소변 부실자는 음용하지 않는다.

생태적 특성

전국 산지의 산비탈, 인가 근처에 자생 또는 재배하는 낙엽활엽 소교목이다. 키는 7m 전후로 자라며 수피는 연한 갈색에 잘 벗겨지고 큰 가지나 작은 가지에 털이 없다. 잎은 난형, 타원형 또는 장타원형에 서로 마주나고 잎끝이 좁고 날카로우며 밑은 둥글거나 넓은 쐐기형이고 가장자리는 밋밋하다. 꽃은 양성으로 3~4월에 잎보다 먼저 피고 노란색의 작은 꽃이 산형꽃차례에 20~30개씩 달려 있다. 열매 핵과는 장타원형에 9~10월경 빨간색으로 익는다.

산수유나무_수형

기능성 물질및 성분특허 자료

▶ 산수유 추출물을 함유하는 혈전증 예방 또는 치료용 조성물

산수유 추출물을 유효성분으로 함유하는 약학조성물은 트롬빈 저해 활성 및 혈소판 응집 저해 활성을 나타내어 혈전 생성을 효율적으로 억제할 수 있으며 추출액, 분말, 환, 정 등의 다양한 형태로 가공되어 상시 복용 가능한 제형으로 조제할 수 있는 뛰어난 효과가 있다.

– 공개번호 : 10-2013-0058518, 출원인 : 안동대학교 산학협력단

▶ 항산화 활성을 증가시킨 산수유 발효 추출물의 제조방법

본 발명에 따른 추출방법은 산수유를 증기로 찌고, 이를 락토바실러스 브레비스로 발효시킨 다음 열수 추출함으로써 로가닌 함량이 높고 항산화 활성을 증가시킨 산수유 발효 추출물을 효율적으로 얻을 수 있다.

– 공개번호 : 10-2012-0139462, 출원인 : 동의대학교 산학협력단

▶ 산수유 추출물을 함유하는 항산화, 항균, 항염 조성물

본 발명은 산수유 추출물을 함유하는 항산화, 항균 또는 항염 조성물에 관한 것이다. 상기와 같은 본 발명에 따르면, 산수유 추출물을 유효성분으로 함유하는 항산화, 항균 및 항염 효과가 우수한 조성물을 피부 외용제 조성물로 이용함으로써 여드름, 아토피, 무좀, 건선, 습진 또는 피부염 등과 같은 피부질환을 개선하는 효과가 있다.

– 공개번호 : 10-2015-0048478, 출원인 : 명지대학교 산학협력단

약초부위 생김새

산수유_ 꽃봉오리

산수유_ 꽃과 줄기

산수유_ 덜 익은 열매

산수유 익은 열매

구례 산수유_시목

각 약초부위 생김새

산수유_ 잎

오미자_ 잎

산수유_ 꽃

오미자_ 꽃

산수유_ 익은 열매

오미자_ 익은 열매

산수유_ 채취한 열매

오미자_ 채취한 열매

산국 (술)

학 명 : *Dendranthema boreale* (Makino) Ling ex Kitam.
과 명 : 국화과(Compositae)
이 명 : 감국, 개국화, 나는개국화, 들국
생약명 : 산국(山菊), 야국(野菊)
맛과 약성 : 맛은 쓰고 매우며 약성은 시원하다.
음용법 : 기호와 식성에 따라 꿀, 설탕을 가미하여 음용할 수 있다.

산국_ 꽃

산국_ 건조한 꽃

── 약술 적용 병 증상 ──

1. **진정(鎭靜)** : 들뜬 신경을 가라앉히는 증상을 말한다. 30mL를 1회분으로 1일 2~3회씩, 7~10일 정도 음용한다.

2. **두훈(頭暈)** : 머리가 어지럽고 눈이 캄캄한 증상을 말한다. 30mL를 1회분으로 1일 2~3회씩, 5~7일 정도 음용한다.

3. **강심(强心)** : 쇠약해진 심장을 강하게 하기 위한 처방이다. 30mL를 1회분으로 1일 2~3회씩, 10~12일 정도 음용한다.

4. **기타 질환** : 거담, 고혈압, 구내염, 두통, 목적동통, 임파선염, 장염, 해독에 효과가 있다.

── 약술 담그기 ──

1. 약효는 꽃봉오리 또는 갓 피어난 꽃에 있으므로 주로 꽃을 사용한다. 방향성(芳香性)이 있다.

2. 채취한 꽃을 깨끗이 씻어 완전히 말린 다음 사용한다.

3. 생꽃 약 150~200g, 또는 말린 꽃 약 50~100g을 소주 약 3.8~4L에 넣고 밀봉하여 햇볕이 들지 않는 서늘한 곳에 보관, 침출 숙성시킨다.

4. 2~3개월 정도 침출시킨 다음 건더기를 걸러내고 보관, 음용한다. 또는 건더기를 걸러낸 후 2~3개월 더 숙성하여 음용하면 향과 맛이 훨씬 더 부드러워진다.

⦿ 치유되는 대로 중단하며, 장기간 과용하지 않는 것이 좋다.

⦿ 남성은 양기가 줄어들 수도 있으므로 20일 이상 장복을 금한다.

⦿ 본 약술을 음용하는 중에 가리는 음식은 없다.

생태적 특성

우리나라 각처의 산지에서 자라는 다년생 초본이다. 생육환경은 토양에 부엽질이 많고 햇볕이 들어오는 반그늘에서 자라며 키는 1~1.5m이다. 잎은 달걀 모양으로 감국의 잎보다 깊게 갈라지며 날카로운 톱니 모양이 나 있고 길이는 5~7㎝이다. 꽃은 9~10월에 줄기 끝에서 노란색으로 피고 지름이 1.5㎝ 정도 된다. 열매는 11~12월경에 달린다.

산국_지상부   산국_줄기와 꽃봉우리   산국_꽃

기능성 물질및 성분특허 자료

▶ 산국 증류액 성분을 포함하는 동맥경화 또는 심혈관 질환의 예방 또는 치료용 조성물

본 발명은 산국으로부터 수증기 증류법을 통해 분리되는 성분을 포함하는 심혈관 질환의 예방 및 치료용 조성물에 관한 것으로서, 더욱 상세하게는 혈관 평활근 세포의 이동과 증식 및 혈관 평활근 조직의 성장 억제능을 갖는 산국 수증기 증류액 성분을 유효성분으로 하여 동맥경화증, 협심증, 고혈압, 뇌경색 등의 질환을 예방 및 치료하는 약학조성물에 관한 것이다.

- 공개번호 : 10-2014-0038678, 출원인 : 호서대학교 산학협력단

산초나무(술)

학 명 : *Zanthoxylum schinifolium* Siebold & Zucc.
과 명 : 운향과(Rutaceae)
이 명 : 분지나무, 산추나무, 상초나무, 천초(川椒), 대초(大椒), 진초(秦椒), 촉초(蜀椒),
　　　　　남초(南椒), 파초(巴椒), 한초(漢椒), 육초(溰椒)
생약명 : 산초(山椒), 산초가루, 화초(花椒)
맛과 약성 : 맛은 맵고 약성은 매우 덥다.
음용법 : 기호와 식성에 따라 꿀, 설탕을 가미하여 음용할 수 있다.

산초나무_ 열매

산초나무_ 열매껍질

약술 적용 병 증상

1. **중풍(中風)** : 반신 또는 전신에 마비가 오는 증상
   을 말한다. 30mL를 1회분으로 1일 2~3회씩, 30~
   40일 정도 음용한다.

2. **다뇨(多尿)** : 평소보다 많은 양의 소변을 보게 되
   는 증상을 말한다. 30mL를 1회분으로 1일 2~3회
   씩, 10~15일 정도 음용한다.

3. **소화불량(消化不良)** : 섭취한 음식물이 소화기 내
   에서 잘 분해, 흡수되지 않아 설사나 변비 등이 잦
   은 경우를 말한다. 30mL를 1회분으로 1일 2~3회
   씩, 20~25일 정도 음용한다.

4. **기타 질환** : 항균, 소염, 살충, 해수, 기침, 구충,
   항바이러스, 구토증, 냉증, 복통, 사독, 심복통,
   위팽만증, 위하수, 이질, 풍비에 효과가 있다.

약술 담그기

1. 약효는 뿌리나 잘 익은 열매껍질에 있으므로 주
   로 열매껍질, 뿌리를 사용한다. 방향성(芳香性)이
   강하다.

2. 구입한 열매껍질이나 뿌리를 깨끗이 씻어 그늘에
   서 말린 다음 사용한다.

3. 말린 열매껍질이나 뿌리 약 100~150g을 소주 약
   3.8~4L에 넣고 밀봉하여 햇볕이 들지 않는 서늘
   한 곳에 보관, 침출 숙성시킨다.

4. 6개월 이상 침출한 다음 건더기를 걸러내고 2~3개
   월 숙성시켜 음용하면 향과 맛이 훨씬 더 부드러워
   마시기 편하다.

| 주의사항 |

◉ 35일 이상 장기간 음용을 금하며 치유되는 대로 중단하는 것이 좋다.

◉ 본 약술을 음용하는 중에 가리는 음식은 없다.

생태적 특성

전국의 산기슭 또는 등산로 주변에 야생으로 자라거나 밭둑이나 마을 주위에 심어 가꾸는 낙엽활엽 관목으로 키가 3m 전후로 작은 가지에 가시가 있다. 잎은 새 날개 모양의 복엽이고 작은 잎은 13~21개로 피침형 또는 타원상 피침형에 끝이 좁아지며 잎 길이 1.5~5㎝ 정도로서 가장자리에는 파상의 톱니 모양이 나 있고 잎 축에 잔가시가 나 있다. 꽃은 산방꽃차례로 8~9월에 연한 초록색으로 핀다. 열매는 10~11월에 녹갈색으로 익으며 과피가 터져 검은색 종자가 나온다.

산초와 초피의 가시 차이점 비교

산초나무_수형   산초나무_열매   산초나무_가시

초피나무_가시

기능성 물질및 성분특허 자료

▶ 산초나무 추출물을 유효성분으로 포함하는 천연 항균 조성물

본 발명은 산초나무 추출물을 유효성분으로 포함하는 천연 항균 조성물에 관한 것이다. 특히 식중독균에 대하여 강한 살균효과를 가지며 인체에 무해하고 열 안정성이 우수한 산초나무 추출물 및 이를 포함하는 천연 항균 조성물을 제공한다.

– 공개번호 : 10-2004-0075263, 출원인 : 삼성에버랜드(주)

소나무(술)

학 명 : *Pinus densiflora* Siebold & Zucc.
과 명 : 소나무과(Pinaceae)
이 명 : 적송, 육송, 여송, 솔나무
생약명 : 송화분(松花粉)
맛과 약성 : 맛은 쓰고 약성은 따뜻하다.
음용법 : 다른 당류는 가미하지 않는다.

소나무_ 솔잎

소나무_ 솔방울

약술 적용 병 증상

1. **부종(浮腫)** : 체강(體腔) 안이나 신체조직 사이에 임파액이나 장액이 많이 고이면 신장장애, 심장장애, 영양장애 등이 일어나 몸이 붓는 증상을 말한다. 30mL를 1회분으로 1일 1~2회씩, 12~15일 정도 음용한다.

2. **동맥경화(動脈硬化)** : 혈관벽이 두꺼워져 혈류가 장애를 받는 경우이다. 30mL를 1회분으로 1일 1~2회씩, 10~15일 정도 음용한다.

3. **뇌일혈(腦溢血)** : 뇌 속의 동맥이 터져 출혈하는 경우이다. 30mL를 1회분으로 1일 1~2회씩, 10~15일 정도 음용한다.

4. **기타 질환** : 살충, 진통, 악창, 피부노화, 주름개선, 탈모방지, 콜레스테롤 개선, 골절번통, 관절염, 구안와사, 두통, 복수증, 불면증, 척추질환에 효과가 있다.

약술 담그기

1. 잎이 2개씩 달린 재래종 소나무가 좋다.

2. 햇순은 약 200~250g, 생잎은 약 250~300g, 솔방울은 약 220~250g을 흐르는 깨끗한 물에 하루 정도 담가 놓았다가 건져내어 물기만 말려서 사용한다.

3. 위의 내용물을 각각 소주 약 3.8~4L에 넣어 밀봉하여 햇볕이 들지 않는 서늘한 곳에 보관, 침출 숙성시킨다.

4. 3~4개월 정도 침출한 다음 음용하며, 건더기를 건져내고 100일쯤 숙성시키면 향과 맛이 더욱 좋아진다.

◉ 장기간 음용할수록 이롭다.

◉ 본 약술을 음용하는 중에 가리는 음식은 없다.

◉ 누구나 한 번쯤 담가두고 음용할 만한 약술이다.

생태적 특성

전국적으로 분포하는 상록침엽 교목이다. 키는 30m 정도에 가지가 많이 갈라지고 잎은 2개씩 1묶음으로 바늘 모양이며 가장자리에는 작은 톱니 모양이 나 있고 앞뒤 양면에 기공선(氣孔線)이 있다. 꽃은 자웅동주로 4~5월에 황색, 황록색으로 핀다. 열매는 구과로 난형이고 다음 해 9~10월에 익는다. 종자는 자갈색 또는 갈색을 띠며 날개가 붙어 있다.

소나무_수형

암꽃

수꽃

소나무_꽃

송진

송화분

소나무_채취 약재 전형

기능성 물질및 성분특허 자료

▶ 소나무 추출물을 유효성분으로 포함하는 고콜레스테롤증 개선 또는 예방용 조성물

본 발명은 소나무 추출물을 유효성분으로 포함하는 콜레스테롤 과다 섭취로 인한 질환의 개선 또는 예방용 조성물에 관한 것으로서, 보다 상세하게는 적송 잎에 대하여 아임계 추출과정을 수행하여 얻은 추출물을 유효성분으로 포함하는 콜레스테롤 과다 섭취로 인한 질환의 개선 또는 예방용 조성물에 관한 것이다. 본 발명의 추출방법에 의해 수득된 소나무 추출물은 단순 소나무 열수 추출물에 비하여 혈행 개선능 및 간 보호능이 우수하여 과다 콜레스테롤 섭취로 인한 혈액 유동성 저하를 개선하고, 혈액순환을 원활하게 할 뿐만 아니라, 과다 콜레스테롤 섭취에 따른 간 손상을 예방하고 개선할 수 있으므로 콜레스테롤 과다 섭취와 관련된 다양한 질환의 개선, 치료 또는 예방과 관련된 용도, 특히 건강 기능성 식품 등과 관련된 다양한 산업에 폭넓게 이용될 수 있다.

- 공개번호 : 10-2012-0031191, 출원인 : 신라대학교 산학협력단

삼지구엽초 (술)

학 명 : *Epimedium koreanum* Nakai
과 명 : 매자나무과(Berberidaceae)
이 명 : 음양각, 선령비(仙靈脾), 천냥금(千兩金)
생약명 : 음양곽(淫羊藿)
맛과 약성 : 맛은 맵고 달며 약성은 따뜻하다.
음용법 : 기호와 식성에 따라 꿀, 설탕을 가미하여 음용할 수 있다.

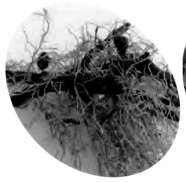

삼지구엽초_뿌리

삼지구엽초_ 건조한 잎과 줄기

약술 적용 병 증상

1. **건망증(健忘症)** : 기억력에 장애가 생겨 일정 기간 동안의 경험을 전혀 떠올리지 못하는 증상을 말한다. 30mL를 1회분으로 1일 1~2회씩, 25~30일 정도 음용한다.

2. **강장보호(腔腸保護)** : 위와 장을 보호하기 위한 처방이다. 30mL를 1회분으로 1일 1~2회씩, 20~25일 정도 음용한다.

3. **양신(養腎)** : 남자의 양기와 생식 기능을 튼튼히 하기 위한 처방이다. 30mL를 1회분으로 1일 1~2회씩, 25~35일 정도 음용한다.

4. **기타 질환** : 정력강장, 거풍, 진풍, 지구력증강, 전립선염, 관절냉기, 노인성 치매, 마비증세, 불임증, 사지동통에 효과가 있다.

약술 담그기

1. 약효는 전초와 잎, 줄기에 있으므로 주로 잎, 줄기를 사용한다.

2. 여름이나 잎이 마르기 전 초가을에 잎과 줄기를 함께 채취하여 사용한다.

3. 깨끗이 씻어 약간 말린 다음 적당한 크기로 잘라 사용한다.

4. 말린 잎과 줄기 약 150~200g을 소주 약 3.8~4L에 넣고 밀봉하여 햇볕이 들지 않는 서늘한 곳에 보관, 침출 숙성시킨다.

5. 3~4개월 정도 침출한 다음 건더기를 걸러내고 보관, 음용하며 건더기를 걸러낸 후 2~3개월 더 숙성하여 음용하면 향과 맛이 훨씬 더 부드러워 마시기 편하다.

⊙ 장기간 음용해도 무방하지만 음기 허약자는 음용하지 않는다.

생태적 특성

강원도, 경기도 등 주로 경기도 이북의 산속, 숲에서 자생하는 여러년생 초본이다. 키는 30㎝ 정도로 자라며 꽃은 황백색으로 4~5월에 아래를 향하여 피고 열매는 삭과(果)로 방추형이며 2개로 갈라진다. 3갈래로 갈라진 가지에 각각 달린 3개의 작은 잎은 조금 긴 작은 잎자루를 가지며 끝이 뾰족하고 긴 난형(卵形)이다. 작은 잎은 길이 5~13㎝, 폭 2~7㎝이다. 표면은 녹갈색이며 작은 잎 뒷면은 엷은 녹갈색이다. 잎의 가장자리에 잔 톱니 모양이 나 있고 밑부분은 심장형이며 옆으로 난 작은 잎은 좌우가 고르지 않고 질은 빳빳하며 부스러지기 쉽다. 줄기는 속이 비었으며 섬유성이다. 중국에서는 음양곽(*E. brevicornum* Maxim.), 유모음양곽(柔毛淫羊藿, *E. pubescens* Maxim.) 등을 사용한다.

삼지구엽초_지상부   삼지구엽초_꽃   삼지구엽초_열매

기능성 물질및 성분특허 자료

▶ 전립선 비대증 및 전립선염 치료용 음양곽 추출물을 포함하는 약학적 조성물

본 발명은 전립선 비대증 및 전립선염 치료용 약학적 조성물에 관한 것이다. 상기 약학적 조성물은 음양곽(삼지구엽초 잎과 줄기) 약재로부터 2-8 : 8-2의 중량 비율로 추출한 플라보노이드 및 다당류를 포함하며 플라보노이드는 20 내지 90%의 플라본을 함유하며 다당류의 분자량은 1000 내지 70만 돌턴이다.

– 공개번호 : 10-2005-0084420, 출원인 : 브라이트 퓨처 파마수티컬 라보라토리스 리미티드

삽주 (술)

학 명 : *Atractylodes ovata* (Thunb.) DC.
과 명 : 국화과(Compositae)
이 명 : 산계(山薊), 출(朮), 산개(山芥), 천계(天薊), 산강(山薑)
생약명 : 백출(白朮)
맛과 약성 : 삽주 : 맛은 맵고 쓰며 약성은 따뜻하다.
　　　　　　 큰삽주 : 맛은 달고 쓰며 약성은 따뜻하다.
음용법 : 기호와 식성에 따라 꿀, 설탕을 가미하여 음용할 수 있다.

큰삽주(백출)_ 뿌리

삽주(창출)_ 채취한 뿌리

약술 적용 병 증상

1. 냉병(冷病) : 손, 발, 허리 또는 배가 항상 찬 증상
이다. 주로 여자에게 많다. 30mL를 1회분으로 1일
1~2회씩, 20~25일 정도 음용한다.

2. 당뇨(糖尿) : 소변에 당이 많이 나오는 경우로 심
한 구갈증으로 입 안이 타면서 밤중에 5~6회 정
도 소변을 본다. 30mL를 1회분으로 1일 1~2회
씩, 25~35일 정도 음용한다.

3. 발한(發汗) : 피부의 땀샘에서 땀을 분비하는 것
으로 취한이라고도 한다. 30mL를 1회분으로 1일
1~3회 정도 음용한다.

4. 기타 질환 : 진정, 황달, 관절염, 위장병, 건비위,
복통, 소화불량증, 신장병, 위내장수, 위팽만증,
음위증에 효과가 있다.

약술 담그기

1. 약효는 뿌리에 있으므로 주로 뿌리를 사용한다.
방향성(芳香性)이 있다.

2. 가을부터 초봄 사이에 뿌리줄기를 채취하여 줄기
와 잎을 제거하고 흙과 모래 등을 깨끗이 씻은 후
에 잘게 잘라 햇볕에 말린 다음 사용한다.

3. 말린 뿌리 약 150~200g을 소주 약 3.8~4L에 넣
어 밀봉하여 햇볕이 들지 않는 서늘한 곳에 보관,
침출 숙성시킨다.

4. 6~8개월 정도 참출한 다음 건더기를 걸러내고
보관, 음용하며 건더기를 걸러낸 후 2~3개월 더
숙성하여 음용하면 향과 맛이 훨씬 더 부드러워
마시기 편하다.

⦿ 백출, 창출을 같이 넣고 써도 된다.

⦿ 장기간 음용해도 무방하나 3일에 1일 정도는 쉬어가며 음용한다.

⦿ 본 약술을 음용하는 중에 고등어, 복숭아, 오얏, 참새고기를 금하며 땀을 많이 흘리는 사람이라면 음용하지 않는다.

⦿ 당뇨병이 있다면 꿀, 설탕을 가미하지 않는다.

생태적 특성

삽주(창출)와 큰삽주(백출)를 구분하여 정리한다. 분류학적으로 백출(白朮)과 창출(蒼朮)은 주의해야 하는데 백출은 백출(A. macrocephala)과 삽주(A. japonica)를 기원으로 하는 데 비하여 창출은 대한약전에 '국화과에 속하는 다년생 초본인 가는잎삽주(=모창출, A. lancea D.C.) 또는 만주삽주(=북창출, 당삽주, A. chinensis D.C.)의 뿌리줄기'라고 기재하고 있다. 일반인들이 가장 쉽게 식물체를 분류할 수 있는 특징은 백출 기원의 삽주와 백출의 경우에는 잎자루(엽병)가 있으나 창출 기원의 모창출과 북창출의 경우에는 모창출의 신초 잎을 제외하고는 잎자루(엽병)가 전혀 없다는 점이다. 이를 주의하여 관찰하면 쉽게 구분할 수 있다.

가. 삽주(창출) : 삽주는 다년생 초본으로 키가 30~100㎝ 정도로 자라고 꽃은 흰색과 빨간색으로 암수딴 그루이며(암꽃은 모두 흰색이다) 두상꽃차례로서 지름 1.5~2㎝의 꽃이 7~10월에 원줄기 끝에 핀다 뿌리줄기를 창출이라 하여 약재로 사용하는데 약재는 섬유질이 많고 백출에 비해 분성이 적다. 불규

삽주_지상부

삽주_분홍꽃

삽주_흰꽃

삽주(백출)_ 종자 결실   삽주_종자

칙한 연주상 또는 결절상의 원주형으로 약간 구부러졌으며 분지된 것도 있고 길이 3~10㎝, 지름 1~2㎝이다. 표면은 회갈색으로 주름과 수염뿌리가 남아 있고 정단에는 경흔(莖痕: 줄기의 흔적)이 있다. 질은 견실하고 단면은 황백색 또는 회백색으로 여러 개의 등황색 또는 갈홍색의 유실(油室)이 흩어져 존재한다.

나. 큰삽주(백출) : 큰삽주는 다년생 초본으로 키가 50~60㎝ 정도로 자라고 꽃은 암수딴그루로 7~10월에 원줄기 끝에 핀다. 열매는 수과로 부드러운 털이 나 있다. 약재는 불규칙한 덩어리 또는 일정하지 않게 구부러진 원주상(圓柱狀)의 모양을 하고 길이 3~12㎝, 지름 1.5~7㎝이다. 표면은 회황색 또는 회갈색으로 혹 모양의 돌기가 있으며 단속(斷續)된 세로 주름과 수염뿌리가 떨어진 자국이 있고 정단(頂端)에는 잔기와 싹눈의 흔적이 있다. 질은 단단하고 잘 절단되지 않으며 단면은 평탄하고 황백색 또는 담갈색으로 갈황색의 점상유실(點狀油室)이 산재되어 있으며 창출에 비하여 섬유질이 적고 분성이 많다.

삽주(창출)는 우리나라 각지에 분포하고 백출은 중국의 절강성에서 대량 재배하며 다른 지역에서도 많이 재배되고 있다.

기능성 물질및 성분특허 자료

▶ 항알레르기 효과를 가지는 백출(큰삽주) 추출물

본 발명은 항알레르기 효과를 가지는 백출(큰삽주) 추출물에 관한 것으로, 보다 구체적으로는 전통한약재인 백출로부터 열탕 또는 유기용매를 이용하여 항알레르기 효과를 가지는 성분을 추출하는 방법 및 상기 추출된 물질을 함유하는 항알레르기 기능성 식품 또는 의약조성물에 대한 것이다.

– 공개번호 : 10-2005-0051741, 출원인 : 학교법인 건국대학교

▶ 창출(삽주) 추출물을 포함하는 췌장암 치료용 조성물

본 발명은 창출(삽주) 추출물의 신규한 용도에 관한 것으로 췌장암에 대해 탁월한 예방 또는 치료 효능을 나타내는 창출 추출물을 유효성분으로 함유하는 치료용 조성물 및 화장료 조성물에 관한 것이다. 본 발명의 창출 추출물은 췌장암 세포의 성장을 억제하고 세포사멸을 유도하는 효과가 있어 췌장암 치료 및 예방에 효과적으로 사용할 수 있다.

– 공개번호 : 10-2013-0023175, 출원인 : 안동시(농업기술센터), (주)한국전통의학연구소, 정경채, 황성연

각 약초부위 생김새

창출_ 꽃봉오리

창출_ 건조한 뿌리(절단)

모창출_ 꽃봉오리

북창출_ 잎과 줄기

백출_ 꽃봉오리

백출_ 건조한 뿌리(절단)

생강 (술)

학 명 : *Zingiber officinale* Roscoe
과 명 : 생강과(Zingiberaceae)
이 명 : 새앙
생약명 : 생강(生薑)
맛과 약성 : 맛은 맵고 약성은 따뜻하다.
음용법 : 기호와 식성에 따라 꿀, 설탕을 가미하여 음용할 수 있다.

생강_ 뿌리

생강_ 뿌리 절편

약술 적용 병 증상

1. **토사(吐瀉)** : 주로 여름철에 많이 발생하며 음식을 토하고 설사가 나는 급성위장병, 급성중독성 위염 등을 가리킨다. 30mL를 1회분으로 1일 2~4회씩, 5~7일 음용한다.

2. **식욕부진(食慾不振)** : 소화기 질환으로 식욕이 없는 경우에 음용할 수 있다. 30mL를 1회분으로 1일 3~5회씩, 10~15일 음용한다.

3. **토사곽란(吐瀉癨亂)** : 입으로 토하고 아래로 설사하는 증상을 말한다. 30mL를 1회분으로 1일 3~4회씩, 10~15일 음용한다.

4. **기타 질환** : 항균, 거담, 복통, 항암, 건망증, 감기, 구토, 기관지염, 위팽만, 육류체, 중풍, 진통에 효과가 있다.

약술 담그기

1. 약효는 뿌리줄기에 있으므로 주로 뿌리줄기를 사용한다. 방향성(芳香性)이 있다.

2. 9~10월 서리가 내리기 전에 뿌리줄기를 채취하여 흙을 털어내고 씻은 다음 물기를 제거하고 생으로 사용하거나 말려 사용한다.

3. 생강을 사용할 경우에는 약 200~250g, 건강을 사용할 경우에는 약 150~200g을 각각 소주 약 3.8~4L에 넣고 밀봉하여 햇볕이 들지 않는 서늘한 곳에 보관, 침출 숙성시킨다.

4. 4~6개월 정도 침출한 다음 건더기를 걸러내고 보관, 음용하며 건더기를 걸러낸 후 2~3개월 더 숙성하여 음용하면 향과 맛이 훨씬 더 부드러워 마시기 편하다.

| 주의사항 |

⊙ 장기간 음용해도 해롭지 않다.

⊙ 본 약술을 음용하는 중에 황련, 하늘타리, 당귀(승검초), 박쥐똥, 현삼을 금한다.

생태적 특성

열대 아시아가 원산으로 알려진 여러해살이풀로 키 60㎝ 내외로 자라며 잎은 양하(蘘荷, 생강과의 다년초)와 아주 비슷하다. 땅속 뿌리줄기는 옆으로 자라고 다육질이며 덩어리 모양으로 노란색을 띠고 매운 맛이 있다. 뿌리줄기의 각 마디에서 잎집으로 만들어진 가짜 줄기가 곧게 서고 어긋나기 하는 잎은 줄 모양이며 바소꼴로 끝이 뾰족하다. 뿌리줄기에서 바로 꽃줄기가 올라와서 붉은 자주색에 노란 반점이 있는 입술 모양의 꽃이 핀다. 우리나라에서는 하우스가 아니면 좀처럼 꽃을 보기 힘들다.

생강_지상부

생강_뿌리

기능성 물질및 성분특허 자료

▶ 생강 추출물로부터 분리된 화합물을 포함하는 암 질환 예방 및 치료를 위한 조성물

본 발명은 천연 물질로부터 분리된 신규한 항암제에 관한 것으로, 상세하게는 본 발명의 생강 추출물로부터 분리된 화합물을 포함하는 조성물은 여러 사람 암세포에 대하여 세포독성을 나타내므로 암 질환의 예방 및 치료를 위한 의약품 및 건강기능식품으로 이용될 수 있다.

– 공개번호 : 10-2005-0047208, 출원인 : 이화여자대학교 산학협력단

▶ 생강 또는 건강 추출물을 유효성분으로 함유하는 건망증 및 기억력 장애 관련 질환의 예방 및 치료용 조성물

본 발명은 생강 또는 건강 추출물을 유효성분으로 함유하는 건망증 및 기억력 장애 관련 질환의 예방 및 치료를 위한 조성물에 관한 것이다. 상세하게는 본 발명의 생강 또는 건강 추출물이 스코폴라민에 의해 기억력 손상이 유발된 동물모델에서 신경세포의 세포독성 및 세포사멸을 억제함을 확인함으로써, 건망증 및 기억력 장애 관련 질환의 예방 및 치료에 유용한 약학조성물 및 건강기능식품에 이용될 수 있다.

– 공개번호 : 10-2010-0082044, 출원인 : 대구한의대학교 산학협력단

선밀나물(술)

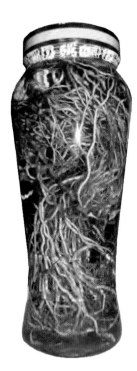

학 명 : *Smilax nipponica* Miq.
과 명 : 백합과(Liliaceae)
이 명 : 새밀
생약명 : 우미채(牛尾菜)
맛과 약성 : 맛은 쓰고 약성은 평(平)하다.
음용법 : 기호와 식성에 따라 꿀, 설탕을 가미하여 음용할 수 있다.

선밀나물_전초   선밀나물_뿌리

약술 적용 병 증상

1. 요통(腰痛) : 척추 질환에 효과적이다. 30mL를 1회
분으로 1일 1~2회씩, 10~20일 정도 음용한다.

2. 설사(泄瀉) : 장의 내용물이 소화되지 않고 배설
되는 증상을 말한다. 30mL를 1회분으로 1일 2~
3회씩, 심하면 4~5회 정도 음용한다.

3. 관절염(關節炎) : 세균으로 인하여 관절에 염증
이 발생한 경우로 걸음에 많은 장애가 온다.
30mL를 1회분으로 1일 1~2회씩, 25~30일 정도
음용한다.

4. 기타 질환 : 과식, 매독, 소변불통, 임질, 진통에
효과가 있다.

약술 담그기

1. 가을에 뿌리를 채취하여 햇볕에 말려 사용한다.

2. 생뿌리를 사용할 경우에는 약 100~150g, 말린 뿌리
를 사용할 경우에는 약 50~100g을 소주 약 3.8~
4L에 넣고 밀봉하여 햇볕이 들지 않는 서늘한 곳
에 보관, 침출 숙성시킨다.

3. 6~8개월 정도 침출시킨 다음 건더기를 걸러내고
보관, 음용하며 건더기를 걸러낸 후 2~3개월 더
숙성하여 음용하면 향과 맛이 훨씬 더 부드러워
마시기 편하다.

⦿ 치유되는 대로 중단하며, 장기간 과용하지 않는 것이 좋다.

⦿ 본 약술을 음용하는 중에 가리는 음식은 없다.

생태적 특성

우리나라 각처의 산과 들에서 자라는 다년생 초본이다. 생육환경은 반그늘 혹은 양지에서 자라며 키는 1m 정도이다. 잎은 길이가 5~15㎝, 폭이 2.7~7㎝로 표면은 녹색이고 뒷면은 분백색이며 넓은 타원형으로 어긋난다. 5~6월에 피는 꽃은 황록색이고 밑부분의 잎겨드랑이에서 길이가 4~10㎝ 정도의 꽃줄기가 나온다. 수꽃은 길이가 4㎜ 정도로 옆으로 퍼지며 잎겨드랑이에 여러 개가 달리고 암꽃은 둥근 씨방에 붙어 있다. 열매는 7~8월경에 검은색으로 익고 흰 분가루로 덮여 있으며 둥글게 달린다.

선밀나물_지상부   선밀나물_꽃   선밀나물_열매

속단 (술)

학 명 : *Phlomis umbrosa* Turcz.(한속단), *Dipsacus asper* Wall.(천속단)
과 명 : 꿀풀과(Labiatae)
이 명 : 묏속단, 멧속단, 두메속단
생약명 : 속단(續斷), 한속단(韓續斷)
맛과 약성 : 맛은 쓰고 약성은 따뜻하다.
음용법 : 기호와 식성에 따라 꿀, 설탕을 가미하여 음용할 수 있다.

속단_ 뿌리

속단_ 건조한 줄기

약술 적용 병 증상

1. **골절증(骨絕症)** : 신장의 수분이 말라 일어나는 병증으로 치아가 누런빛으로 변하면서 저리고 오래지 않아 사망하는 경우가 있다. 30mL를 1회분으로 1일 2~3회씩, 15~20일 정도 음용한다.

2. **근골위약(筋骨痿弱)** : 간경에 열이 생겨 담즙이 지나치게 많이 나와 입 안이 쓰고 힘줄이 당기는 증상을 말한다. 30mL를 1회분으로 1일 2~3회씩, 7~10일 정도 음용한다.

3. **속근골(速筋骨)** : 약재를 써서 빠른 시일 안에 뼈와 살을 튼튼하게 하기 위한 처방이다. 30mL를 1회분으로 1일 2~3회씩, 15~20일 정도 음용한다.

4. **기타 질환** : 청열, 종기, 심혈관 질환, 강장, 냉병, 동통, 보관, 요슬산통, 유정증, 타박상에 효과가 있다.

약술 담그기

1. 약효는 뿌리나 줄기에 있으므로 주로 뿌리, 줄기를 사용한다.

2. 뿌리, 줄기를 깨끗이 썻어 말린 다음 적당한 크기로 잘라서 사용한다.

3. 말린 뿌리나 줄기 약 150~200g을 소주 약 3.8~4L에 넣고 밀봉하여 햇볕이 들지 않는 서늘한 곳에 보관, 침출 숙성시킨다.

4. 뿌리, 줄기 모두 6개월 정도 침출시킨 다음 건더기를 걸러내고 보관, 음용하며 건더기를 걸러낸 후 2~3개월 더 숙성하여 음용하면 향과 맛이 훨씬 더 부드러워 마시기 편하다.

⦿ 치유되는 대로 중단하며, 장기간 과용하지 않는 것이 좋다.
⦿ 본 약술을 음용하는 중에 가리는 음식은 없다.

생태적 특성

우리나라 각처의 산에서 자라는 다년생 초본이다. 생육환경은 습기가 많은 반그늘의 비옥한 토양에서
자란다. 키는 1m 정도이고 잎은 길이가 약 13㎝, 폭이 약 10㎝ 정도이고 뒷면에 잔털이 나 있다. 또한 잎
가장자리에 둔하고 규칙적인 톱니 모양이 나 있으면서 달걀 모양이며 마주난다. 7월에 피는 꽃은 빨간
빛이 돌고 원줄기 윗부분에서 마주나고 입술 모양으로 길이는 1.8㎝ 정도이다. 꽃의 윗입술 부분은 모자
모양으로 겉에 우단과 같은 털이 빽빽하게 나 있고 아랫입술 부분은 3개로 갈라져서 퍼지고 겉에 털이
나 있다. 열매는 달걀 모양으로 9~10월경에 꽃받침에 싸여 익는다.

속단_지상부   속단_꽃   속단_열매

기능성 물질및 성분특허 자료

▶ 속단 추출물을 유효성분으로 포함하는 지질 관련 심혈관 질환 또는 비만의 예방 및 치료용 조성물

본 발명은 물, 알코올 또는 이들의 혼합물을 용매로 하여 추출되는 속단 추출물을 유효성분으로 함유하는 지질 관련
심혈관 질환 또는 비만의 예방 및 치료용 조성물에 관한 것이다. 본 발명의 추출물은 고지방식이에 의한 체중 증가
및 체지방 증가를 억제하고 지방분해 및 열대사를 촉진하며 혈중 지질인 트리글리세라이드(triglyceride), 총 콜레스테
롤(total cholesterol)을 낮춤으로써 비만 증상을 개선시키므로, 지질 관련 심혈관 질환 또는 비만의 예방 또는 치료제
또는 상기 목적의 건강식품으로 유용하게 사용될 수 있다.

– 공개번호 : 10-2011-0114940, 출원인 : 사단법인 진안군친환경홍삼한방산업클러스터사업단

쇠무릎 (술)

학 명 : *Achyranthes japonica* (Miq.) Nakai
과 명 : 비름과(Amaranthaceae)
이 명 : 우경(牛莖), 우석(牛夕), 백배(百倍), 접골초(接骨草)
생약명 : 우슬(牛膝)
맛과 약성 : 맛은 쓰고 시며 약성은 평(平)하다.
음용법 : 인삼주와 비슷한 향이 난다. 기호와 식성에 따라 꿀, 설탕을
가미하여 음용할 수 있다.

쇠무릎_ 뿌리

쇠무릎_뿌리 절단

약술 적용 병 증상

1. **근골통(筋骨痛)** : 근육이나 뼈의 통증 때문에 몸의 움직임이 불편한 증상을 말한다. 30mL를 1회분으로 1일 1~2회씩, 20~25일 정도 음용한다.

2. **골절번통(骨折煩痛)** : 과거의 타박상으로 인해 뼈마디가 아픈 증상을 말한다. 30mL를 1회분으로 1일 1~2회씩, 15~20일 정도 음용한다.

3. **신경통(神經痛)** : 신경에 염증이 생겨 신경이 밀려나면서 통증이 오는 증상을 말한다. 30mL를 1회분으로 1일 1~2회씩, 20~25일 정도 음용한다.

4. **기타 질환** : 신경통, 항염, 관절염, 근염, 마비증세, 생리통, 어혈, 혈액순환에 효과가 있다.

약술 담그기

1. 가을에서 이듬해 이른 봄에 뿌리를 채취하여 씻은 다음 뇌두를 제거하고 사용한다.

2. 생뿌리를 사용할 경우에는 약 250~300g, 말린 뿌리를 사용할 경우에는 약 150~200g을 소주 약 3.8~4L에 넣어 밀봉하여 햇볕이 들지 않는 서늘한 곳에 보관, 침출 숙성시킨다.

3. 5~6개월 정도 침출시킨 다음 건더기는 걸러내고 보관, 음용하며 건더기를 걸러낸 후 2~3개월 더 숙성하여 음용하면 향과 맛이 훨씬 더 부드러워 마시기 편하다.

| 주의사항 |

⊙ 치유되는 대로 중단하며, 장기간 과용하지 않는 것이 좋다.

⊙ 본 약술을 음용하는 중에 하늘타리, 깽깽이풀을 금한다.

생태적 특성

전국 각처의 산야에 분포하며 키는 50~100㎝ 정도로 자라는 다년생 초본이다. 원줄기는 네모지고 곧게 서며 가지가 많이 갈라진다. 줄기에 털이 나 있으며 뿌리는 가늘고 길며 유백색 또는 연한 황색이다. 기 마디가 소의 무릎처럼 굵어서 쇠무릎이라고 한다. 잎은 마주나고 타원형 또는 거꿀 달걀형이며 꽃은 8~9월에 초록색으로 잎겨드랑이와 원줄기 끝에 이삭 모양으로 핀다. 열매는 포과(胞果)로 긴 타원형이며 9~10월에 맺는다. 당우슬은 남서부 섬 지방에, 붉은쇠무릎은 제주도 등지에 분포한다.

쇠무릎_지상부   쇠무릎_꽃   쇠무릎_열매

기능성 물질및 성분특허 자료

▶ 우슬 또는 유백피 추출물을 함유한 류마토이드 관절염 치료용 약제 조성물

본 발명은 관절염 치료를 위하여 슈퍼옥사이드(Superoxide), 프로스타글란딘(PGE2), 인터루킨-1β(Interleukin-1β)의 성을 억제할 뿐만 아니라 결합조직의 기질인 콜라겐 단백질을 분해하는 콜라게나제 효소의 활성을 억제시킴과 동시에 콜라겐 단백질 합성을 촉진시키는 우슬(쇠무릎 뿌리) 추출물, 유백피 추출물 또는 이들의 혼합물을 함유한 류마토이드 관절염 치료용 약제 조성물에 관한 것이다.

− 공개번호 : 10-1999-0039416, 출원인 : (주)엘지생활건…

시호(술)

학 명 : *Bupleurum falcatum* L.
과 명 : 산형과(Umbelliferae)
이 명 : 큰일시호, 자호(茈胡), 산채(山菜), 여초(茹草), 자초(紫草)
생약명 : 시호(柴胡)
맛과 약성 : 맛은 쓰고 약성은 약간 차다.
음용법 : 기호와 식성에 따라 꿀, 설탕을 가미하여 음용할 수 있다.

시호_ 건조한 뿌리

시호_ 뿌리 절단

약술 적용 병 증상

1. **흉통(胸痛)** : 심장과 비장 사이에 통증이 오는 가슴앓이 병을 말한다. 30mL를 1회분으로 1일 2~3회씩, 8~12일 정도 음용한다.

2. **담낭염(膽囊炎)** : 담즙 배설에 장애가 생긴 병증이며 얼굴에 누런빛을 띠게 된다. 즉, 세균이 침입해 염증을 일으킨 경우이다. 30mL를 1회분으로 1일 2~3회씩, 10~12일 정도 음용한다.

3. **흉협팽만(胸脇膨滿)** : 명치에서부터 양 옆구리에 걸쳐 사지를 누르면 긴장감과 저항이 느껴지고 압통이 나는 병증이다. 30mL를 1회분으로 1일 2~3회씩, 10~15일 정도 음용한다.

4. **기타 질환** : 감기몸살, 진정, 진통, 항염, 신장암, 골절번통, 구안와사, 뇌졸중, 신경통, 위팽만, 중풍, 치통에 효과가 있다.

약술 담그기

1. 약효는 뿌리에 있으므로 주로 뿌리를 사용한다.

2. 구입 또는 채취한 뿌리는 깨끗이 씻어 줄기를 제거하고 말리거나 생으로 사용한다.

3. 생뿌리를 사용할 경우에는 약 200~250g, 말린 뿌리를 사용할 경우에는 약 150~200g을 소주 약 3.8~4L에 넣고 밀봉하여 햇볕이 들지 않는 서늘한 곳에 보관, 침출 숙성시킨다.

4. 6개월 정도 침출, 숙성한 다음 건더기는 걸러내고 보관, 음용하며 건더기는 걸러낸 후 2~3개월 더 숙성하여 음용하면 향과 맛이 훨씬 더 부드러워 마시기 편하다.

| 주의사항 |

◉ 치유되는 대로 중단하며, 장기간 과용하지 않는 것이 좋다.

◉ 본 약술을 음용하는 중에 신장염, 구토가 있을 때는 음용하지 않는다.

생태적 특성

다년생 초본으로 키가 약 40~70㎝가량 자란다. 경엽(莖葉: 줄기와 잎)은 넓은 선형 또는 피침형으로 길이는 4~10㎝, 폭은 0.5~1.5㎝로 끝이 뾰족하고 밑부분이 좁아져서 잎자루처럼 되고 잎맥은 평행하며 가장자리는 밋밋하다. 꽃은 8~9월에 노란색으로 원줄기 끝과 가지 끝에 겹우산모양으로 핀다. 열매는 타원형으로 9월에 익는다. 뿌리를 약재로 사용하는데 뿌리의 상부는 굵고 하부는 가늘고 길며 머리 부분에는 줄기의 기부가 남아 있다. 뿌리 표면은 엷은 갈색 또는 갈색이며 깊은 주름이 있다. 질은 절단하기 쉽고 단면은 약간 섬유성이다.

시호_지상부   시호_꽃   시호_열매

기능성 물질및 성분특허 자료

▶ 시호 추출물을 포함하는 신장암 치료용 조성물 및 건강기능성 식품

본 발명은 시호 에탄올 추출물을 유효성분으로 함유하는 신장암 예방 및 치료 조성물 및 신장암 예방용 기능성 식품에 관한 것이다. 본 발명에 따른 신장암 치료용 조성물 및 기능성 식품은 신장암 세포의 성장을 억제하고 세포사멸을 유도하는 효과가 있어 신장암 치료 및 예방에 효과적으로 사용할 수 있다.

– 공개번호 : 10-2012-0122414, 출원인 : (주)한국전통의학연구소

▶ 시호 추출물을 유효성분으로 함유하는 약물 중독 및 금단증상의 예방 및 치료용 조성물

본 발명의 시호 추출물은 반복적인 니코틴 투여로 인한 민감화 유발 동물 모델에서 약물 중독의 지표로 사용되는 행동적 민감화(behavioral sensitization) 반응인 보행성 활동량 및 상동적 행동량의 감소 효과뿐만 아니라 뇌의 측핵과 선조체에서의 신경 활성 지표인 c-Fos 및 FosB 발현을 급격히 감소시킴을 확인함으로써 상기 조성물은 약물 중독 및 금단증상의 예방 및 치료를 위한 약학조성물 또는 건강기능식품으로 유용하게 이용될 수 있다.

– 공개번호 : 10-2010-0081405, 출원인 : 대구한의대학교 산학협력단

쑥 (술)

학 명 : *Artemisia princeps* Pamp.
과 명 : 국화과(Compositae)
이 명 : 약쑥, 애호(艾蒿), 사자발쑥
생약명 : 애엽(艾葉)
맛과 약성 : 맛은 맵고 쓰며 약성은 따뜻하다.
음용법 : 기호와 식성에 따라 꿀, 설탕을 가미하여 음용할 수 있다.

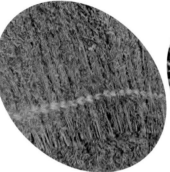

쑥_건조   쑥_건조 잎

──── 약술 적용 병 증상 ────

1. 편도선염(扁桃腺炎) : 목구멍에 흰 반점이 생기는 염증을 말한다. 타원형의 임파선(편도선)이 벌겋게 부어 음식이나 침도 삼키기 곤란하며 말도 못 하는 경우도 있다. 30mL를 1회분으로 1일 1~2회씩, 8~10일 정도 음용한다.

2. 비출혈(鼻出血) : 타박이나 찰과상이 아님에도 불구하고 평소에 코피가 자주 나는 증상을 말한다. 30mL를 1회분으로 1일 1~2회씩 8~10일, 심하면 15일 정도 음용한다.

3. 복통(腹痛) : 위와 장에 장애가 발생하여 통증을 느끼는 증상을 말한다. 한복통, 열독증, 체함 등에서 올 수 있다. 30mL를 1회분으로 1일 8~10회 정도 음용한다.

4. 기타 질환 : 위염, 위궤양, 항균, 지혈, 천식, 진해, 거담, 월경불순, 항염, 자가면역, 기관지염, 냉병, 대하증, 설사, 신경통, 위냉증, 중풍, 치통, 피로회복에 효과가 있다.

──── 약술 담그기 ────

1. 보관해두고 쓰려면 반드시 통풍이 잘되는 그늘에서 말린다.

2. 생잎은 약 250~300g, 생뿌리는 약 150~200g을 씻은 후 물기가 없도록 말려서 사용한다.

3. 말린 잎을 사용할 경우에는 약 100~200g, 말린 뿌리를 사용할 경우에는 약 100~150g을 각각 소주 약 3.8~4L에 넣어 밀봉하여 햇볕이 들지 않는 서늘한 곳에 보관, 침출 숙성시킨다.

4. 잎은 3~4개월, 뿌리는 5~6개월 정도 침출한 다음 건더기를 걸러내고 보관, 음용하며 건더기를 걸러낸 후 2~3개월 더 숙성하여 음용하면 향과 맛이 훨씬 더 부드러워 마시기 편하다.

| 주의사항 |

⊙ 다른 약술과 혼용하면 부작용이 나타날 수 있으므로 혼합하여 음용하지 않는다.

⊙ 남성이 장기간 음용하면 정력이 약해진다고 전해진다.

⊙ 시력이 약하다면 음용하지 않는다.

⊙ 다른 쑥술도 마찬가지 방법으로 담근다.

생태적 특성

전국적으로 분포하며 들에서 자라는 다년생 초본으로 뿌리줄기나 종자로 번식한다. 옆으로 뻗는 뿌리줄기의 군데군데에서 싹이 나오며 군생하는 줄기는 키 60~120㎝ 정도이고 털이 나 있으며 가지가 갈라진다. 잎은 어긋나고 깃 모양으로 갈라져 있다. 잎의 겉은 푸르고 뒤에는 우윳빛의 솜털이 나 있으며 향기가 난다. 7~10월에 잎 사이에서 나온 꽃대 위에 연분홍의 작은 꽃이 이삭 모양으로 모여 피며 열매는 9~10월에 익는다. 초지나 밭작물 포장에서는 문제 잡초이기도 하다.

쑥_지상부

쑥_꽃봉우리

쑥_꽃

기능성 물질및 성분특허 자료

▶ 쑥 추출물을 유효성분으로 함유하는 자가면역질환 치료제

본 발명은 쑥 추출물을 유효성분으로 함유하는 자가면역질환 치료제에 관한 것으로, 상기 쑥 추출물은 Th17 세포화 및 유지에 중추적인 역할을 하는 사이토카인인 p40 및 IL-17의 분비를 효과적으로 억제할 뿐 아니라, 루푸스물 모델을 포함한 다수의 자가면역질환 동물 모델에서도 효과적인 치료 효과를 나타내기 때문에 T세포의 비정상적 활성으로 인해 발생하는 류마티스 관절염, 뇌척수염 및 전신 홍반성 낭창과 같은 자가면역질환의 치료제로 매우 유하게 사용될 수 있다.

- 공개번호 : 10-2009-0047851, 출원인 : 학교법인 혜화학

▶ 애엽과 전호의 추출 혼합물을 주성분으로 하는 염증성 질환 예방 및 치료용 천연물 조성물

본 발명은 애엽 추출물 및 전호 추출물을 유효성분으로 포함하는 염증성 질환 예방 또는 치료용 식품조성물에 관한 것이다. 본 발명에 따른 조성물은 기존의 애엽 또는 전호 각각의 추출물과 비교하여 항염증 및 진통에 대한 효과가 뛰어난 염증성 질환의 예방, 치료 또는 개선용으로 사용할 수 있으며, 이를 활용하여 퇴행성 골관절염, 염증성 피부질환 등에 유용하게 사용할 수 있는 조성물을 제공한다.

- 공개번호 : 10-2014-0137557, 출원인 : (주)이

오갈피나무(오가피)(술)

학 명 : *Eleutherococcus sessiliflorus* (Rupr. & Maxim.) S.Y.Hu
과 명 : 두릅나무과(Araliaceae)
이 명 : 오갈피, 서울오갈피나무, 서울오갈피, 참오갈피나무, 아관목, 문장초(文章草)
생약명 : 오가피(五加皮), 오가엽(五加葉)
맛과 약성 : 맛은 약간 달고, 맵고, 쓰며, 약성은 따뜻하다.
음용법 : 기호와 식성에 따라 꿀, 설탕을 가미하여 음용할 수 있다.

오갈피나무_ 건조한 수피   오갈피나무_ 열매

약술 적용 병 증상

1. **골절번통(骨折煩痛)** : 주로 갱년기에 나타나며 특별한 자극이 없어도 뼈마디가 쑤시고 통증이 있는 증상을 말한다. 날씨가 흐리면 통증이 더 심해진다. 30mL를 1회분으로 1일 1~2회씩, 15~20일 정도 음용한다.

2. **강심(强心)** : 심장의 기능을 강화하기 위한 약재이다. 30mL를 1회분으로 1일 1~2회씩, 15~20일 정도 음용한다.

3. **위장염(胃腸炎)** : 위와 장에 염증이 생긴 증상을 말한다. 대장균, 장티푸스, 이질균, 콜레라균, 인플루엔자 등이 원인이 될 수 있다. 30mL를 1회분으로 1일 1~2회씩, 15~20일 정도 음용한다.

4. **기타 질환** : 항종양, 항염, 자양, 강장(强壯), 강정, 면역 증강, 각기, 관절염, 구안와사, 근골통, 동맥경화, 요통에 효과가 있다.

약술 담그기

1. 약효는 나무껍질, 뿌리껍질, 열매 등 전체에 있으므로 주로 나무껍질, 뿌리껍질, 열매 등을 사용한다. 여름과 가을 사이에 채취하여 생으로 사용하거나 햇볕에 말려 사용한다.

2. 생으로 사용할 경우에는 나무껍질 약 240~260g, 뿌리껍질 약 220~240g, 열매 약 260~280g 정도, 말린 것을 사용할 경우에는 나무껍질 약 100~150g, 뿌리껍질 약 80~100g, 열매 약 210~220g 정도를 소주 약 3.8~4L에 넣어 밀봉하여 햇볕이 들지 않는 서늘한 곳에 보관, 침출 숙성시킨다.

3. 나무껍질, 뿌리껍질은 6~8개월, 열매는 4~5개월 정도 침출한다.

4. 나무껍질과 뿌리껍질은 침출한 후 그대로 두고 사용한다. 열매는 건더기를 걸러내고 음용하며 건더기를 걸러낸 후 2~3개월 더 숙성하여 음용하면 향과 맛이 훨씬 더 부드러워 마시기 편하다.

⊙ 장기간 음용해도 해롭지는 않으나 3~5일에 1일 정도는 쉬어가며 음용하는 것이 좋다.

⊙ 본 약술을 음용하는 중에 현삼, 뱀 껍질(뱀 허물)을 금한다.

생태적 특성

전국적으로 분포하는 낙엽활엽 관목으로 키는 3~4m 정도에 뿌리 근처에서 가지가 많이 갈라져 사방으로 뻗치며 털이 없고 가시가 드문드문 하나씩 나 있다. 밑쪽은 손바닥 모양 겹잎에 서로 어긋나고 작은 잎은 3~5개로 도란형 타원형이다. 잎 가장자리에는 톱니 모양이 나 있고 표면은 초록색에 털이 없으며 잎맥 위에는 잔털이 나 있다. 꽃은 산형꽃차례로 가지 끝에 달려 취산상으로 배열되어 8~9월에 자주색의 꽃이 피고 열매는 장과로 타원형에 10~11월에 결실한다.

오갈피나무_ 잎

오갈피나무_ 꽃

기능성 물질및 성분특허 자료

▶ 오갈피 추출물의 골다공증 예방 또는 치료용 약학적 조성물

본 발명의 오갈피 추출물은 골다공증, 퇴행성 골 질환 및 류머티즘에 의한 관절염과 같은 골 질환의 예방 또는 치료에 유용하게 사용될 수 있다.

– 등록번호 : 10-0399374, 출원인 : (주)오스코텍

▶ 오갈피 추출물을 유효성분으로 함유하는 위장 질환의 예방 또는 치료용 조성물

본 발명에 따른 오갈피 추출물은 위염, 위궤양 및 십이지장궤양 등의 위장 질환의 예방 또는 치료에 유용하게 사용될 수 있다.

– 등록번호 : 10-1120000, 출원인 : (주)휴텍

▶ 오갈피 추출물을 포함하는 치매 예방 또는 치료용 조성물

본 발명은 오갈피 추출물을 포함하는 치매 예방 또는 치료용 조성물에 관한 것이다. 본 발명에 따른 상기 오갈피 추출물은 오가피에 물, 증류수, 알코올, 핵산, 에틸아세테이트, 아세톤, 클로로포름, 메틸렌 클로라이드 또는 이들의 혼합용매를 첨가하여 추출된 것이다.

– 공개번호 : 10-2005-0014710, 출원인 : (주)바이오시너젠 · 성광

약초부위 생김새

오갈피나무_잎

오갈피나무_꽃

오갈피나무_ 덜 익은 열매

오갈피나무_ 익은 열매

오갈피나무_ 수피

오갈피나무_ 지상부

유자나무(술)

학 명 : *Citrus junos* Siebold ex Tanaka
과 명 : 운향과(Rutaceae)
이 명 : 산유자나무, 향등(香橙), 금구(金球), 유자(柚子)
생약명 : 등자(橙子), 등자피(橙子皮)
맛과 약성 : 맛은 달고 시며 약성은 시원하다.
음용법 : 기호와 식성에 따라 꿀, 설탕을 가미하여 음용할 수 있다.

유자나무_ 덜 익은 열매

유자나무_ 익은 열매

약술 적용 병 증상

1. **구토(嘔吐) :** 몸속의 이상으로 헛구역질을 하거나 먹은 음식을 토하는 경우로 격렬한 두통이 따른다. 30mL를 1회분으로 1일 2~3회씩, 9~10일 정도 음용한다.

2. **혈액순환(血液循環) :** 피의 순환을 돕기 위한 처방으로 사용한다. 30mL를 1회분으로 1일 2~3회씩, 20~30일 정도 음용한다.

3. **기타 질환 :** 뇌혈관 질환, 소화, 요통, 거담, 곽란, 두통, 신경통, 닭고기 먹고 체했을 때, 조갈증, 해독에 효과가 있다.

약술 담그기

1. 약효는 덜 익은 열매껍질(청과피)에 있으므로 주로 열매껍질을 사용한다. 방향성(芳香性)이 있다.

2. 열매를 깨끗이 씻어 껍질을 벗겨 말린 다음 사용한다.

3. 말린 껍질 약 150~200g을 소주 약 3.8~4L에 넣고 밀봉하여 햇볕이 들지 않는 서늘한 곳에 보관, 침출 숙성시킨다.

4. 6개월 정도 침출한 다음 건더기를 걸러내고 보관, 음용하거나 건더기를 걸러낸 후 2~3개월 더 숙성하여 음용하면 향과 맛이 훨씬 더 부드러워 마시기 편하다.

◉ 치유되는 대로 중단하며, 장기간 과용하지 않는 것이 좋다.

◉ 본 약술을 음용하는 중에 가리는 음식은 없다.

생태적 특성

제주도와 남부지방 일부에서 심어 가꾸는 상록활엽 소교목으로 키는 4m 전후로 자라고 가지에는 길고 뾰족한 가시가 나 있다. 잎은 타원형 또는 난상 타원형에 서로 어긋나고 잎끝이 뾰족하며 조금 오목하게 들어가고 잎 가장자리가 밋밋하거나 얕은 파상 톱니 모양이 나 있다. 꽃은 단일 또는 쌍생(雙生)하고 잎 겨드랑이에 달리며 5~6월에 흰색으로 피고 열매는 10~11월에 노란색으로 익는다. 과피는 까끌까끌하고 울퉁불퉁하며 방향성(芳香性)이 있다.

유자나무_잎   유자나무_꽃

유자나무_어린 열매   유자나무_덜 익은 열매   유자나무_익은 열매

기능성 물질및 성분특허 자료

▶ 유자 추출물을 함유하는 뇌혈관 질환의 예방 또는 치료용 조성물

본 발명의 유자 추출물을 포함하는 조성물은 뇌세포에 대한 보호 효과를 나타낼 뿐만 아니라, 허혈성 뇌혈관 질환인 뇌경색 억제에도 뛰어난 효능이 있으므로 다양한 뇌혈관 질환의 예방 또는 치료에 유용하게 사용될 수 있다.

– 등록번호 : 10-1109174, 출원인 : 건국대학교 산학협력단 외

오미자 (술)

학 명 : *Schisandra chinensis* (Turcz.) Baill.
과 명 : 오미자과(Schisandraceae)
이 명 : 개오미자, 오매자(五梅子)
생약명 : 오미자(五味子)
맛과 약성 : 향이 짙으면서 맛은 약간 시고 떫고 맵고 쓰고 달며 약성은 따뜻하다.
음용법 : 기호와 식성에 따라 꿀, 설탕을 가미하여 음용할 수 있다.

오미자_ 열매

오미자_ 건조한 열매

약술 적용 병 증상

1. **피로회복(疲勞回復)** : 피로는 신체적 이상의 징후이다. 주로 환절기나 이른 봄에 온몸이 나른하면서 특정한 곳 없이 온몸이 아픈 경우의 처방이다. 30mL를 1회분으로 1일 1~2회씩, 20~25일 정도 음용한다.

2. **주독(酒毒)** : 술에 중독되어 얼굴이 검어지며 붉은 반점이 생기는 경우이다. 술 때문에 위장장애나 빈혈 등의 원인이 된다. 30mL를 1회분으로 1일 1~2회씩, 15~20일 정도 음용한다.

3. **기타 질환** : 자양강장, 고혈압, 간장병, 뇌기능장애, 동맥경화, 심장마비, 유정증, 폐기보호에 효과가 있다.

약술 담그기

1. 약효는 열매에 있으므로 주로 열매를 사용한다. 방향성(芳香性)이 있다.

2. 10~11월에 서리가 내릴 즈음 잘 익은 열매만을 채취하여 햇볕이나 화로를 사용하여 말린다.

3. 말린 오미자 약 150~200g을 소주 약 3.8~4L에 넣고 밀봉하여 햇볕이 들지 않는 서늘한 곳에 보관, 침출 숙성시킨다.

4. 2~3개월 정도 침출한 다음 건더기를 걸러내고 보관, 음용하며 건더기를 걸러낸 후 2~3개월 더 숙성하여 음용하면 향과 맛이 훨씬 더 부드러워 마시기 편하다.

| 주의사항 |

⊙ 장기간 음용해도 이롭지만 폐가 약할 경우 철분을 금한다.

생태적 특성

전국의 깊은 산 계곡 골짜기에 자생 또는 재배하는 낙엽활엽덩굴성 목본으로 키가 3m 전후이다. 작은 가지는 홍갈색이고 오래된 가지는 회갈색이며 겉 수피는 조각조각으로 떨어져 벗겨진다. 잎은 넓은 타원형, 긴 타원형 또는 달걀형이며 서로 어긋나고 가장자리에는 치아 모양의 톱니 모양이 나 있으며 잎자루가 1.5~3㎝ 정도이다. 꽃은 자웅 이가화로 5~6월에 붉은빛이 도는 황백색으로 피고 열매는 장과로 둥글며 9~10월에 심홍색으로 익는다.

오미자나무_수형   오미자나무_꽃   오미자나무_열매

기능성 물질및 성분특허 자료

▶ 오미자 씨앗 추출물을 함유하는 항암 및 항암 보조용 조성물

본 발명은 항암 및 항암 보조용 조성물에 관한 것으로서, 오미자 씨앗 추출물을 유효성분으로 함유하는 것을 특징으로 한다.

– 공개번호 : 10-2012-0060676, 출원인 : 문경시

▶ 오미자 추출물로부터 분리된 화합물을 유효성분으로 함유하는 대장염 질환의 예방 및 치료용 조성물

오미자 추출물로부터 분리된 화합물을 유효성분으로 함유하는 조성물을 대장염 질환의 예방 및 치료용 약학조성물 또는 건강기능식품으로 유용하게 이용할 수 있다.

– 공개번호 : 10-2012-0008366, 출원인 : 김대기

으름덩굴 (술)

학 명 : *Akebia quinata* (Houtt.) Decne.
과 명 : 으름덩굴과(Lardizabalaceae)
이 명 : 으름, 목통, 통초(通草), 연복자(燕覆子)
생약명 : 목통(木通), 예지자(預知子)
맛과 약성 : 맛은 맵고 달며 성질은 평(平)하다(약간 차다고도 함).
음용법 : 기호와 식성에 따라 꿀, 설탕을 가미하여 음용할 수 있다.

으름덩굴_ 열매

으름덩굴_ 건조한 열매

약술 적용 병 증상

1. **당뇨(糖尿)** : 췌장에 이상이 생겨 혈액 또는 소변에 당분이 증가되는 증상이다. 30mL를 1회분으로 1일 2~3회씩, 100~180일 정도 음용한다.

2. **번열(煩熱)** : 몸에 열이 몹시 나고 가슴이 답답하며 괴로운 증세로 수족이 병적으로 달아오르는 증세이다. 30mL를 1회분으로 1일 3~4회씩, 3~4일 정도 음용한다.

3. **이명증(耳鳴症)** : 귓속에서 여러 가지 잡음을 느끼는 증세이다. 30mL를 1회분으로 1일 2~3회씩, 15~20일 정도 음용한다.

4. **기타 질환** : 진통, 이뇨, 요통, 거풍, 항암, 관절염, 방광염, 부종, 신경통, 인후통증, 통풍, 혈액순환에 효과가 있다.

약술 담그기

1. 약효는 덩굴줄기나 익은 열매에 있으므로 주로 덩굴줄기, 익은 열매를 사용한다.

2. 덩굴줄기나 열매를 채취하여 깨끗이 씻어 덩굴줄기는 말리고 열매는 생으로 사용한다.

3. 말린 덩굴줄기를 사용할 경우에는 약 200~220g, 익은 생열매를 사용할 경우에는 약 250~270g을 소주 약 3.8~4L에 넣고 밀봉하여 햇볕이 들지 않는 서늘한 곳에 보관, 침출 숙성시킨다.

4. 덩굴줄기는 3~4개월, 익은 생열매는 3개월 정도 침출한 다음 건더기를 걸러내고 보관, 음용하거나 건더기를 걸러낸 후 2~3개월 더 숙성하여 음용하면 향과 맛이 훨씬 더 부드러워 마시기 편하다.

⊛ 치유되는 대로 중단하며, 장기간 과용하지 않는 것이 좋다.

⊛ 본 약술을 음용하는 중에 가리는 음식은 없다. 단, 임산부는 음용을 금한다.

생태적 특성

전국의 산기슭 계곡에 자라는 낙엽활엽덩굴성 목본으로서 덩굴 길이 5m 전후로 뻗어나가고 가지는 회색에 가는 줄이 있으며 껍질눈은 돌출한다. 잎은 손바닥처럼 생긴 장상 복엽이고 3~5개의 복엽이 가지 끝에 모여 나거나 또는 서로 어긋나며 잎자루는 가늘고 길다. 작은 잎은 보통 5개로 도란형 또는 타원형에 잎끝은 약간 오목하고 양면에 털이 나 있으며 가장자리는 밋밋하다. 꽃은 4~5월에 암자색으로 피며 열매는 액과로 장타원형 통 모양에 양 끝은 둥글고 9~10월에 익어 벌어진다.

으름덩굴_수형   으름덩굴_꽃   으름덩굴_열매

기능성 물질및 성분특허 자료

▶ 으름덩굴 종자 추출물을 포함하는 항암 조성물 및 그의 제조방법

본 발명은 으름덩굴 종자 추출물을 포함하는 항암 조성물 및 그의 제조방법에 관한 것으로, 본 발명의 조성물은 우수한 항암성을 나타내며, 이에 추가적으로 전호, 인삼 또는 울금 추출물을 처방하여 보다 증강된 항암효과를 얻을 수 있어 암의 예방 또는 치료제로서 유용하게 사용할 수 있다.

– 공개번호 : 10-2005-0087498, 출원인 : 김숭진

으름덩굴_잎(앞면)

으름덩굴_잎(뒷면)

으름덩굴_꽃봉우리

으름덩굴_꽃

으름덩굴_미숙 열매

으름덩굴_성숙 열매

각 약초부위 생김새

으름덩굴_ 잎

멀꿀_ 잎

으름덩굴_ 꽃

멀꿀_ 꽃

으름덩굴_ 익은 열매

멀꿀_ 익은 열매

으름덩굴_ 종자

멀꿀_ 종자

음나무 (술)

학 명 : *Kalopanax septemlobus* (Thunb.) Koidz.
과 명 : 두릅나무과(Araliaceae)
이 명 : 개두릅나무, 당엄나무, 당음나무, 멍구나무, 엉개나무, 엄나무, 해동목(海桐木)
생약명 : 해동피(海桐皮)
맛과 약성 : 맛은 쓰고 매우며 약성은 평(平)하다.
음용법 : 다른 당류는 가미하지 않는다.

음나무_ 건조한 수피   음나무_ 수피 속 껍질

약술 적용 병 증상

1. 풍습(風濕) : 습한 곳에 장기간 거주하여 습기의 영향을 받아 뼈마디가 저리고 아픈 경우이다. 30mL를 1회분으로 1일 1~2회씩, 15~20일 정도 음용한다.

2. 거담(去痰) : 가래와 혈담(가슴에 딱딱한 멍울이 뭉쳐 다니면서 통증이 오는 경우)을 없애기 위한 처방이다. 30mL를 1회분으로 1일 4~6회 정도 음용한다.

3. 위궤양(胃潰瘍) : 위 안이 헐어서 따갑고 쓰리고 아픈 증세로 음식물을 먹을 수가 없다. 30mL를 1회분으로 1일 1~2회씩 5~7일 정도, 심하면 7~12일 정도 음용한다.

4. 기타 질환 : 수렴, 살충, 항염, 항종양, 항산화, AIDS, 관절염, 당뇨병, 신경통, 위암, 위장병, 척추질환에 효과가 있다.

약술 담그기

1. 약효는 나무껍질, 잔가지, 뿌리에 있으므로 주로 나무껍질, 잔가지, 뿌리를 사용한다.

2. 말린 것으로 사용할 경우에는 나무껍질 또는 잔가지 약 150~200g, 뿌리는 약 100~150g을 사용한다.

3. 생으로 사용할 경우에는 나무껍질 또는 잔가지 약 200~250g, 뿌리 약 150~200g을 각각 소주 약 3.8~4L에 넣어 밀봉하여 햇볕이 들지 않는 서늘한 곳에 보관, 침출 숙성시킨다.

4. 4~6개월 정도 침출시킨 다음 건더기를 걸러내고 음용하거나 음용이 끝날 때까지 그대로 계속 보관, 사용해도 무방하다. 또는 건더기를 걸러낸 후 2~3개월 더 숙성하여 음용하면 향과 맛이 더 부드러워 마시기 편하다.

| 주의사항 |

⊙ 치유되는 대로 중단하며, 장기간 과용하지 않는 것이 좋다.
⊙ 본 약술을 음용하는 중에 가리는 음식은 없다.

생태적 특성

전국의 산기슭 양지쪽 길가에 자라는 낙엽활엽 교목으로 키가 20m 전후로 자라며 나무와 가지에 굵은 가시가 많이 나 있다. 잎은 긴 가지에는 서로 어긋나고 짧은 가지에는 모여 나며 손바닥 모양으로 5~7갈래로 찢어져 잎끝은 길게 뾰족하고 가장자리에는 톱니 모양이 나 있다. 꽃은 우산형의 산형꽃차례로 7~8월에 황록색의 꽃이 피고 윤기가 있으며 다섯으로 갈라진다. 열매는 공 모양에 가깝고 9~10월에 결실한다.

음나무_수형   음나무_꽃   음나무_열매

기능성 물질및 성분특허 자료

▶ HIV 증식 억제 활성을 갖는 음나무 추출물 및 이를 유효성분으로 함유하는 AIDS 치료제

본 발명은 HIV 억제 활성을 갖는 음나무 추출물 및 이를 유효성분으로 함유하는 AIDS 치료제에 관한 것이다. 본 발명의 음나무 추출물은 HIV 역전사효소 활성 억제, 프로테아제 활성 억제, 글루코시다제 활성 억제 및 HIV 증식 억제 활성이 뛰어나므로 AIDS를 치료하고 진행을 억제시키며 감염을 억제하는 데 유용하게 사용될 수 있다.

－ 공개번호 : 10-2005-0045117, 특허권자 : 유영법·최승훈·심범상·안규석

▶ 음나무 추출물을 함유하는 퇴행성 중추신경계 질환 증상의 개선을 위한 기능성 식품

본 발명은 음나무 추출물 및 음나무로부터 단리된 디하이드로디하이드로코니페릴 알코올(Dihydrodehydroconiferyl alcohol)을 함유함을 특징으로 하는 퇴행성 중추신경계 질환 증상 개선을 위한 기능성 식품에 관한 것이다.

－ 공개번호 : 10-2005-0111258, 특허권자 : 충북대학교 산학협력단

인동덩굴(술)

학 명 : *Lonicera japonica* Thunb.
과 명 : 인동과(Caprifoliaceae)
이 명 : 인동, 눙박나무, 능박나무, 털인동덩굴, 우단인동, 덩굴섬인동, 금은등(金銀藤),
　　　 이포화(二包花), 노옹수, 금채고
생약명 : 금은화(金銀花), 인동(忍冬)
맛과 약성 : 맛은 달고 약성은 약간 차다.
음용법 : 기호와 식성에 따라 꿀, 설탕을 가미하여 음용할 수 있다.

인동덩굴_ 건조한 꽃봉오리

인동덩굴_ 건조한 줄기

약술 적용 병 증상

1. 충수염(蟲垂炎) : 맹장염과 같은 말이다. 맹장 끝
에 붙어 있는 가느다란 관 모양의 중앙돌기에 염
증이 생겨 오른쪽 복부 아래에 통증을 일으키는
증세이다. 그러나 만성의 경우는 전문의 처방이
필요하다. 30mL를 1회분으로 1일 1~2회씩, 7~
14일 정도 음용한다.

2. 방광염(膀胱炎) : 방광 속 점막에서 생기는 염증
으로 소변이 자주 마렵고 참지 못하며 아랫배가
묵직하다. 30mL를 1회분으로 1일 1~2회씩, 5~
10일 정도 음용한다.

3. 혈변(血便) : 변에 혈액이 묻어 나오는 경우이다.
소장과 대장 또는 항문 질환 등의 증상으로 발전
한다. 30mL를 1회분으로 1일 1~2회씩, 5~7일
정도 음용한다.

4. 기타 질환 : 항균, 항바이러스, 간염, 청열, 항암,
창독, 진정, 성장호르몬 분비, 열병, 관절통, 근골
통, 매독, 열독증, 이하선염, 타박상, 통풍에 효과
가 있다.

약술 담그기

1. 약효는 인동등(덩굴줄기와 잎), 금은화(꽃봉오리)에
있으며 약술로 담글 때는 주로 잎을 사용한다.

2. 인동등(덩굴줄기와 잎)은 가을에서 겨울 사이에 채
취하여 햇볕에 말려 잘라서 사용한다.

3. 말린 덩굴줄기와 잎 약 200~250g을 소주 약 3.8~
4L에 넣고 밀봉하여 햇볕이 들지 않는 서늘한 곳
에 보관, 침출 숙성시킨다.

4. 3~4개월 정도 침출한 다음 건더기를 걸러내고
보관, 음용한다. 또는 건더기를 걸러낸 후 2~3개
월 더 숙성하여 음용하면 향과 맛이 훨씬 더 부드
러워 마시기 편하다.

◉ 치유되는 대로 중단하며, 장기간 과용하지 않는 것이 좋다.

◉ 본 약술을 음용하는 중에 가리는 음식은 없다.

생태적 특성

전국 산기슭이나 울타리 근처에 자생하는 반상록활엽덩굴성 관목으로 덩굴줄기가 오른쪽으로 감아 올라가고 덩굴줄기는 3m 전후로 뻗어나간다. 작은 가지는 적갈색에 털이 나 있고 줄기 속은 비어 있으며 잎은 난원형 또는 장난형에 서로 마주난다. 잎끝은 뾰족하고 밑부분은 둥글거나 심장형에 가깝고 가장자리는 밋밋하다. 꽃은 6~7월에 흰색으로 피어 3~4일이 지나면 황금색으로 변하며 꽃잎은 입술 모양에 위쪽 꽃잎은 얕고 4개로 갈라져 바깥면은 부드러운 털로 덮여 있다. 꽃이 처음 필 때는 흰색을 띠는 은빛이고 3~4일이 지나면 황금색이 되어 이 꽃을 金銀花(금은화)라고 이름 지었다고 한다. 열매는 액과로 둥글고 9~10월에 검은색으로 익는다.

인동덩굴_수형   인동덩굴_꽃봉우리_꽃   인동덩굴_열매

기능성 물질및 성분특허 자료

➤ 성장호르몬 분비 촉진 활성이 뛰어난 인동 추출물, 이의 제조방법 및 용도

본 발명의 인동초 추출물은 강력한 성장호르몬 분비 촉진 활성을 나타냄은 물론 천연 약재로서 안전성이 확보되어 있으므로 성장호르몬 분비 촉진제용 의약품, 화장품 및 식품 등으로 유용하게 사용될 수 있다.

– 공개번호 : 10-2005-0005633, 출원인 : (주)엠디바이오알파

왕대(죽순)(술)

학 명 : 죽순대 *Phyllostachys pubescens* Mazel
과 명 : 벼과(Gramineae)
이 명 : 맹종죽(孟宗竹), 모죽(毛竹), 모순(毛筍)
생약명 : 죽여(竹茹)
맛과 약성 : 맛은 달고 약성은 약간 차다.
음용법 : 기호와 식성에 따라 꿀, 설탕을 가미하여 음용할 수 있다.

왕대_ 죽순

왕대_ 건조한 속껍질(죽여)

약술 적용 병 증상

1. 해수(咳嗽) : 기침을 심하게 하는 경우이다. 기침은 가래를 수반하는 경우와 그렇지 않은 경우가 있다. 기침은 그 자체로도 신체에 나쁜 영향을 준다. 원인 치료를 통해 기침을 멈추게 해주는 것이 좋다. 30mL를 1회분으로 1일 1~2회씩, 10~15일 정도 음용한다.

2. 근골위약(筋骨痿弱) : 간경에 열이 생겨서 담즙이 지나치게 많이 나와 입 안이 쓰고 힘줄이 당기는 증세이다. 30mL를 1회분으로 1일 1~2회씩, 20~25일 정도 음용한다.

3. 번갈(煩渴) : 가슴이 답답하고 병적으로 갈증이 심한 증상을 말한다. 30mL를 1회분으로 1일 1~2회씩, 20~25일 정도 음용한다.

4. 기타 질환 : 거담, 구토증, 주독, 중풍, 파상풍에 효과가 있다.

약술 담그기

1. 약효는 햇순과 뿌리줄기에 많으므로 주로 햇순, 뿌리줄기를 사용한다.

2. 뿌리줄기는 필요한 때에 항시 채취가 가능하나 죽순은 5~6월이 적기이다. 채취하여 바로 소금물에 담갔다가 깨끗이 씻어 그늘에 말려 사용하기도 한다.

3. 주로 생으로 사용하는 것이 좋고 죽순은 5~6월경에 채취하는 것이 좋다.

4. 생으로 사용하며 햇순 약 200~250g, 뿌리줄기 약 150~200g을 각각 소주 약 3.8~4L에 넣고 밀봉하여 햇볕이 들지 않는 서늘한 곳에 보관, 침출 숙성시킨다.

5. 3~4개월 정도 침출한 다음 건더기를 걸러내고 보관, 음용한다. 또는 건더기를 걸러낸 후 2~3개월 더 숙성하여 음용하면 향과 맛이 더 부드러워 마시기 편하다.

* 치유되는 대로 중단하며, 장기간 과용하지 않는 것이 좋다.
* 본 약술을 음용하는 중에 가리는 음식은 없지만 30일 이상 장기 음용을 금한다.

생태적 특성

남부지방에 분포하는 상록활엽성 목본으로 키는 10~20m에 이르며 지름은 대략 20㎝ 정도이다. 마디에 고리가 1개씩 있고 가지에는 2~3개씩 있다. 5월에 죽순이 나오고 포는 적갈색으로 털과 검은 갈색의 반점이 밀생한다. 가지 끝에 3~8개씩 바소꼴의 잎이 달린다. 잎 가장자리의 잔톱니 모양은 빨리 사라지는 것이 특징이다. 꽃은 5~7월에 원추꽃차례로 달리는데 작은 이삭에 양성화 1개와 단성화 2개가 들어 있다. 포는 거꾸로 세운 달걀 모양이다. 양지를 좋아하나 음지에서도 잘 자라는 편이며 토심이 깊고 비옥한 곳에서 잘 자란다. 공해에 강하고 바닷가에서도 생장이 양호한 편이다.

대나무_숲   대나무_꽃   대나무_수피

기능성 물질및 성분특허 자료

➤ 대나무를 유효성분으로 포함하는 골 성장 촉진용 조성물

본 발명은 대나무를 유효성분으로 포함하는 골 성장 촉진용 약학적 조성물, 식품조성물 및 동물 사료용 조성물에 관한 것이다. 본 발명의 대나무를 유효성분으로 포함하는 조성물은 성장판 및 장골의 성장 촉진 효과가 있어, 성장기의 유소아 및 청소년의 성장 및 골격 형성을 촉진하는 데 효과적일 뿐만 아니라 본 발명의 조성물 단독으로 또는 성장호르몬 치료와 병행요법을 통해 키 성장 치료에 효과적이다.

- 공개번호 : 10-1364690-0000, 출원인 : (주)한국의약연구소, 김호현 외

엉겅퀴 (술)

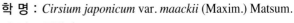

학 명 : *Cirsium japonicum* var. *maackii* (Maxim.) Matsum.
과 명 : 국화과(Compositae)
이 명 : 가시엉겅퀴, 가시나물, 항가새
생약명 : 대계(大薊)
맛과 약성 : 맛은 쓰고 달며 약성은 시원하다.
음용법 : 다른 당류는 가미하지 않는다.

엉겅퀴_생뿌리

엉겅퀴_ 건조한 뿌리 절단

약술 적용 병 증상

1. **보양**(補陽) : 남자의 양기를 돋우는 것을 말한다. 30mL를 1회분으로 1일 1~2회씩, 20~25일 정도 음용한다.

2. **보혈**(補血) : 몸을 보호하면서 기를 더해가기 위한 처방이다. 30mL를 1회분으로 1일 1~2회씩, 15~20일 정도 음용한다.

3. **위염**(胃炎) : 위의 점막에 염증이 생기는 증상을 말하고 위가 쓰리고 아프며 소화기능에 장애가 온다. 30mL를 1회분으로 1일 1~2회씩, 10~15일 정도 음용한다.

4. **기타 질환** : 골다공증, 고혈압, 항균, 어혈, 관절염, 대하증, 부종, 지혈, 신경통, 심근경색, 해열에 효과가 있다.

약술 담그기

1. 약효는 잎줄기와 뿌리에 있으므로 주로 전초오 뿌리를 사용한다.

2. 잎줄기는 개화기에, 뿌리는 가을에서 이듬해 이른 봄에 채취하여 씻은 다음 생으로 사용하거나 ㅎ 볕에 말려 적당한 크기로 잘라서 보관, 사용한다

3. 생뿌리를 사용할 경우에는 약 150~200g, 말ㅌ 뿌리를 사용할 경우에는 약 100~150g을 소주 으 3.8~4L에 넣고 밀봉하여 햇볕이 들지 않는 서늘 한 곳에 보관, 침출 숙성시킨다.

4. 5~6개월 정도 침출한 다음 건더기를 걸러내 보관, 음용하며 건더기를 걸러낸 후 2~3개월 숙성하여 음용하면 향과 맛이 훨씬 더 부드러ㅇ 마시기 편하다.

◉ 치유되는 대로 중단하며, 장기간 과용하지 않는 것이 좋다.
◉ 본 약술을 음용하는 중에 가리는 음식은 없다.

생태적 특성

우리나라 전역의 산과 들에서 자라는 다년생 초본이다. 생육환경은 양지에서 자라고 토양은 물 빠짐이 좋아야 하며 키는 50~100㎝ 내외이다. 잎은 길이가 15~30㎝, 폭이 6~15㎝ 정도로 타원형 또는 뾰족한 타원형이고 밑부분이 좁고 새의 깃털과 같은 모양으로 6~7쌍이 갈라지고 잎 가장자리에 결각상의 톱니 모양과 더불어 가시가 나 있다. 6~8월에 피는 꽃은 지름 3~5㎝로 가지 끝과 원줄기 끝에 1개씩 달리고 꽃부리는 자주색 또는 적색이며 길이는 1.9~2.4㎝이다. 열매는 9~10월경에 달리고 흰색 갓털은 길이가 1.6~1.9㎝이다.

엉겅퀴_지상부   엉겅퀴_꽃   엉겅퀴_열매

기능성 물질및 성분특허 자료

➡ 대계(엉겅퀴) 추출물을 포함하는 골다공증 예방 또는 치료용 조성물

본 발명은 골다공증 예방 또는 치료용 조성물에 관한 것으로, 보다 상세하게는 대계(엉겅퀴) 추출물을 유효성분으로 함유하는 골다공증 예방 또는 치료용 약학적 조성물 및 건강식품에 관한 것이다. 본 발명의 대계 추출물을 포함하는 조성물은 파골세포 분화 및 관련 유전자 발현의 억제 효과가 뛰어나므로 골다공증의 예방 및 치료용으로 유용하게 사용될 수 있다.

- 공개번호 : 10-2012-0044450, 출원인 : 한국한의학연구원

용담 (술)

학 명 : *Gentiana scabra* Bunge
과 명 : 용담과(Gentianaceae)
이 명 : 초룡담, 섬용담, 과남풀, 선용담, 초용담, 룡담
생약명 : 용담(龍膽)
맛과 약성 : 맛은 쓰고 약성은 차다.
음용법 : 기호와 식성에 따라 꿀, 설탕을 가미하여 음용할 수 있다.

용담_ 뿌리

용담_ 건조한 뿌리

약술 적용 병 증상

1. **위산과다(胃酸過多) :** 위에서 분비되는 염산의 양이 많아 염증을 일으켜 위의 내벽이 벗겨지는 증상을 말한다. 30mL를 1회분으로 1일 1~2회씩, 7~10일 정도 음용한다.

2. **식욕부진(食慾不振) :** 식욕이 줄어들거나 입맛이 없는 증상을 말한다. 30mL를 1회분으로 1일 1~2회씩, 5~7일 정도 음용한다.

3. **요도염(尿道炎) :** 주로 소변의 성분 중에 있는 염류가 가라앉아서 신우나 방광에 염증이 생기는 증상을 말한다. 30mL를 1회분으로 1일 2~3회씩, 10~15일 정도 음용한다.

4. **기타 질환 :** 소화불량, 항균, 당뇨병, 간염, 담낭염, 방광염, 보간, 오한, 하초습열, 황달에 효과가 있다.

약술 담그기

1. 약효는 뿌리에 있으므로 주로 뿌리를 사용한다.

2. 뿌리를 구입하여 썰어 말린 다음 사용한다.

3. 말린 뿌리 약 100~150g을 소주 약 3.8~4L에 넣고 밀봉하여 햇볕이 들지 않는 서늘한 곳에 보관 침출 숙성시킨다.

4. 6개월 정도 침출시킨 다음 건더기를 걸러내고 관, 음용하며 건더기를 걸러낸 후 2~3개월 더 숙성하여 음용하면 향과 맛이 훨씬 더 부드러워 시기 편하다.

⊙ 치유되는 대로 중단하며, 장기간 과용하지 않는 것이 좋다.

⊙ 본 약술을 음용하는 중에 지황, 쇠붙이를 멀리하고 임산부는 음용하지 않는다.

생태적 특성

전국의 산과 들에서 자라는 숙근성 다년생 초본이다. 생육환경은 풀숲이나 양지에서 자란다. 키는 20~60cm이고 잎은 표면이 초록색이고 뒷면은 회백색을 띤 연녹색이며 길이는 4~8cm, 폭이 1~3cm로 마주나고 잎자루가 없이 뾰족하다. 8~10월에 피는 꽃은 자주색이며 꽃자루가 없고 길이는 4.5~6cm로 윗부분의 잎겨드랑이와 끝에서 핀다. 열매는 10~11월에 피며 시든 꽃부리와 꽃받침에 달려 있다. 종자는 작은 것들이 씨방에 많이 들어 있다. 꽃이 많이 피면 옆으로 처지는 경향이 있고 바람에도 약해 쓰러진다. 하지만 쓰러진 잎과 잎 사이에서 꽃이 많이 피기 때문에 줄기가 상했다고 해서 끊어내서는 안 된다.

용담_지상부   용담_꽃   용담_열매

기능성 물질및 성분특허 자료

▶ 용담 추출물의 분획물을 유효성분으로 포함하는 당뇨병 전증 또는 당뇨병의 예방 또는 치료용 조성물

본 발명은 용담 추출물의 특정 분획물의 당뇨병 전증 또는 당뇨병의 예방 또는 치료용 조성물에 관한 것이다. 상기 조성물은 생체 내 독성이 없으면서도 인간 장내분비세포에서의 GLP-1의 분비를 촉진하고 혈당 강하 효능을 가지므로 당뇨병 전증 또는 당뇨병의 예방 또는 치료에 효과적인 의약품 또는 건강기능식품으로 사용할 수 있다.

- 공개번호 : 10-2014-0147482, 출원인 : 경희대학교 산학협력단

우산나물 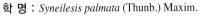 (술)

학 명 : *Syneilesis palmata* (Thunb.) Maxim.
과 명 : 국화과(Compositae)
이 명 : 섬우산나물, 대청우산나물, 삿갓나물
생약명 : 대토아산(大兎兒傘)
맛과 약성 : 맛은 쓰고 매우며 약성은 따뜻하다.
음용법 : 기호와 식성에 따라 꿀, 설탕을 가미하여 음용할 수 있다.

우산나물_ 채취한 어린순

우산나물_ 뿌리

─── 약술 적용 병 증상 ───

1. **행혈(行血) :** 피를 잘 돌게 하는 처방이다. 30mL
   를 1회분으로 1일 1~2회씩, 10~20일 정도 음용
   한다.
2. **관절통(關節痛) :** 뼈와 뼈 사이에 통증이 오는 증
   상으로 심한 경우에는 걷지도 못한다. 30mL를 1회
   분으로 1일 1~2회씩, 10~20일 정도 음용한다.
3. **기타 질환 :** 해독, 관절염, 대하증, 마비증상, 풍
   습, 진통에 효과가 있다.

─── 약술 담그기 ───

1. 약효는 전초와 뿌리에 있으므로 주로 전초, 뿌리
   를 사용한다.
2. 꽃이 필 무렵, 즉 6~8월경에 채취해 말려서 사용
   한다.
3. 생으로 사용할 경우에는 전초, 뿌리 모두 같은 양
   인 약 200~250g 정도를 사용하며, 말린 것을 사
   용할 경우에는 약 100~150g 정도를 소주 약 3.8~
   4L에 넣고 밀봉하여 햇볕이 들지 않는 서늘한 곳
   에 보관, 침출 숙성시킨다.
4. 전초는 6개월 정도, 뿌리는 7개월 정도 침출시킨
   다음 건더기를 걸러내고 보관, 음용하며 건더기를
   걸러낸 후 2~3개월 더 숙성하여 음용하면 향과
   맛이 훨씬 더 부드러워 마시기 편하다.

| 주의사항 |

⊙ 치유되는 대로 중단하며, 장기간 과용하지 않는 것이 좋다.

⊙ 다른 약술과 혼용하면 부작용(손, 목 주위의 가려움증)이 나타날 수 있으므로 혼합하여 음용하지 않는다.

생태적 특성

전국의 산에 넓게 분포하는 다년생 초본이다. 생육환경은 전국의 야산에서부터 표고 1,000m의 고산지대까지 수림 밑의 반그늘 진 습한 곳에 군락을 이루며 자생한다. 키는 70~120㎝이고 잎은 지름이 35~40㎝이며 손바닥 모양으로 7~9개가 원 형태로 끝이 깊게 두 갈래로 갈라지고 꽃이 피기 전에는 윗부분에 달려 있다. 이른 봄에 올라오는 잎은 우산대 모양으로 가는 털이 잎에 많이 나 있다. 6~8월에 피는 꽃은 흰색으로 지름이 0.8~1㎝이며 가운데 꽃줄기 길이는 길고 밖으로 나가면서 점점 작게 달린다. 작은 꽃들이 뭉쳐 피는 품종이고 암술은 다른 품종들과는 달리 '∞' 모양을 하고 있다. 종자는 9~10월경에 결실되며 갈색의 갓털이 붙어 있고 결실이 완료되는 시점을 놓치게 되면 종자는 금방 바람에 날아가 버린다. 속명인 Syneilesis는 '한데 붙어 있는 어린잎이 있다'는 뜻이고 종소명인 palmata는 '손바닥 모양의 잎을 가지고 있다'는 뜻이다.

우산나물_지상부

우산나물_꽃

우산나물_열매

으아리 (술)

학 명 : *Clematis terniflora* var. *mandshurica* (Rupr.) Ohwi
과 명 : 미나리아재비과(Ranunculaceae)
이 명 : 큰위령선, 노선(露仙), 능소(能消), 철각위령선(鐵脚威靈仙)
생약명 : 위령선(威靈仙)
맛과 약성 : 맛은 맵고 짜며 약성은 따뜻하다.
음용법 : 기호와 식성에 따라 꿀, 설탕을 가미하여 음용할 수 있다.

으아리_ 뿌리

으아리_ 건조한 뿌리

약술 적용 병 증상

1. **발한(發汗)** : 감기나 기타의 증세로 인한 병을 다스리고자 할 때 땀을 인위적으로 내서 그 기운을 다스리는 것을 말한다. 30mL를 1회분으로 1일 2~3회 정도 음용한다.

2. **근육통(筋肉痛)** : 여러 원인으로 근육에 통증이 나타나는 것을 말한다. 근육이 당겨서 잘 걷지 못한다. 30mL를 1회분으로 1일 1~2회씩, 10~15일 정도 음용한다.

3. **마비증세(麻痺症勢)** : 근육이나 신경에 감각이 없어지는 경우로 지각운동 기능의 장애가 일어나는 경우이다. 30mL를 1회분으로 1일 1~2회씩, 7~15일 정도 음용한다.

4. **기타 질환** : 해열, 진통, 통풍, 거풍, 말라리아, 간염, 부종, 편두통, 타박상, 피부개선, 혈액순환, 각기, 관절통, 신경통, 안면마비, 통풍, 풍습에 효과가 있다.

약술 담그기

1. 약효는 뿌리에 있으므로 주로 뿌리를 사용한다.

2. 가을에서 이듬해 이른 봄에 채취하여 햇볕에 말려 사용한다.

3. 말린 뿌리 약 150~200g을 소주 약 3.8~4L에 넣어 밀봉하여 햇볕이 들지 않는 서늘한 곳에 보관 침출 숙성시킨다.

4. 6~8개월 정도 침출시킨 다음 건더기를 걸러내고 보관, 음용하며 건더기를 걸러낸 후 2~3개월 더 숙성하여 음용하면 향과 맛이 훨씬 더 부드러워 마시기 편하다.

생태적 특성

낙엽활엽 만경목(목질화된 덩굴 식물)으로 줄기는 2m 정도 뻗으며 잎은 마주나고 깃모양겹잎인데 보통 5개의 소엽을 가진다. 소엽은 달걀형 또는 타원형이다. 6~8월에 흰색 꽃이 피며 취산꽃차례는 줄기 끝에 나오는 정생(頂生) 또는 줄기와 잎 사이에 나오는 액생(腋生)이며 열매는 9~10월에 결실한다. 어린잎은 식용이다.

으아리_지상부   으아리_꽃   으아리_열매

기능성 물질및 성분특허 자료

▶ 으아리 추출물을 유효성분으로 포함하는 피부상태 개선용 조성물

본 발명은 으아리 추출물을 유효성분으로 포함하는 피부상태 개선용 화장료, 약제학적 및 식품조성물에 관한 것이다. 본 발명의 조성물은 콜라겐 합성을 증대시키고 콜라겐을 분해시키는 효소인 콜라게나아제의 활성을 억제시켜 우수한 주름 개선 및 피부 재생 효능을 가진다. 또한 활성산소에 의하여 손상된 세포의 재생을 촉진시켜 우수한 피부 노화 방지 효능을 가진다.

- 공개번호 : 10-2014-0117055, 출원인 : 바이오스펙트럼(주)

▶ 위령선을 이용한 외과 치료용 플라스타

위령선(으아리)의 뿌리, 특히 그 뿌리의 노두(뿌리 대가리)를 열탕에서 추출하여 농축한 위령선 농축액에 감초를 열탕에서 추출한 감초 추출액 소량을 첨가하여 제독(除毒)한 후 직포나 부직포의 일면에만 침투되게 도포하고 그 위에 점착제를 도포한 다음 피부에 부착 직전에 제거하기 위한 박리지를 부착한 것으로 구성된 신경마비 치료용 플라스타(일명 반창고)로서 안면신경마비와 같은 증세에 붙이게 되면 본 발명의 주재료인 위령선의 효능인 풍증 제거, 경락 소통을 원활하게 하여 혈액순환을 촉진하고 해열진통작용도 겸하게 되므로 단시간에 마비 증상이 치료되는 효과가 있는 것이다.

- 공개번호 : 10-2001-0000815, 출원인 : 윤용길

익모초(술)

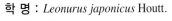

학 명 : *Leonurus japonicus* Houtt.
과 명 : 꿀풀과(Labiatae)
이 명 : 임모초, 개방아, 충울(充蔚), 익명(益明), 익모(益母)
생약명 : 익모초(益母草), 충울자(茺蔚子)
맛과 약성 : 맛은 맵고 쓰며 약성은 약간 차다.
음용법 : 기호와 식성에 따라 꿀, 설탕을 가미하여 음용할 수 있다.

익모초_ 건조한 전초 절단

익모초_ 종자

약술 적용 병 증상

1. **방광허냉(膀胱虛冷) :** 방광이 튼튼하지 못하고 약하며 냉한 것을 말한다. 30mL를 1회분으로 1일 2~3회씩, 20~25일 정도 음용한다.

2. **두훈(頭暈) :** 머리가 어지럽고 주위가 빙빙 도는 것처럼 느껴지는 증상을 말한다. 30mL를 1회분으로 1일 2~3회씩, 10~15일 정도 음용한다.

3. **추위 탈 때 :** 춥지 않은 날씨에 남들보다 몹시 떨리는 경우이다. 30mL를 1회분으로 1일 2~3회씩, 10~15일 정도 음용한다.

4. **기타 질환 :** 월경불순, 어혈복통, 산후출혈, 고혈압, 갑상선염, 구토증, 대하증, 산후복통, 생리통, 신장병(급성)에 효과가 있다.

약술 담그기

1. 약효는 지상부 전초, 종자에 있으므로 주로 전초를 사용한다.

2. 꽃이 피는 여름철, 개화기 전후로 줄기와 잎이 무성해질 때 전초를 채취하여 이물질을 제거하고 절단하여 그늘에서 말려 사용한다.

3. 말린 전초 약 150~200g을 소주 약 3.8~4L에 넣고 밀봉하여 햇볕이 들지 않는 서늘한 곳에 보관, 침출 숙성시킨다.

4. 6개월 정도 침출한 다음 건더기를 걸러내고 보관, 음용하며 건더기를 걸러낸 후 2~3개월 더 숙성하여 음용하면 향과 맛이 훨씬 더 부드러워 마시기 편하다.

- 약재를 취급하는 중에 구리나 쇠붙이(철)의 접촉을 금한다.
- 치유되는 대로 중단하며, 장기간 과용하지 않는 것이 좋다.
- 본 약술을 음용하는 중에 고삼, 복령을 금하고 폐가 약하거나 폐에 열이 있다면 음용하지 않는다.

생태적 특성

전국 각지에서 자생하는 2년생 초본으로 키는 1~2m이다. 줄기는 참깨 줄기처럼 모가 나고 곧게 서며 잎은 서로 마주난다. 뿌리에서 난 잎은 약간 둥글고 깊게 갈라져 있으며 꽃이 필 때 없어진다. 줄기에 달린 잎은 3갈래의 깃 모양으로 갈라져 있다. 꽃은 7~8월에 잎겨드랑이에 뭉쳐서 홍자색으로 피며 꽃받침은 5갈래로 갈라진다. 열매는 분과로 8~9월에 달걀 모양으로 익는다. 충울자(茺蔚子)라고 부르는 종자는 3개의 능각이 있어서 단면이 삼각형처럼 보이며 검게 익는다. 여성들의 부인병을 치료하는 데 효과가 있어 益母草(익모초)라는 이름이 붙었으며 농가에서 약용작물로 재배하거나 화단이나 작은 화분에 관상용으로 재배하기도 한다.

익모초_지상부   익모초_꽃   익모초_열매

기능성 물질및 성분특허 자료

▶ 익모초 추출물을 함유하는 고혈압의 예방 및 치료용 약학 조성물

본 발명은 익모초 추출물을 함유하는 조성물에 관한 것으로, 본 발명의 익모초 추출물은 ACE(안지오텐신 전환효소)를 저해함으로써 안지오텐신 전환효소의 작용으로 발생하는 혈압상승을 효과적으로 억제할 뿐만 아니라, 인체에 대한 안전성이 높으므로, 이를 함유하는 조성물은 고혈압의 예방 및 치료용 약학조성물 및 건강기능식품으로 유용하게 이용될 수 있다.

– 등록번호 : 10-0845338, 출원인 : 동국대학교 산학협력단

인삼(술)

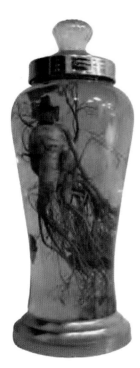

학 명 : *Panax ginseng* C.A.Mey.
과 명 : 두릅나무과(Araliaceae)
이 명 : 고려인삼, 방초(芳草), 황삼(黃蔘), 신초(神草)
생약명 : 인삼(人蔘)
맛과 약성 : 맛은 달고 약간 쓰며 약성은 따뜻하다.
음용법 : 기호와 식성에 따라 꿀, 설탕을 가미하여 음용할 수 있다.

인삼_수삼

건삼 · 흑삼 · 홍삼

약술 적용 병 증상

1. **식욕부진(食慾不振) :** 식욕이 줄어들거나 없는 상태를 말한다. 30mL를 1회분으로 1일 1~2회씩, 20~25일 정도 음용한다.

2. **마비증세(麻痺症勢) :** 근육이나 신경에 감각이 없어지는 경우로 지각운동 기능의 장애가 일어나는 경우이다. 30mL를 1회분으로 1일 1~2회씩, 15~20일 정도 음용한다.

3. **정력증진(精力增進) :** 부족한 원기와 정력을 보충하기 위한 처방이다. 30mL를 1회분으로 1일 1~2회씩, 20~25일 정도 음용한다.

4. **기타 질환 :** 자양강장, 강정, 진정, 이뇨, 당뇨, 면역증강, 니코틴 제거, 여드름, 각혈, 불임증, 빈혈, 신경쇠약, 원기회복, 음위증, 체력보강에 효과가 있다.

약술 담그기

1. 산삼이 인삼보다 약효가 월등하다. 방향성(芳香性)이 있다.

2. 8~9월경 죽도를 이용하여 뿌리를 채취하여 생삼으로 쓰거나 말려서 건삼으로 이용한다.

3. 술을 담글 때에는 반드시 생삼을 사용하는 것이 효과적이다.

4. 생삼 약 200~250g을 소주 약 3.8~4L에 넣고 밀봉하여 햇볕이 들지 않는 서늘한 곳에 보관, 침출 숙성시킨다.

5. 5~6개월 정도 침출한 다음 보관, 음용하며 건더기를 걸러내지 않아도 된다.

| 주의사항 |

◉ 치유되는 대로 중단하며, 장기간 과용하지 않는 것이 좋다.
◉ 본 약술을 음용하는 중에 고삼, 복령, 철분을 금하고 혈압이 높다면 주의한다.

생태적 특성

전국적으로 재배하며 깊은 산에서 야생으로 자라기도 한다. 다년생 초본으로 종자로 번식하며 4~5월에 꽃이 핀다. 키는 40~60㎝ 정도로 자라고 뿌리줄기는 짧으며 곧거나 비스듬히 선다. 뿌리줄기에서 돌려 나기 하는 3~4개의 잎은 잎자루가 길고 손바닥모양겹잎에 5개의 작은 잎은 난형으로 가장자리에 톱니 모양이 나 있다. 산형꽃차례에 달리는 꽃은 연한 초록색이나 흰색이다. 깊은 산에서 자생하는 것을 '산 삼'이라고 한다.

인삼_지상부   인삼_꽃   인삼_열매

기능성 물질및 성분특허 자료

➤ 인삼이 포함된 니코틴 제거 효과가 있는 금연재 약학 조성물

흡연자의 체내에 축적되어 있던 니코틴을 빠르게 배출시켜주고 니코틴 부족으로 인한 불안 등의 스트레스를 최소화할 수 있으며 금연을 쉽게 유도할 수 있는 인삼이 포함된 니코틴 제거 효과가 있는 금연재 약학 조성물에 관한 것이다.
－ 등록번호 : 10-1117669, 출원인 : (주)노스모

➤ 디올계 사포닌 분획 또는 인삼의 디올계 사포닌 성분을 포함하는 항여드름용 화장료 조성물

본 발명은 여드름과 관련된 염증반응 억제, 여드름균 억제, 여드름에 의해 형성되는 여드름성 흉터 형성 억제, 여드름 성 상처에 대한 피부재생 촉진 효과가 있는 천연 추출물을 화장품류에 함유시켜 효과적으로 여드름을 예방 및 치료할 수 있는 항여드름용 화장료 조성물이 개시된다.
－ 공개번호 : 10-2012-0130487, 출원인 : 성균관대학교 산학협력단

왜당귀(술)

학 명 : *Angelica acutiloba*(Siebold. & Zucc) Kitag.
과 명 : 산형과(Umbelliferae)
이 명 : 문귀(文歸), 건인(乾引), 대근(大芹), 상마(象馬), 지선원(地仙圓)
생약명 : 일당귀(日當歸)
맛과 약성 : 맛은 맵고 약성은 따뜻하다.
음용법 : 기호와 식성에 따라 꿀, 설탕을 가미하여 음용할 수 있다.

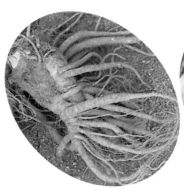

왜당귀_ 뿌리

왜당귀_ 뿌리 단면

약술 적용 병 증상

1. **보혈작용(補血作用)** : 보혈(補血), 조혈(造血)을 위한 처방으로 사용한다. 30mL를 1회분으로 1일 1~2회씩, 10~15일 정도 음용한다.

2. **두통(頭痛)** : 머리가 무겁고 귀가 멍하며 눈과 입, 혀가 비정상적이고 심하면 구역질이 계속 된다. 30mL를 1회분으로 1일 1~2회씩, 15~20일 정도 음용한다.

3. **복통(腹痛)** : 위장기관에 장애가 생겨서 통증이 오는 경우이다. 30mL를 1회분으로 1일 1~2회씩, 10~15일 정도 음용한다.

4. **기타 질환** : 월경불순, 진해, 거담, 진통, 천식, 당뇨, 두통, 강장, 관절통, 보혈, 빈혈, 심장병, 오장보익, 치통, 거풍에 효과가 있다.

약술 담그기

1. 약효는 뿌리나 종자에 있으므로 주로 뿌리를 사용한다. 방향성(芳香性)이 있다.

2. 씻은 후 생으로 쓰거나 말려두고 사용한다.

3. 생뿌리를 사용할 경우에는 약 200~250g, 말린 뿌리를 사용할 경우에는 약 100~150g을 소주 약 3.8~4L에 넣고 밀봉하여 햇볕이 들지 않는 서늘한 곳에 보관, 침출 숙성시킨다.

4. 3~4개월 정도 침출한 다음 음용한다. 건더기를 걸러낸 후 숙성하여 음용하면 향과 맛이 훨씬 더 부드러워 마시기 편하다.

◉ 본 약술을 음용하는 중에 생강이나 해조류(김, 다시마, 미역, 바닷말, 서실, 청각, 파래) 등을 금한다.

◉ 치유되는 대로 중단하며, 장기간 과용하지 않는 것이 좋다.

생태적 특성

다년생 초본이며 방향성이 있다. 잎은 삼출(三出)하여 쪽잎은 3~5갈래로 갈라지고 갈라진 잎은 장타원형으로 거치가 있다.

꽃은 겹우산형꽃차례로 줄기 끝에 8~9월이 되면 자색으로 피고 전초에는 특이한 방향을 가진다.
뿌리는 비대한 주근으로부터 잔뿌리가 있고 질(質)은 유연하고 역시 특유한 방향을 가지고 있으며
약용으로 쓰인다.

왜당귀_지상부   왜당귀_꽃   왜당귀_열매

기능성 물질및 성분특허 자료

➤ 당귀의 주성분인 데커신으로부터 합성된 유도체인 데커시놀 벤조에이트를 이용한 비만 예방용 또는 비만 치료용 조성물

≣ 발명은 당귀의 주성분인 데커신(decursin)으로부터 합성된 유도체인 데커시놀 벤조에이트(Decursinol benzoate)를
이용한 비만 예방용 또는 비만 치료용 조성물에 관한 것으로, 보다 상세하게는 데커시놀 벤조에이트는 AMPK 활성능
을 가짐으로써 지방산 합성을 억제하는 것을 특징으로 하거나, PPAR-GAMMA의 발현 및 전사 활성을 억제하는 것
을 특징으로 한다.

– 공개번호 : 10-2011-0125940, 출원인 : 한국화학연구원, 한국식품연구원

➤ 당귀 추출물을 포함하는 골수 유래 줄기세포 증식 촉진용 조성물

≣ 발명은 당귀 추출물을 이용하여 골수 유래 줄기세포의 증식을 촉진시키는 조성물에 관한 것으로, 본 발명의 조성
물은 줄기세포의 증식 및 분화를 위해 G-CSF만을 단독 투여했던 방법에 의해 야기되었던 비장종대와 같은 부작용
을 해결하여 당귀 추출물의 병용 투여로 현저히 완화시켰으며 줄기세포의 증식 및 분화를 보다 촉진시키는 효과가 있다.

– 공개번호 : 10-1373100-0000, 출원인 : 재단법인 통합의료진흥원

영지 (술)

학 명 : *Ganoderma lucidum* (Curtis) P. Karst.(영지)
과 명 : 불로초과(Ganodermataceae)
이 명 : 불로초, 만연버섯, 영지초, 지초
생약명 : 영지(靈芝)
맛과 약성 : 맛은 달고 쓰며 약성은 평(平)하다.
음용법 : 기호와 식성에 따라 꿀, 설탕을 가미하여 음용할 수 있다

영지버섯 자실체

건조한 영지버섯(절단

─── 약술 적용 병 증상 ───

1. **동맥경화(動脈硬化) :** 동맥의 벽이 두꺼워지고 굳어져서 혈류가 장애를 받아 고혈압이나 저혈압 등을 유발시키는 병이다. 두통, 가슴통증, 불면증, 변비, 만성피로, 이명 등의 증상을 보인다. 30mL를 1회분으로 1일 1~2회씩, 10~15일 정도 음용한다.

2. **기관지염(氣管支炎) :** 기침과 함께 가래가 나오는 경우로 처음에는 헛기침에서 나중에는 담홍색 농이 섞여 나온다. 30mL를 1회분으로 1일 1~2회씩, 5~15일 정도 음용한다.

3. **신경쇠약(神經衰弱) :** 신경이 약해진 경우인데 신경을 강화하기 위한 처방이다. 30mL를 1회분으로 1일 1~2회씩, 10~12일 정도 음용한다.

4. **기타 질환 :** 면역증강, 항암, 골다공증, 저지혈증, 강장, 당뇨병, 불면증, 어혈, 진정, 진해에 효과가 있다.

─── 약술 담그기 ───

1. 약효는 영지버섯 전체에 있으므로 전체를 사용한다.

2. 약재상에서 구입하거나 주로 가을에 채취한 것을 씻어서 말려 사용한다.

3. 영지 생것이나 말린 것 약 150~200g을 소주 약 3.8~4L에 넣어 밀봉하여 햇볕이 들지 않는 서늘한 곳에 보관, 침출 숙성시킨다.

4. 7~8개월 정도 숙성시킨 다음 건더기는 걸러내고 보관, 음용하며 건더기를 걸러낸 후 2~3개월 더 숙성하여 음용하면 향과 맛이 훨씬 더 부드러워 마시기 편하다.

| 주의사항 |

◉ 장기간 음용해도 해롭지는 않으나 냉증이 있는 사람
은 장기음용을 금한다. 냉증을 완화하기 위해서 산에
서 나는 마를 생으로 넣거나 말린 것을 잘게 썰어서
넣는다.
◉ 본 약술을 음용하는 중에 가리는 음식은 없다.
◉ 당뇨병이 있다면 꿀, 설탕을 가미하지 않는다.

생태적 특성

불로초라는 식물명으로 불리는 영지는 활엽수의 고사목
과 그루터기에 자라는데 우리나라와 일본, 중국 등 북반
구 온대 이북에 분포한다. 『신농본초경』에 따르면 영지
버섯 종류는 자지, 적지, 청지, 황지, 백지, 흑지 등 6종이
있다고 기록되어 있으나 현대에는 자지(紫芝), 적지(赤芝)
2종류가 많다. 영지는 버섯 대와 갓, 즉 버섯 자실체의 표
면 모두 광택이 있는 1년생 버섯으로 윤문이 있는 원형
이나 때에 따라 타원형의 것도 있다. 앞면은 처음에 황백
색을 띠고 있으나 성장하면서 먼저 자란 부분부터 적갈
색 내지 자갈색으로 변해간다. 뒷면은 황백색을 띠고 관
공이 무수히 나 있다. 버섯 대는 갓의 표면과 같은 색으

녹각영지버섯(재배종)

로 약간 굴곡이 생긴다. 큰 것은 갓의 주름이 30cm, 길이
가 20cm를 넘는 것도 있다. 채집은 가을에 한다. 영지는 다른 식용버섯과 달리 죽은 후에도 썩지 않고 광
택까지도 그대로 유지되는 것이 특징이다. 영지는 도토리가 열리는 상수리나무, 졸참나무, 떡갈나무, 굴
참나무, 신갈나무, 갈참나무의 썩은 그루터기에 잘 자라며 살구나무, 복숭아나무와 같은 유실수 등에서
도 자라고 있다.

기능성 물질및 성분특허 자료

▶ 골다공증 예방 및 치료용 영지버섯 추출물

본 발명에 의한 영지버섯 추출물은 골다공증 치료제 또는 예방제로서 사용될 수 있을 뿐만 아니라 건강식품으로도 응
용될 수 있다.

– 등록번호 : 10-0554387, 출원인 : (주)오스코텍

▶ 저지혈증 효과를 갖는 영지버섯 유래의 세포외다당체와 세포내다당체 및 그 용도

본 발명은 저지혈증 효과를 갖는 영지버섯 유래의 세포외다당체 및 세포내다당체에 관한 것으로, 저지혈증 효과가 증
가하는 뛰어난 효과가 있다.

– 등록번호 : 10-0468648, 출원인 : 학교법인 영광학원

잣나무(술)

학 명 : *Pinus koraiensis* Siebold & Zucc.
과 명 : 소나무과(Pinaceae)
이 명 : 홍송(紅松), 송자(松子), 송자인(松子仁), 신라송자(新羅松子)
생약명 : 해송자(海松子)
맛과 약성 : 맛은 달고 약성은 따뜻하다.
음용법 : 기호와 식성에 따라 꿀, 설탕을 가미하여 음용할 수 있다.

잣나무_ 종자의 종인

잣나무_ 열

약술 적용 병 증상

1. **보신(補身) :** 어깨가 결리고 가슴이 답답하며 만사
   가 귀찮은 경우이다. 30mL를 1회분으로 1일 1~2회
   씩, 25~30일 정도 음용한다.
2. **폐결핵(肺結核) :** 결핵균의 침입에 의해 생겨나
   는 소모성 만성질환의 한 병증으로 전염병이다.
   30mL를 1회분으로 1일 1~2회씩, 30~40일 정도
   음용한다.
3. **폐기보호(肺氣保護) :** 폐의 기능을 튼튼히 하기
   위한 조치이며 폐가 약하거나 폐병을 앓고 난 후
   에 효과적이다. 30mL을 1회분으로 1일 1~2회
   씩, 25~30일 정도 음용한다.
4. **기타 질환 :** 자양강장, 양혈, 토혈, 콜레스테롤
   저하, 당뇨, 골절번통, 관절염, 두통, 빈혈, 중풍,
   해수, 허약체질에 효과가 있다.

약술 담그기

1. 약효는 잣 종자나 덜 익은 풋잣송이에 있으므로
   주로 잣 종자, 덜 익은 풋잣송이를 사용한다.
2. 잣송이는 7~8월경에, 잣은 10~11월경에 채취
   한다.
3. 잣송이는 약 3~4개를 소주 약 2.5~3L에, 잣은 약
   200~250g을 소주 약 3.8~4L에 넣고 밀봉하여 햇
   볕이 들지 않는 서늘한 곳에 보관, 침출 숙성시킨다.
4. 잣송이는 1년 이상, 잣은 6개월 정도 침출 숙성시킨
   다음 음용하며, 건더기를 걸러내지 않아도 된다.

⊙ 치유되는 대로 중단하며, 장기간 과용하지 않는 것이 좋다.

⊙ 담이나 몽정 증상이 있다면 장기적으로 음용하지 않는다.

생태적 특성

전국의 산야에 분포하는 상록침엽 교목으로 키가 30m 정도로 자라고 수피는 회갈색이며 비늘 모양으로 갈라져 있다. 잎은 침형으로 5개씩 모여 나고 3개의 능선이 있으며 양면에 흰색의 기공선이 5~7줄 있고 가장자리에는 잔톱니 모양이 나 있다. 꽃은 일가화로 4~5월에 적황색의 꽃이 피고 열매는 솔방울의 구과로 긴 달걀 모양 또는 달걀 모양 타원형으로 10~11월에 결실한다. 그 속에 들어 있는 종자는 난상 삼각형으로 날개는 없고 양면에 얇은 막이 있다.

잣나무_수형 잣나무_꽃 잣나무_열매

기능성 물질및 성분특허 자료

▶ 잣나무 잎 추출물을 유효성분으로 함유하는 당뇨병의 예방 및 치료용 조성물

본 발명은 혈당 그리고 콜레스테롤을 조절하는 데 있어서의 잣나무 잎 추출물의 용도 및 이용방법에 관한 것이다. 본 발명에 따른 추출물은 췌장세포에서 인슐린 분비 결핍으로 인한 체중 감소를 억제하며 혈당을 강하할 뿐만 아니라 지질대사를 개선하고 신장 기능 저하를 억제함으로써 탁월한 항당뇨효과를 나타내며 당뇨병의 예방 또는 치료에 효과적이다. 따라서 안전한 치료제, 건강식품, 건강기능식품 및 식품 원료물질로 제조될 수 있다.

- 공개번호 : 10-2010-0115598, 특허권자 : (주)메테르젠

주목(술)

학 명 : *Taxus cuspidata* Siebold & Zucc.
과 명 : 주목과(Taxaceae)
이 명 : 화솔나무, 적목, 경목, 노가리나무, 적백송(赤柏松), 동북홍두삼(東北紅豆杉)
생약명 : 주목(朱木)
맛과 약성 : 맛은 달고 쓰며 약성은 시원하다.
음용법 : 다른 당류는 가미할 필요가 없다.

주목_ 줄기와 잎

주목_ 열매

약술 적용 병 증상

1. **신장염(腎臟炎)** : 신장에 염증이 생겨 배뇨가 힘들고 구갈(口渴)이 따르는 질환이다. 얼굴이 검은색을 띠는 것은 신장병 때문에 생식기능에 장애가 생겨 나타나는 증상이다. 30mL를 1회분으로 1일 1~2회씩, 20~25일 정도 음용한다.

2. **소변불통(小便不通)** : 소변을 보는 데 불편을 느끼는 증세이다. 30mL를 1회분으로 1일 1~2회씩, 7~10일 정도 음용한다.

3. **암(癌)** : 암세포 또는 이상세포의 신생물로서 조기발견 치료 및 난치 또는 불치병의 하나이다. 30mL를 1회분으로 1일 1~2회씩 20~25일, 심하면 1개월 이상 음용한다.

4. **기타 질환** : 자궁암, 난소암, 이뇨, 항염, 항산화, 당뇨병, 성인병, 위암, 조갈증, 통경에 효과가 있다.

약술 담그기

1. 약효는 가지와 잎, 열매에 있으므로 주로 가지, 잎, 열매를 사용한다.

2. 채취한 가지와 잎, 열매를 생으로 사용하거나 그늘에 말려서 사용한다.

3. 생으로 가지와 잎, 열매를 사용할 경우에는 각각 약 200~250g, 말린 가지와 잎, 열매를 사용할 경우에는 각각 약 150~200g씩을 소주 약 3.8~4L에 넣고 밀봉하여 햇볕이 들지 않는 서늘한 곳에 보관, 침출 숙성시킨다.

4. 4~6개월 정도 침출한 다음 건더기를 걸러내고 보관, 음용한다. 또는 건더기를 걸러낸 후 2~3개월 더 숙성하여 음용하면 향과 맛이 훨씬 더 부드러워 마시기 편하다.

⊙ 치유되는 대로 중단하며, 장기간 과용하지 않는 것이 좋다.

⊙ 본 약술을 음용하는 중에 가리는 음식은 없다.

생태적 특성

전국의 높고 깊은 산에 분포하는 상록침엽 교목으로 키는 15~20m 정도에 수피는 적갈색으로 얇게 갈라지고 가지는 밀생(密生)하며 작은 가지는 서로 어긋나기로 붙어 있다. 선형의 잎은 나선상으로 달려 있지만 옆으로 뻗은 가지에서는 새 날개 깃 모양으로 보이고 밑부분은 좁으며 잎끝은 뾰족하다. 꽃은 일가화로 5~6월에 수꽃은 갈색의 꽃이 피고 암꽃은 난형으로 초록색의 꽃이 핀다. 열매는 원형에 9~10월경 빨간색으로 결실한다.

주목_수형　　　　　　주목_꽃　　　　　　주목_열매

기능성 물질및 성분특허 자료

▶ 주목의 형성층 또는 전형성층 유래 식물 줄기세포주를 유효성분으로 함유하는 항산화, 항염증 또는 항노화용 조성물

본 발명은 주목의 형성층 또는 전형성층 유래 세포주, 그 추출물, 그 파쇄물 및 그 배양액 중 어느 하나 이상을 함유하는 항산화, 항염증 또는 항노화용 조성물에 관한 것이다. 본 발명에 따른 조성물은 기존 항산화제와 항염증제의 부작용을 최소화하며 세포 내의 대사작용에 관여하여 세포 내 활성산소를 감소시키고 노화와 관련된 신호들을 감소 및 유도시키는 효과가 있으므로 노화의 방지 및 지연에 유용하다. 아울러 본 발명에 따른 조성물은 멜라닌 생성을 억제하는 효과가 있어 미백용 화장료 조성물로서도 유용하다.

- 공개번호 : 10-2009-0118877, 출원인 : (주)운화

작약(술)

학 명 : *Paeonia lactiflora* Pall.
과 명 : 작약과(Paeoniaceae)
이 명 : 함박꽃, 적작약, 함박초
생약명 : 작약(芍藥)
맛과 약성 : 맛은 쓰고 시며 약성은 약간 차다.
음용법 : 다른 당류는 가미하지 않는다.

작약_ 뿌리

작약_ 건조한 뿌리

———— 약술 적용 병 증상 ————

1. **부인병(婦人病)** : 여자의 생식기에 생기는 질환 및 호르몬에 의한 신체의 이상을 통틀어 일컫는 말이다. 30mL를 1회분으로 1일 2~3회씩, 10~15일 정도 음용한다.

2. **위복통(胃腹痛)** : 비궤양성 소화장애의 경우로서 위식도 역류의 가능성이 크며 위에 통증이 오는 경우이다. 30mL를 1회분으로 1일 2~3회씩, 7~10일 정도 음용한다.

3. **해열(解熱)** : 질병이나 위장장애로 인하여 열이 있는 것을 내리기 위한 처방이다. 30mL를 1회분으로 1일 2~3회씩, 5~7일 정도 음용한다.

4. **기타 질환** : 월경불순, 산후어혈, 항균, 퇴행성 뇌질환, 간염, 대하증, 보혈, 복통, 진통, 하리, 흉복동통에 효과가 있다.

———— 약술 담그기 ————

1. 약효는 뿌리에 있으므로 주로 뿌리를 사용한다.

2. 가을에 뿌리를 채취하여 깨끗이 씻은 다음 잔뿌리와 이물질을 제거하고 햇볕에 말려 사용한다.

3. 말린 뿌리 약 150~200g을 소주 약 3.8~4L에 넣고 밀봉하여 햇볕이 들지 않는 서늘한 곳에 보관 침출 숙성시킨다.

4. 6개월 정도 침출한 다음 건더기를 걸러내고 보관, 음용하며 건더기를 걸러낸 후 2~3개월 더 숙성하여 음용하면 향과 맛이 훨씬 더 부드러워 마시기 편하다.

| 주의사항 |

⊙ 치유되는 대로 중단하며, 장기간 과용하지 않는 것이 좋다.

⊙ 본 약술을 음용하는 중에 여로와 철을 금한다.

생태적 특성

다년생 초본으로 길고 살찐 뿌리를 갖고 있으며 줄기는 곧게 서고 키는 50~80㎝ 정도(백작약은 50㎝ 가량) 자란다. 잎은 서로 어긋나는데 2번에 걸쳐 3배의 잎 조각이 한 자리에 합쳐나거나 1번 합치기도 한다. 꽃받침잎은 5개(백작약은 3개)이고 꽃의 생김새가 모란과 비슷하나 꽃잎이 10~13장으로 더 많고 꽃이 피는 시기도 모란보다 조금 늦어 쉽게 구별할 수 있다.

작약_지상부 　　　　　　　작약_꽃 　　　　　　　작약_열매

기능성 물질및 성분특허 자료

▶ 작약 종자 추출물을 유효성분으로 함유하는 퇴행성 뇌 질환 예방 또는 치료용 약학적 조성물

본 발명에 따른 작약 종자의 추출물, 이의 분획물 또는 이로부터 분리한 화합물은 BACE-1 활성을 저해시켜 알츠하이머형 치매, 파킨슨병, 진행성 핵상 마비 등 퇴행성 뇌 질환의 예방 또는 치료에 유용하게 사용될 수 있다.

　　　　　　　　　　　　　　　　　　　　－ 공개번호 : 10-2012-0016861, 출원인 : 한국화학연구원

▷ 작약 추출물을 유효성분으로 하는 B형 간염 치료제 조성물

본 발명은 작약 추출물과 작약 추출물에 포함된 1, 2, 3, 4, 6-펜타-O-갈로일-베타-D-글루코스의 새로운 의학적 용도에 관한 것으로, 구체적으로 작약의 에틸아세테이트 추출물과 작약의 주요 성분인 1, 2, 3, 4, 6-펜타-O-갈로일-베타-글루코스를 유효성분으로 하는 B형 간염 치료제에 관한 것이다.

　　　　　　　　　　　　　　　　　　　　－ 공개번호 : 10-2008-0092167, 출원인 : 한경대학교 산학협력단

잔대(술)

학 명 : *Adenophora triphylla* var. *japonica* (Regel) H. Hara
과 명 : 초롱꽃과(Campanulaceae)
이 명 : 갯딱주, 남사삼(南沙參), 지모(知母), 사엽사삼(四葉沙參)
생약명 : 사삼(沙蔘)
맛과 약성 : 맛은 달고 쓰며 약성은 약간 차다.
음용법 : 기호와 식성에 따라 꿀, 설탕을 가미하여 음용할 수 있다.

잔대_ 뿌리

잔대_ 건조한 뿌리

약술 적용 병 증상

1. **경련증(痙攣症)** : 근육이 자기 의사에 반하여 병적으로 수축(收縮)운동을 일으키는 현상을 말한다. 30mL를 1회분으로 1일 3~4회씩, 15~20일 정도 음용한다.

2. **한열왕래(寒熱往來)** : 병을 앓는 중에 추운 기운과 더운 기운이 서로 번갈아 나타나는 경우이다. 30mL를 1회분으로 1일 3~4회씩, 10~13일 정도 음용한다.

3. **자양강장(滋養强壯)** : 특히 병후 쇠약해진 경우 원기부족을 채워주기 위해 쓰는 처방이다. 30mL를 1회분으로 1일 2~3회씩, 25~30일 정도 음용한다.

4. **기타 질환** : 강심, 항진균, 혈압강하, 강장, 거담, 폐기보호, 해수에 효과가 있다.

약술 담그기

1. 약효는 뿌리에 있으므로 주로 뿌리를 사용한다.

2. 뿌리는 수시로 구입하거나 가을에 채취하여 깨끗이 씻어 물기를 완전히 제거하고 사용한다.

3. 생뿌리 약 250~300g을 소주 약 3.8~4L에 넣고 밀봉하여 햇볕이 들지 않는 서늘한 곳에 보관, 침출 숙성시킨다.

4. 6개월 정도 침출한 다음 건더기를 걸러낸 후 2~3개월 더 숙성하여 음용하면 향과 맛이 훨씬 더 부드러워 마시기 편하다. 음용 기간이 짧을 경우 건더기를 걸러내지 않아도 된다.

| 주의사항 |

⊙ 20일 이상 장기 음용해도 무방하다.

⊙ 본 약술을 음용하는 중에 가리는 음식은 없다.

생태적 특성

전국 산야에 자생하며 키는 40~120㎝ 정도로 자란다. 줄기는 곧게 서며 잔털이 나 있다. 뿌리에서 나온 잎은 원심형으로 길지만 꽃이 필 때쯤 사라지고 경엽(莖葉: 줄기에서 나온 잎)은 마주나기 또는 돌려나기, 어긋나며 긴 타원형 또는 피침형, 넓은 선형 등 다양하다. 경엽은 양 끝이 좁고 톱니 모양이 나 있다. 원뿔모양꽃차례로 달리는 꽃은 7~9월에 원줄기 끝에 보라색이나 분홍색으로 피는데 길이는 1.5~2㎝이며 종 모양으로 생겼다. 열매는 10월경에 달리고 갈색으로 된 씨방에는 먼지와 같은 작은 종자들이 많이 들어 있다. 뿌리는 굵고 도라지처럼 엷은 황백색을 띠는데 이를 사삼이라 부르며 약용한다. 뿌리의 질은 가볍고 절단하기 쉬우며 절단면은 유백색을 띠고 빈틈이 많다.

잔대_지상부   잔대_꽃   잔대_열매

기능성 물질및 성분특허 자료

▶ 잔대로부터 추출된 콜레스테롤 생성 저해 조성물

본 발명은 잔대의 에탄올 추출물을 유효성분으로 포함하는 콜레스테롤 생성 저해 기능을 갖는 조성물 및 그 제조방법에 관한 것으로, 잔대의 유효성분이 콜레스테롤 생합성 과정 중 후반부 경로에 관여하는 효소를 특이적으로 저해하는 것을 특징으로 한다. 이러한 본 발명은 현재 가장 많이 복용되는 스타틴(statin)계 약물이 콜레스테롤 생합성 전반부에 작용하면서 부작용을 동반하고 있는 것과는 달리 콜레스테롤 생합성 후반부에 작용함으로써 부작용이 적은 치료제나 건강식품의 성분으로써 유용하게 사용될 수 있다.

– 공개번호 : 10-2003-0013482, 출원인 : (주)한국야쿠르트

족도리풀 (술)

학 명 : *Asarum sieboldii* Miq.
과 명 : 쥐방울덩굴과(Aristolochiaceae)
이 명 : 족두리풀, 세삼, 소신(小辛, 少辛), 세초(細草)
생약명 : 세신(細辛)
맛과 약성 : 맛은 맵고 약성은 따뜻하다.
음용법 : 기호와 식성에 따라 꿀, 설탕을 가미하여 음용할 수 있다.

족도리풀_ 뿌리

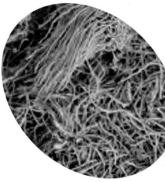

족도리풀_ 건조한 뿌

약술 적용 병 증상

1. 치통(齒痛) : 치아의 법랑질이 세균작용에 의해 파괴되고 입안의 음식물이 분해되어 형성된 산 영향으로 탈피하는 경우이다. 30mL를 1회분으로 1일 2~3회씩, 3~5일 정도 음용한다.

2. 풍비(風痺) : 뇌척수에 탈이 생겨 일어나는 심장 마비의 한 경우로서 사지나 전신 등의 기능에 장애가 오는 병증이다. 30mL를 1회분으로 1일 3~4회씩, 15~20일 정도 음용한다.

3. 흉협팽만(胸脇膨滿) : 명치에서부터 양 옆구리에 걸쳐 사지를 누르면 긴장감과 저항이 느껴지고 압통과 팽만감이 있는 증세이다. 30mL를 1회분으로 1일 2~3회씩, 10~15일 정도 음용한다.

4. 기타 질환 : 해열, 진정, 진통, 진해, 구강청정, 두풍, 비염, 신진대사 촉진, 풍에 효과가 있다.

약술 담그기

1. 약효는 뿌리에 있으므로 주로 뿌리를 사용한다. 방향성(芳香性)이 있다.

2. 뿌리를 구입하여 깨끗이 씻어 말린 다음 사용한다.

3. 말린 뿌리 약 150~200g을 소주 약 3.8~4L에 넣고 밀봉하여 햇볕이 들지 않는 서늘한 곳에 보관 침출 숙성시킨다.

4. 6개월 이상 침출한 다음 건더기는 걸러내고 보관, 음용하며 건더기를 걸러낸 후 2~3개월 더 숙성하여 음용하면 향과 맛이 훨씬 더 부드러워 마시기 편하다.

⊙ 장기간 음용해도 해롭지는 않으나 20일 이상 장기간 음용하지 않는 것이 좋다.

⊙ 본 약술을 음용하는 중 몸에 열이나 두통이 있을 때 또는 기가 허할 경우에는 음용하지 않는다.

생태적 특성

전국 각처의 산지에서 자라는 다년생 초본으로 반그늘 또는 양지의 토양이 비옥한 곳에서 잘 자란다. 키는 15~20㎝이며 줄기는 자줏빛을 띤다. 잎은 폭이 5~10㎝이고 줄기 끝에서 2장이 나며 모양은 심장형이다. 잎의 표면은 녹색이고 뒷면은 잔털이 많다. 꽃은 4~6월에 검은 홍자색으로 피는데 끝이 3갈래로 갈라지고 항아리 모양이며 잎 사이에서 올라오기 때문에 잎을 보고 쌓여 있는 낙엽들을 살짝 걷어 내면 그 속에 꽃이 수줍은 듯 숨어 있다. 열매는 8~9월경에 두툼하고 둥글게 달린다. 뿌리줄기는 마디가 많고 옆으로 뻗으며 수염뿌리가 많다.

| 족도리풀_지상부 | 족도리풀_꽃 | 개족도리풀_지상부 |

기능성 물질및 성분특허 자료

▶ 족도리풀 추출물을 함유하는 구강청정제 및 그 제조방법

본 발명은 구강청정제 및 그 제조방법에 관한 것으로, 보다 상세하게는 족도리풀의 추출물(extract)을 함유시킴으로써 이 족도리풀 추출물의 광범위한 항균작용으로 잇몸 질환, 충치, 구취 등의 원인균을 제거하고 프라그가 없어지도록 하여 각종 구강 질환 및 잇몸 질환을 치료 및 예방하는 효과가 있는 구강청정제 및 그 제조방법에 관한 것이다.

– 공개번호 : 10-2001-0007646, 출원인 : (주)바이오썸

쥐오줌풀(술)

학 명 : *Valeriana fauriei* Briq.
과 명 : 마타리과(Valerianaceae)
이 명 : 길초, 긴잎쥐오줌, 줄댕가리, 은댕가리, 바구니나물
생약명 : 길초근(吉草根)
맛과 약성 : 맛은 맵고 쓰며 약성은 따뜻하다.
음용법 : 기호와 식성에 따라 꿀, 설탕을 가미하여 음용할 수 있다

쥐오줌풀_ 뿌리

쥐오줌풀_ 건조한 뿌리

약술 적용 병 증상

1. **신경통(神經痛)** : 남녀를 막론하고 주로 중년 이후에 많이 나타난다. 여자는 임신, 출산, 폐경기, 갱년기에 주로 나타난다. 30mL를 1회분으로 1일 1~2회씩, 15~25일 정도 음용한다.

2. **허약체질(虛弱體質)** : 체력이 약하고 이로 인해 활동과 운동에 많은 어려움이 따르는 것을 말한다. 30mL를 1회분으로 1일 1~2회씩, 20~25일 정도 음용한다.

3. **위경련(胃痙攣)** : 위에 심한 통증이 오는 증상을 말한다. 30mL를 1회분으로 1일 3~5회 정도 음용한다.

4. **기타 질환** : 정신불안, 월경불순, 강심, 노이로제, 복통, 심계항진, 심장병, 진통에 효과가 있다.

약술 담그기

1. 약효는 뿌리에 있으므로 주로 뿌리를 사용한다.
2. 가을에 채취하여 생으로 쓰거나 햇볕에 말려서 사용한다.
3. 생뿌리를 사용할 경우에는 약 200~300g, 말린 뿌리를 사용할 경우에는 약 100~150g을 각각 소주 3,8~4L에 넣고 밀봉하여 햇볕이 들지 않는 서늘한 곳에 보관, 침출 숙성시킨다.
4. 6~8개월 정도 침출한 다음 건더기를 걸러내고 보관, 음용하며 건더기를 걸러낸 후 2~3개월 더 숙성하여 음용하면 향과 맛이 훨씬 더 부드러워 마시기 편하다.

◉ 치유되는 대로 중단하며, 장기간 과용하지 않는 것이 좋다.

◉ 본 약술을 음용하는 중에 가리는 음식은 없다. 단, 과다 음용하면 두통이 올 수 있으므로 정량을 음용
   해야 한다.

생태적 특성

전국의 각처에 분포하는 숙근성 다년생 초본이다. 생육환경은 척박한 토양에서도 잘 자라지만 비교적
비옥산 토양과 반그늘 혹은 양지에서 잘 자란다. 키는 40~80㎝이고 잎은 지상부로 올라오고 난 후에는
뿌리잎이 자라지만 개화 때에는 뿌리잎이 없어지고 줄기잎이 자란다. 줄기잎은 5~7개로 갈라지고 거치
가 있다. 5~7월에 피는 꽃은 연한 빨간색으로 원줄기 끝과 옆 가지에서 둥근형태로 달린다. 열매는 8월
경에 길이 약 4㎜로 꽃잎이 붙은 자리에 짧은 갓털을 가지고 달리며 가을의 약한 바람에도 쉽게 떨어져
나간다.

쥐오줌풀_지상부   쥐오줌풀_꽃   쥐오줌풀_열매

기능성 물질및 성분특허 자료

▶ 길초근 추출물을 유효성분으로 함유하는 화장료 조성물

본 발명은 길초근(쥐오줌풀 뿌리) 추출물 또는 상기 길초근 추출물과 함께 백출 추출물, 산두근 추출물 및 용안육 추출
물로 이루어진 군으로부터 선택된 1종 이상을 함유함으로써 피부에 대한 부작용 없이 안전하게 사용될 수 있을 뿐만
아니라 티로시나아제 저해 및 멜라닌 생성을 억제하여 색소 침착을 저해하는 효과를 가지도록 제조한 피부 미백용 화
장료 조성물에 관한 것이다.

- 등록번호 : 10-0825835-0000, 출원인 : (주)아모레퍼시픽

지치(술)

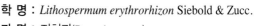

학 명 : *Lithospermum erythrorhizon* Siebold & Zucc.
과 명 : 지치과(Boraginaceae)
이 명 : 지초, 지추, 자초근(紫草根), 자단(紫丹), 자초용(紫草茸)
생약명 : 자근(紫根)
맛과 약성 : 맛은 달고 짜며 약성은 차다.
음용법 : 다른 당류는 가미하지 않는다.

지치_ 생뿌리

쥐치_건조한 뿌리

약술 적용 병 증상

1. **두풍(頭風)** : 머리가 늘 아프거나 머리에 부스럼이 나는 증상을 말한다. 백설풍(白屑風)이라고도 한다. 30mL를 1회분으로 1일 2~3회씩, 10~15일 정도 음용한다.

2. **정신분열증(精神分裂症)** : 원래 조발성치매(早發性痴呆)라 불렸으며 이성과 감정, 의지와의 조화를 잃고 인격의 황폐를 가져오는 증상이다. 30mL를 1회분으로 1일 2~3회씩, 35~45일 정도 음용한다.

3. **요통(腰痛)** : 요부(腰部)의 연부조직(軟部組織)이 병변에 의해 생기는 허리통증이다. 30mL를 1회분으로 1일 2~3회씩, 15~20일 정도 음용한다.

4. **기타 질환** : 항균, 항염, 항종양, 활혈(活血), 변비, 지방간, 단독(丹毒), 화상, 습진, 복통, 부종, 위팽만증, 해독, 해열, 황달에 효과가 있다.

약술 담그기

1. 약효는 뿌리나 새싹에 있으므로 주로 뿌리, 새싹을 사용한다.

2. 뿌리나 새싹을 구하여 뿌리는 깨끗이 씻어 말리고 새싹은 그대로 사용하여도 무방하다.

3. 새싹을 사용할 경우에는 약 250~300g, 말린 뿌리를 사용할 경우에는 약 150~200g을 소주 약 3.8~4L에 넣고 밀봉하여 햇볕이 들지 않는 서늘한 곳에 보관, 침출 숙성시킨다.

4. 뿌리는 7개월 정도, 싹은 3개월 정도 침출한 다음 건더기를 걸러내고 보관, 음용하며 건더기를 걸러낸 후 2~3개월 더 숙성하여 음용하면 향과 맛이 훨씬 더 부드러워 마시기 편하다.

| 주의사항 |

⊙ 치유되는 대로 중단하며, 장기간 과용하지 않는 것이 좋다.

⊙ 본 약술을 음용하는 중에 가리는 음식은 없다.

생태적 특성

다년생 초본으로 우리나라 각지에 분포하며 재배도 한다. 키는 30~70㎝ 정도이며 줄기는 곧게 자라고 전체에 털이 나 있다. 잎자루가 없는 채로 어긋나는 잎은 피침형으로 양끝이 뾰족하고 가장자리에 톱니 모양이 나 있다. 꽃은 흰색으로 5~6월에 줄기와 가지 끝에 총상꽃차례로 달리고 잎 모양의 포가 있다. 자근(紫根)이라 부르며 약용하는 뿌리는 곧게 뻗어나가는 편인데 원추형으로 비틀려 구부러졌고 가지가 갈라져 있으며 길이 7~14㎝, 지름 1~2㎝이다. 약재 표면은 자홍색 또는 자흑색으로 거칠고 주름이 있으며 껍질부는 얇아 쉽게 탈락한다. 질은 단단하면서도 부스러지기 쉽고 단면은 고르지 않으며 목부는 비교적 작고 황백색 또는 노란색이다.

쥐치_지상부   쥐치_꽃   쥐치_열매

기능성 물질및 성분특허 자료

➤ 지치 추출물을 유효성분으로 하는 지방간 개선용 식품조성물

본 발명은 지방간 개선용 식품조성물에 관한 것으로서, 구체적으로는 지치 추출물을 유효성분으로 하는 지방간 개선 용 식품조성물에 관한 것이다.

- 공개번호 : 10-2011-0059572, 출원인 : 남종현

지황 (술)

학 명 : *Rehmannia glutinosa* (Gaertn.) Libosch. ex Steud.
과 명 : 현삼과(Scrophulariaceae)
이 명 : 지수(地髓), 숙지(熟地)
생약명 : 생지황(生地黄), 건지황(乾地黄), 숙지황(熟地黄)
맛과 약성 : 생지황은 맛이 달고 쓰며 약성은 차다. 숙지황은 맛이 달고
약성은 따뜻하다.
음용법 : 기호와 식성에 따라 꿀, 설탕을 가미하여 음용할 수 있다.

지황_ 뿌리(생지황)

지황_ 뿌리 (건지황)

약술 적용 병 증상

1. 행혈(行血) : 약재를 써서 피를 잘 돌게 하는 처방
이다. 30mL를 1회분으로 1일 2~3회씩, 15~20일
정도 음용한다.

2. 현기증(眩氣症) : 눈앞에 별이 보이면서 어지러
운 증상을 말한다. 30mL를 1회분으로 1일 2~3회
씩, 15~20일 정도 음용한다.

3. 전립선비대(前立腺肥大) : 남성 호르몬이 줄어들
면서 전립선이 달걀 정도의 크기로 커지는 증상을
말한다. 30mL를 1회분으로 1일 3~4회씩, 20~30일
정도 음용한다.

4. 기타 질환 : 당뇨, 항균, 보혈, 양혈(凉血), 소갈
(消渴), 월경불순, 변비, 자양강장, 항산화, 각혈,
기관지천식, 늑막염, 신기허약, 조갈증, 혈색불량
에 효과가 있다.

약술 담그기

1. 약효는 생지황, 건지황, 숙지황에 모두 있다.

2. 구입한 지황(생지황, 건지황, 숙지황)을, 생지황은
썰어 물기를 없앤 다음 사용하고 건지황과 숙지
황은 그대로 사용한다.

3. 생지황을 사용할 경우에는 약 250~300g, 건지황
과 숙지황을 사용할 경우에는 약 200~250g을 소
주 약 3.8~4L에 넣고 밀봉하여 햇볕이 들지 않는
서늘한 곳에 보관, 침출 숙성시킨다.

4. 생지황은 6개월 정도, 건지황과 숙지황은 8개월 정
도 침출한 다음 건더기를 걸러내고 보관, 음용하며
건더기를 걸러낸 후 2~3개월 더 숙성하여 음용하
면 향과 맛이 훨씬 더 부드러워 마시기 편하다.

| 주의사항 |

● 본 약술을 음용하는 중에 무, 연근, 용담, 녹두나물을 금하고 약술을 취급하는 중에는 구리, 우유, 복령을 멀리한다.

생태적 특성

다년생 초본으로 전국 각지에 분포하며 재배도 많이 한다. 키는 20~30㎝ 정도로 자라고 줄기는 곧게 서며 전체에 부드러운 털이 나 있다. 뿌리에서 나온 잎은 뭉쳐나고 긴 타원형이다. 잎 끝은 둔하고 밑부분이 뾰족하며 가장자리에 물결 모양의 톱니 모양이 나 있다. 잎 표면은 주름이 있으며 뒷면은 맥이 튀어나와 그물처럼 된다. 줄기에 달린 잎은 타원형으로 어긋난다. 꽃은 6~7월에 총상꽃차례로 달리며 15~18㎝ 꽃대 위에 홍자색으로 핀다. 열매는 삭과로 타원형이다. 뿌리는 담갈색으로 굵고 옆으로 뻗는다. 뿌리의 생것은 생지황, 건조한 것은 건지황, 말린 것은 숙지황이라고 한다. 우리나라 각지에서 재배하며 특히 전북 정읍 옹동면은 전통적으로 지황의 주산지이고 최근 충남 서천과 서산 지방에서도 많이 재배하고 있다.

지황_지상부   지황_꽃   꽃지황(원예종)

기능성 물질및 성분특허 자료

▶ 항산화 활성을 갖는 지황 추출물을 유효성분으로 함유하는 조성물

본 발명은 항산화 활성을 갖는 지황 추출물을 유효성분으로 함유하는 조성물에 관한 것으로, 본 발명의 지황 추출물은 활성산소종(ROS) 제거 효과, UV에 의한 세포보호 효과, 세포사멸 저해 효과, 티로시나아제 활성 저해 효과를 나타냄을 확인함으로써 피부 노화 방지, 미백 또는 각질 제거용 피부외용 약학조성물 및 화장료 조성물로 이용될 수 있다.

- 공개번호 : 10-2009-0072850, 출원인 : 대구한의대학교 산학협력단

참느릅나무(술)

학 명 : *Ulmus parvifolia* Jacq.
과 명 : 느릅나무과(Ulmaceae)
이 명 : 좀참느릅나무, 둥근참느릅나무, 둥근참느릅, 좀참느릅, 소엽유(小葉榆),
　　　　세엽랑유(細葉榔榆)
생약명 : 낭유피(榔榆皮)
맛과 약성 : 맛은 달고 약성은 차다.
음용법 : 기호와 식성에 따라 꿀, 설탕을 가미하여 음용할 수 있다.

참느릅나무_ 수피 겉껍질　　　　　참느릅나무_ 근D

─── 약술 적용 병 증상 ───

1. 암(癌) : 세포가 정상적인 성장조절을 벗어나 무
한대로 증식하는 악성 종양현상을 말한다. 30mL
를 1회분으로 1일 2~3회씩 30일 이상 장복한다.

2. 오로(五勞) : 오장(심로, 폐로, 간로, 비로, 신로 등)
의 과로(過勞)를 뜻하는 것으로 질병의 우선이 되
는 것을 약을 써서 보완해주는 것이다. 30mL를 1회
분으로 1일 2~3회씩, 20~25일 정도 음용한다.

3. 완화(緩和) : 급한 일이 닥쳤을 때 급한 성질이나
마음이 일어나는 증상을 느긋하게 하기 위한 처방
이다. 30mL를 1회분으로 1일 2~3회씩, 8~10일
정도 음용한다.

4. 기타 질환 : 위암, 종기, 궤양, 창종, 면역억제,
부종, 수종, 이뇨, 습진, 요통, 치통, 수렴에 효과
가 있다.

─── 약술 담그기 ───

1. 약효는 나무껍질, 뿌리껍질에 있으므로 주로 나
무껍질, 뿌리껍질을 사용한다.

2. 나무껍질이나 뿌리껍질을 깨끗이 씻어 말린 다음
적당한 크기로 잘라서 사용한다.

3. 말린 나무껍질이나 뿌리껍질 약 200~250g을 소
주 약 3.8~4L에 넣고 밀봉하여 햇볕이 들지 않는
서늘한 곳에 보관, 침출 숙성시킨다.

4. 3~4개월 정도 침출한 다음 건더기를 걸러내고
보관, 음용한다. 또는 건더기를 걸러낸 후 2~3개
월 더 숙성하여 음용하면 향과 맛이 더 부드러워
마시기 편하다.

◉ 치유되는 대로 중단하며, 장기간 과용하지 않는 것이 좋다.

◉ 본 약술을 음용하는 중에 가리는 음식은 없다.

생육 특성

경기 이남의 산기슭 및 하천 등에 자라는 낙엽활엽 교목으로 키는 10m 전후로 자라며 수피는 회갈색이고 작은 가지에 털이 나 있다. 잎은 두텁고 타원상 도란형 또는 도란상 피침형이며 밑부분은 원형에 잎 끝은 뾰족하고 가장자리에는 톱니 모양이 나 있다. 잎의 윗면은 반들반들하고 윤기가 있으며 뒷면은 어린잎일 때는 잔털이 나 있으나 자라면서 없어지고 잎자루는 짧다. 꽃은 잎겨드랑이에서 모여 나고 8~9월에 황갈색으로 피며 열매는 타원형에 10~11월에 익는데 날개 같은 것이 붙어 있다.

참느릅나무_수형   참느릅나무_꽃   참느릅나무_열매

기능성 물질및 성분특허 자료

➤ 참느릅나무 수피 추출물을 유효성분으로 함유한 면역 억제제 및 이의 이용방법

본 발명은 참느릅나무 수피 추출물을 유효성분으로 함유한 면역 억제제 및 이의 이용방법에 관한 것으로서 더욱 상세하게는 참느릅나무의 수피를 환류냉각장치를 이용해 유기용제 및 증류수로 추출, 여과하여 얻은 수용성 고분자를 유효성분으로 함유시킴으로써 장기이식 시 발생하는 거부 반응의 제어, 자가면역 질환의 치료 및 만성 염증의 치료에 효과적인 면역 억제제와 이의 이용방법에 관한 것이다.

- 공개번호 : 10-1998-0086059, 출원인 : 한솔제지(주)

칡 (술)

학 명 : *Pueraria lobata* (Willd.) Ohwi
과 명 : 콩과(Leguminosae)
이 명 : 칙, 칙덤불, 칡덩굴, 칡넝굴, 갈등(葛藤), 갈마(葛麻), 갈자(葛子), 갈화(葛花)
생약명 : 갈근(葛根), 갈화(葛花)
맛과 약성 : 맛은 달고 매우며 약성은 평(平)하다.
음용법 : 기호와 식성에 따라 꿀, 설탕을 가미하여 음용할 수 있다.

칡_ 건조한 꽃(갈화)

칡_ 뿌리

약술 적용 병 증상

1. 식중독(食中毒) : 먹은 음식물에서 생긴 독성 및 세균감염 때문에 음식물을 토하거나 배가 몹시 아프며 심하면 통증이 오면서 전신이 마비된다. 또한 설사가 매우 심해지는 증세이다. 30mL를 1회 분으로 1일 2~3회 정도 음용한다.

2. 신경쇠약(神經衰弱) : 신경계가 피로에 의해 약해진 상태이다. 만사가 괴롭고 귀찮다. 30mL를 1회 분으로 1일 1~2회씩, 20~25일 정도 음용한다.

3. 주독(酒毒) : 술에 중독되어 얼굴이 검어지며 붉은 반점이 생긴다. 30mL를 1회분으로 1일 1~2회씩, 20~25일 정도 음용한다.

4. 기타 질환 : 해독, 지갈, 고혈압, 협심증, 항암, 감기, 구토, 대변불통, 두통, 불면증, 설사증, 암 내, 주황변, 혈액순환에도 효과가 있다.

약술 담그기

1. 약효는 꽃, 열매, 뿌리, 순 등에 있으므로 주로 뿌리를 사용한다. 약간의 방향성(芳香性)이 있다.

2. 뿌리는 생으로 쓰거나 햇볕에 말려두고 사용한다.

3. 생뿌리를 사용할 경우에는 약 300~350g, 말린 뿌리를 사용할 경우에는 약 200~250g을 각각 소주 약 3.8~4L에 넣고 밀봉하여 햇볕이 들지 않는 서늘한 곳에 보관, 침출 숙성시킨다.

4. 3~4개월 정도 침출한 후에 음용하며 건더기를 걸러내지 않아도 된다. 이 경우에는 음용기간이 너무 길어지지 않도록 주의한다(불순물이 생길 수 있음). 또는 건더기를 걸러낸 후 2~3개월 더 숙성하여 음용하면 향과 맛이 훨씬 더 부드러워 마시기 편하다.

| 주의사항 |

◉ 장기간 음용하면 유익하며, 특히 여성에게 좋은 효과를 볼 수 있다.
◉ 본 약술을 음용하는 중에 가리는 음식은 없다. 단, 살구씨를 금한다.

생태적 특성

전국의 산야, 계곡, 초원의 음습지 등에 자생하는 낙엽활엽덩굴성 목본으로 다른 물체에 감아 올라가며 덩굴의 길이는 약 10m 전후로 뻗어 나간다. 잎자루는 길고 서로 어긋나며 작은 잎은 능상 원형이고 잎 가장자리는 밋밋하거나 얕게 3개로 갈라진다. 꽃은 총상꽃차례로 잎겨드랑이에 달리며 6~9월에 홍자색 혹은 빨간색의 꽃이 핀다. 열매의 꼬투리는 광선형(廣線形)에 편평하고 황갈색으로 길며 딱딱한 털이 밀생하고 7~10월에 익는다.

칡덩굴   칡_꽃   칡_열매

기능성 물질및 성분특허 자료

➤ 갈근 추출물을 함유하는 암 치료 및 예방을 위한 약학조성물

본 발명은 갈근(칡 뿌리) 추출물을 함유하는 암 치료 및 예방을 위한 약학조성물에 관한 것으로, 보다 구체적으로 본 발명의 추출물은 CT-26 세포와 같은 결장암에서 강력한 항암 활성을 나타낼 뿐만 아니라, 암 조직 성장 억제 및 면역 조절물질들의 생성을 증가시킴을 확인하여 암 질환의 예방, 억제 및 치료에 우수한 항암제 또는 항암 보조제 효능을 갖는 의약품 및 건강기능식품으로서 유용하다.

– 공개번호 : 10-2014-0049218, 출원인 : 원광대학교 산학협력단

참당귀(술)

학 명 : *Angelica gigas* Nakai
과 명 : 산형과(Umbelliferae)
이 명 : 조선당귀, 건귀(乾歸), 문귀(文歸), 대부(大斧), 상마(象馬)
생약명 : 당귀(當歸)
맛과 약성 : 맛은 맵고 달며 약성은 따뜻하다.
음용법 : 기호와 식성에 따라 꿀, 설탕을 가미하여 음용할 수 있다.

참당귀_ 뿌리

참당귀_ 건조한 뿌리(절단)

약술 적용 병 증상

1. **골절번통(骨折煩痛)** : 신기(腎氣)가 없어서 일어나는 병증으로 치아가 누런빛으로 변하면서 저리고 아픈 증상을 말한다. 30mL를 1회분으로 1일 4~5회씩, 17~20일 정도 음용한다.

2. **익정(益精)** : 남성의 정력에 힘을 채워 모든 일에 충실하고 의욕과 희망을 불어넣고자 하는 처방이다. 30mL를 1회분으로 1일 2~3회씩, 20~25일 정도 음용한다.

3. **현기증(眩氣症)** : 가끔 눈앞에 별이 보이면서 어지러운 증상을 말한다. 30mL를 1회분으로 1일 2~3회씩, 15~20일 정도 음용한다.

4. **기타 질환** : 보혈, 월경불순, 신체허약, 어혈, 거풍, 강장, 거담, 당뇨, 두통에 효과가 있다.

약술 담그기

1. 약효는 뿌리에 있으므로 주로 뿌리를 사용한다. 방향성(芳香性)이 강하다.

2. 뿌리를 구입하여 깨끗이 씻은 다음 생으로 또는 말려서 사용한다.

3. 생뿌리를 사용할 경우에는 약 200~250g, 말린 뿌리를 사용할 경우에는 약 100~150g을 소주 약 3.8~4L에 넣고 밀봉하여 햇볕이 들지 않는 서늘한 곳에 보관, 침출 숙성시킨다.

4. 생뿌리나 말린 뿌리는 3~4개월 정도 침출한 다음 건더기를 걸러내고 보관, 음용한다. 또는 건더기를 걸러낸 후 2~3개월 더 숙성하여 음용하면 향과 맛이 훨씬 더 부드러워 마시기 편하다.

⊙ 치유되는 대로 중단하며, 장기간 과용하지 않는 것이 좋다.

⊙ 본 약술을 음용하는 중에 생강, 해조류(김, 미역, 다시마, 바닷말, 서실, 청각, 파래) 등을 금한다.

⊙ 당뇨병이 있다면 꿀, 설탕을 가미하지 않는다.

생태적 특성

숙근성 다년생 초본으로 전국의 산 계곡, 습기가 있는 토양에서 잘 자라며 농가에서 약용식물로 재배한다. 줄기의 키는 1~2m 정도로 곧게 자라며 뿌리는 굵은 편이고 강한 방향성(芳香性)이 있다. 잎은 1~3회 깃모양겹잎이고 작은 잎은 3개로 갈라지며 다시 2~3개로 갈라진다. 8~9월에 짙은 보라색으로 피는 꽃은 겹우산모양꽃차례로 20~40개 정도 달린다. 열매는 9~10월에 맺히고 어린순은 나물로 식용한다. 원뿌리의 길이는 3~7cm, 지름 2~5cm이고 가지뿌리의 길이는 15~20cm이다. 뿌리의 표면은 엷은 황갈색 또는 흑갈색으로 절단면은 평탄하고 형성층에 의하여 목부(木部)와 피부(皮部)의 구별이 뚜렷하고 목부와 형성층 부근의 피부는 어두운 노란색이나 나머지 부분은 유백색이다.

참당귀_지상부   참당귀_꽃   참당귀_열매

참마 (술)

학 명 : 참마 *Dioscorea japonica* Thunb.
과 명 : 마과(Dioscoreaceae)
이 명 : 산우(山芋), 서여
생약명 : 산약(山藥)
맛과 약성 : 맛은 달고 약성은 평(平)하다.
음용법 : 기호와 식성에 따라 꿀, 설탕을 가미하여 음용할 수 있다.

참마_뿌리

참마_가피한 뿌리

약술 적용 병 증상

1. **신기허약(腎氣虛弱)** : 몸의 모든 기력이 약해진 경우이다. 항상 피로를 느끼며 신기의 원기가 부족한 증세이다. 30mL를 1회분으로 1일 1~2회씩, 20~25일 정도 음용한다.

2. **다뇨증(多尿症)** : 평소보다 더 많은 양의 소변이 배출되는 경우를 말한다. 30mL를 1회분으로 1일 1~2회씩, 15~20일 정도 음용한다.

3. **사지구련(四肢拘攣)** : 사지(팔, 다리)를 마음대로 움직이지 못하는 증상을 말한다. 30mL를 1회분으로 1일 1~2회씩, 20~25일 정도 음용한다.

4. **기타 질환** : 자양강장, 보신, 익정, 식욕부진, 소화성궤양, 위산과다 억제, 근골통, 기억력 감퇴, 유정증, 정력증진, 폐기 보호에 효과가 있다.

약술 담그기

1. 약효는 뿌리줄기에 있으므로 주로 뿌리줄기를 사용한다.

2. 생마를 쓰는 것이 좋다. 깨끗이 씻어 그늘에서 물기를 제거한 다음 적당한 크기로 썰어서 사용한다.

3. 생마 약 300~350g, 말린 마는 약 100~200g을 소주 약 3.8~4L에 넣고 밀봉하여 햇볕이 들지 않는 서늘한 곳에 보관, 침출 숙성시킨다.

4. 6개월 정도 침출한 다음 건더기를 걸러내고 보관, 음용한다. 또는 건더기를 걸러낸 후 2~3개월 더 숙성하여 음용하면 향과 맛이 훨씬 더 부드러워 마시기 편하다.

| 주의사항 |

◉ 치유되는 대로 중단하며, 장기간 과용하지 않는 것이 좋다.

◉ 본 약술을 음용하는 중에 가리는 음식은 없다.

생태적 특성

덩굴성 다년생 초본이다. 산속의 참마는 덩굴줄기 끝부분에 새로운 마가 형성되어 지난 해의 묵은 마에서 양분을 받아 아주 빠르게 자란다. 암수딴그루로 잎은 긴 달걀 모양이거나 달걀 모양의 바소꼴이고 끝이 뾰족하며 아래쪽은 화살촉 모양이고 잎자루가 있다. 6~7월경 잎겨드랑이에 1~3개의 수상꽃차례에 꽃이 핀다. 수꽃송이는 곧게 서고 암꽃송이는 아래로 늘어져 작고 하얀 꽃을 드문드문 피운다. 꽃이 지면 폭이 넓은 타원형에 날개가 3개 있는 삭과를 맺는다.

참마_지상부   참마_꽃   참마_열매(잉여자)

기능성 물질및 성분특허 자료

▶ 산약을 포함하는 소화성 궤양 예방용 조성물 및 위산과다 분비 억제용 조성물

본 발명은 산약 분말, 산약 분말의 펠릿(pellet), 산약즙 또는 산약 추출물을 포함하는 소화성 궤양 예방용 조성물 및 위산분비 억제용 조성물에 대한 것이며 추가적으로 그러한 조성물을 포함하는 약제학적 제제 또는 건강기능식품에 대한 것이다. 본 발명에 따른 조성물을 포함하는 약제학적 제제 또는 건강기능식품을 평소에 복용할 경우, 소화성 궤양 발병의 위험성이 현저히 감소될 수 있으며 소화성 궤양이 발병한 경우라도 조기에 회복될 수 있는 효과를 가진다. 또한 본 발명에 따른 조성물은 위산의 과다분비로 인한 속쓰림 등의 증상 완화에도 탁월한 효능을 가진다.

– 공개번호 : 10-2012-0119235, 출원인 : 안동시, 안동대학교 산학협력단

천마 (술)

학 명 : *Gastrodia elata* Blume
과 명 : 난초과(Orchidaceae)
이 명 : 수자해좆, 적마, 신초, 귀독우(鬼督郵), 명천마(明天麻)
생약명 : 천마(天麻), 적전(赤箭)
맛과 약성 : 맛은 달고 약성은 평(平)하다.
음용법 : 기호와 식성에 따라 꿀, 설탕을 가미하여 음용할 수 있다.

천마_생뿌리

천마_뿌리 건조

약술 적용 병 증상

1. **사지구련(四肢拘攣)** : 팔과 다리를 제대로 쓰지 못하는 증상을 말한다. 30mL를 1회분으로 1일 3~4회씩, 17~20일 정도 음용한다.

2. **현기증(眩氣症)** : 눈앞에 별이 보이면서 어지러운 증상을 말한다. 30mL를 1회분으로 1일 2~3회씩, 15~20일 정도 음용한다.

3. **마비증세(痲痺症勢)** : 신경이나 힘줄 등의 기능이 정지되거나 상실되어 지각(知覺)운동 기능의 장애가 일어나는 경우이다. 30mL를 1회분으로 1일 3~4회씩, 20~30일 정도 음용한다.

4. **기타 질환** : 고혈압, 강장, 진정, 류마티스관절염, 두통, 위염, 위궤양, 뇌졸중, 발저림, 언어장애, 중풍, 척추질환에 효과가 있다.

약술 담그기

1. 약효는 천마 덩이줄기에 있으므로 주로 덩이줄기를 사용한다.

2. 구입한 후 말리거나 생것은 그대로 깨끗이 씻어 물기를 제거하고 사용한다.

3. 생덩이줄기를 사용할 경우에는 약 350~400g, 말린 덩이줄기를 사용할 경우에는 약 200~250g을 소주 약 3.8~4L에 넣고 밀봉하여 햇볕이 들지 않는 서늘한 곳에 보관, 침출 숙성시킨다.

4. 생것은 8개월 정도, 말린 것은 1년 정도 침출한 다음 건더기를 걸러내고 보관, 음용하며 건더기를 걸러낸 후 2~3개월 더 숙성하여 음용하면 향과 맛이 훨씬 더 부드러워 마시기 편하다.

| 주의사항 |

⊙ 20일 이상 장기간 음용해도 무방하다.

⊙ 본 약술을 음용하는 중에 가리는 음식은 없다.

생태적 특성

중부지방 이북에 분포하고 남부지방에서는 고지대에서 재배하고 있는 다년생 초본이다. 키는 60~100㎝ 정도로 자라며 줄기는 황갈색으로 곧게 선다. 줄기에는 잎이 듬성듬성 나 있지만 퇴화되어 없어지며 잎의 밑부분은 줄기로 싸여 있다. 꽃은 6~7월에 황갈색으로 줄기 끝에 피는데 곧게 선 이삭 모양의 총상꽃차례로 달린다. 꽃차례의 길이는 10~30㎝로서 줄기에 붙어 층층이 많은 꽃이 달린다. 열매는 9~10월경에 삭과로 달리는데 달걀을 거꾸로 세운 모양이다. 긴 타원형의 땅속 괴경(덩이줄기)은 비대하며 가로로 뻗는데 길이 10~18㎝, 지름 3.5㎝ 정도이고 뚜렷하지는 않으나 테가 있다. 이 덩이줄기가 더벅머리 총각의 성기를 닮았다고 하여 수자해좃이라는 이명으로도 불린다. 표면은 황백색 또는 담황갈색이며 정단(頂端)에는 홍갈색 또는 심갈색의 앵무새 부리 모양으로 된 잔기가 남아 있다. 질은 단단하여 절단하기 어렵고 단면은 비교적 평탄하며 황백색 또는 담갈색의 각질(角質) 모양이다.

천마_지상부　　　　　　　　천마_꽃　　　　　　　　천마_열매

기능성 물질및 성분특허 자료

→ 천마 추출물을 함유하는 위염 또는 위궤양의 예방 또는 치료용 조성물

본 발명에 따른 천마 추출물은 침수성 스트레스 유발로 인한 위 점막 세포의 손상을 보호하고 염증 유발 인자인 산화질소의 합성을 억제하여 위염 또는 위궤양 억제 효과를 나타내므로 위염 또는 위궤양의 예방 또는 치료에 유용하다.

– 공개번호 : 10-2009-0046425, 출원인 : 경북대학교 산학협력단

큰조롱 (술)

학 명 : *Cynanchum wilfordii* (Maxim.) Hemsl.
과 명 : 박주가리과(Asclepiadaceae)
이 명 : 은조롱, 격산소(隔山消), 태산하수오(泰山何首烏)
생약명 : 백수오(白首烏)
맛과 약성 : 맛은 달고 쓰고 떫으며 약성은 약간 따뜻하다.
음용법 : 다른 당류는 가미하지 않는다.

큰조롱이_생뿌리   큰조롱이_건조 ㄴ

━━━ 약술 적용 병 증상 ━━━

1. **풍비(風痺)** : 몸이나 팔다리가 마비가 되는 경우
   로 뇌 척추에 탈이 생겨 일어나는 심장질환의 한
   증세이다. 30mL를 1회분으로 1일 2~3회씩, 15~
   20일 정도 음용한다.

2. **요슬산통(腰膝酸痛)** : 허리와 무릎이 쑤시고 저
   리며 걷거나 앉아 있을 때에도 매우 심한 고통을
   느끼는 증세이다. 30mL를 1회분으로 1일 2~3회
   씩, 20~25일 정도 음용한다.

3. **뼈 튼튼(强骨格)** : 평소에 뼈가 튼튼하지 못하면
   움직임에 많은 장애가 따르기 마련이다. 큰조롱
   덩이뿌리는 일상적으로 뼈를 튼튼하게 하는 데
   효과적이다. 30mL를 1회분으로 1일 2~3회씩,
   20~30일 정도 음용한다.

4. **기타 질환** : 자양강장, 신경성쇠약, 변비, 항균,
   골격성장촉진, 보신, 보혈, 신경쇠약, 정력증진,
   유정증에 효과가 있다.

━━━ 약술 담그기 ━━━

1. 약효는 덩이뿌리에 있으므로 주로 덩이뿌리를 ㅅ
   용한다.

2. 덩이뿌리를 깨끗이 씻어 겉껍질을 벗겨 말린 ㄷ
   음 적당한 크기로 썰어 사용한다.

3. 말린 덩이뿌리 약 200~250g을 소주 약 3.8~4
   에 넣고 밀봉하여 햇볕이 들지 않는 서늘한 곳o
   보관, 침출 숙성시킨다.

4. 보통 6~8개월 정도 침출한 후에 음용 가능하「
   10개월이 지나면 건더기를 걸러내고 보관, 음「
   한다. 건더기를 걸러낸 후 2~3개월 더 숙성하여
   용하면 향과 맛이 훨씬 더 부드러워 마시기 편하「

| 주의사항 |

- 본 약술을 음용하는 중에 개고기, 마늘, 소고기, 파, 비늘 없는 물고기는 금한다.
- 치유되는 대로 중단하며, 장기간 과용하지 않는 것이 좋다.

생육 특성

덩굴성 다년생 초본으로 우리나라 각지의 산야 또는 양지바른 곳에 분포하고 농가에서 재배도 한다. 덩굴은 1~3m 정도까지 뻗고 원줄기는 원주형으로 가늘고 왼쪽으로 감아 올라가며 상처에서 흰색 유액이 흐른다. 꽃은 7~8월에 연한 황록색으로 피는데 잎겨드랑이에서 산형꽃차례로 달린다. 열매는 골돌과이며 길이가 8㎝, 지름이 1㎝ 정도이다. 약재로 사용하는 덩이뿌리는 긴 타원형으로서 줄기가 붙는 머리 부분은 가늘지만 아래로 내려갈수록 두꺼워지다가 다시 가늘어진다. 한방에서 큰조롱 덩이뿌리를 '백수오(白首烏)'라고 부르며 약재로 사용한다. 그런데 일반인들 사이에서 큰

큰조롱_ 지상부

조롱은 흔히 은조롱, 하수오라는 이명으로 불리면서 마디풀과의 약용식물인 하수오(*Fallopia multiflora*와 혼동하는 경우를 자주 볼 수 있다. 이처럼 혼동하게 된 것은 빨간빛이 도는 하수오의 덩이뿌리를 '적하수오'라고 하면서 백수오라는 생약명이 있는 큰조롱의 덩이뿌리를 '백하수오'라고 잘못 부른 데서 비롯되었다. 2개의 식물 모두 덩이뿌리를 약용하긴 하지만 동일한 약재는 아니므로 구분해서 사용해야 한다.

기능성 물질및 성분특허 자료

➤ 백수오 추출물을 포함하는 항균 조성물 및 이의 용도

본 발명은 백수오(큰조롱 뿌리) 추출물을 포함하는 항균 조성물에 관한 것이다. 본 발명에 따른 항균 조성물의 유효성분인 백수오 추출물이 식중독 원인균 중 하나인 바실러스 세레우스(Bacillus cereus)에 대하여 우수한 항균 활성을 가지는 바, 식중독을 개선, 예방 또는 치료하는 약학적 조성물, 기능성 식품 조성물 등으로 유용하게 이용될 수 있을 것으로 기대된다.

－ 등록번호 : 10-1467698-0000, 출원인 : 중앙대학교 산학협력단

➤ 인슐린 유사 성장인자 분비 및 뼈 골격 성장 촉진용 백하수오(백수오) 추출물과 속단 추출물

본 발명은 인슐린 유사 성장인자 분비능 증강 및 뼈 골격 성장 촉진 효능이 있는 백하수오(백수오=큰조롱 뿌리)와 속단의 배당체 성분을 주성분으로 하는 수용성 추출 정제 물질 및 그 제조방법에 관한 것이다.

－ 등록번호 : 10-1189605-0000, 출원인 : 홍상근

각 약초부위 생김새

큰조롱_ 잎

하수오_ 잎

큰조롱_ 꽃

하수오_ 꽃

큰조롱_ 덩이뿌리

하수오_ 덩이뿌리

탱자나무 (술)

학 명 : *Poncirus trifoliata* (L.) Raf.
과 명 : 운향과(Rutaceae)
이 명 : 야등자(野橙子), 취길자(臭桔子), 취극자(臭棘子), 지수(枳樹), 동사자(銅楂子)
생약명 : 지실(枳實)
맛과 약성 : 맛은 쓰고 매우며 약성은 약간 차다.
음용법 : 기호와 식성에 따라 꿀, 설탕을 가미하여 음용할 수 있다.

탱자나무_ 익은 열매

탱자나무_ 열매(절단)

약술 적용 병 증상

1. 복통(腹痛) : 장에 장애가 일어나서 통증이 오는 경우이다. 30mL를 1회분으로 1일 3~4회씩, 7~8일 정도 음용한다.

2. 설사(泄瀉) : 세균성 질환이나 식중독 때문에 장의 연동이 심해져서 내용물이 충분히 소화되지 않고 배설되는 경우이다. 30mL를 1회분으로 1일 2~3회씩, 심하면 3~4회 정도 음용한다.

3. 이뇨(利尿) : 노쇠 현상이나 어떤 병증으로 인하여 소변이 순조롭지 못하며 요도에 불쾌감이 오는 증상을 말한다. 30mL를 1회분으로 1일 2~3회씩, 15~17일 정도 음용한다.

4. 기타 질환 : 소화불량, 변비, 위통, 위하수, 간염, 수종, 위축신, 축농증, 편도선염, 흉협팽만에도 효과가 있다.

약술 담그기

1. 약효는 덜 익은 열매에 더 많으므로 주로 덜 익은 열매를 사용한다. 방향성(芳香性)이 있다.

2. 덜 익은 열매를 깨끗이 씻어 반 또는 사등분하여 잘 말린 다음 사용한다.

3. 말린 열매 약 150~200g을 소주 약 3.8~4L에 넣고 밀봉하여 햇볕이 들지 않는 서늘한 곳에 보관, 침출 숙성시킨다.

4. 3~4개월 정도 침출한 다음 건더기를 걸러내고 보관, 음용하는 것이 좋으며 건더기를 걸러낸 후 2~3개월 더 숙성하여 음용하면 향과 맛이 훨씬 더 부드러워 마시기 편하다.

| 주의사항 |

⊙ 치유되는 대로 중단하며, 장기간 과용하지 않는 것이 좋다.
⊙ 본 약술을 음용하는 중에 가리는 음식은 없다. 단, 임산부는 음용을 금한다.

생태적 특성

중·남부지방의 마을 근처, 과수원, 울타리 등에 심어 가꾸는 낙엽활엽 관목으로 키는 3m 전후로 자란
다. 줄기와 가지가 많이 갈라지고 약간 편평하며 3~5㎝ 정도의 가시가 서로 어긋나 있다. 잎은 3출 복엽
에 서로 어긋나 있고 작은 잎은 타원형 혹은 난형이며 혁질에 가장자리에는 톱니 모양이 나 있고 잎자루
에는 좁은 날개가 붙어 있다. 꽃은 흰색으로 5~6월에 잎보다 먼저 피고 열매는 둥글며 9~10월에 노란
색으로 익는다.

탱자나무_수형   탱자나무_꽃   탱자나무_덜 익은 열매

기능성 물질및 성분특허 자료

▶ 탱자나무 추출물을 함유하는 B형 간염 치료제

본 발명은 간염 바이러스의 증식을 특이적으로 저해하며 간세포에 대한 독성이 적은 탱자나무의 추출물을 함유하는
B형 간염 치료제에 관한 것이다. 본 발명의 탱자나무 추출물을 유효성분으로 함유하는 B형 간염 치료제는 HBV-P에
대한 선택적이고 강한 저해작용이 있으며 HBV의 증식을 억제할 뿐만 아니라 인체에는 독성이 매우 적기 때문에 간
염 치료제로서 매우 유용하다.

– 공개번호 : 특2002-0033942, 특허권자 : (주)내비캠

▶ 탱자나무 추출물을 함유하는 C형 간염 치료제

본 발명은 간염 바이러스의 증식을 특이적으로 저해하며 간세포에 대한 독성이 적은 탱자나무의 추출물을 함유하는
C형 간염 치료제에 관한 것이다. 본 발명의 탱자나무 추출물을 유효성분으로 함유하는 C형 간염 치료제는 HCV-F
에 대한 선택적이며 강한 저해작용이 있으며 HCV의 증식을 억제할 뿐만 아니라 인체에는 독성이 매우 적기 때문에
간염 치료제로서 매우 유용하다.

– 공개번호 : 2002-0084312, 출원인 : (주)내비캠

포도(술)

학 명 : *Vitis vinifera* L.
과 명 : 포도과(Vitaceae)
이 명 : 초용주(草龍珠)
생약명 : 포도(葡萄)
맛과 약성 : 맛은 달고 시며 약성은 평(平)하다.
음용법 : 기호와 식성에 따라 꿀, 설탕을 가미하여 음용할 수 있다.

포도_ 덜 익은 열매

포도_ 익은 열매

약술 적용 병 증상

1. **간장병(肝臟病)** : 간에 이상이 생긴 경우이다. 간은 담즙의 생성, 양분의 저장, 요소 생산 및 해독작용의 기능을 가지고 있다. 30mL를 1회분으로 1일 3~4회씩 40일 이상 음용한다.

2. **권태증(倦怠症)** : 권태란 어떤 일이나 상태에 시들해져서 생기는 게으름이나 싫증을 말한다. 사물을 대하는 일이나 업무를 관리하는 일 등이 싫고 귀찮고 짜증나고 만사에 거부적인 반응을 권태증이라 한다. 30mL를 1회분으로 1일 3~4회씩 30일 이상 장기 음용한다.

3. **당뇨병(糖尿病)** : 췌장에 이상이 생겨 혈액 또는 소변에 당분이 증가되는 증상을 말한다. 30mL를 1회분으로 1일 3~4회씩 90~120일간 공복에 장기 음용한다.

4. **기타 질환** : 보기활혈, 해수, 혈소판 응집 억제, 부종, 요통 등에 효과가 있다.

약술 담그기

1. 소주 약 3.8~4L에 생포도를 1:1 비율로 충분히 잠길 수 있도록 술을 채운 후 밀봉하여 햇볕이 들지 않는 서늘한 곳에 보관, 침출 숙성시킨다. 방향성(芳香性)이 있다.

2. 또는 생포도와 설탕을 1:1 비율로 채우고 병마개는 개폐하고 무거운 돌 같은 것으로 눌러 놓는다. 설탕과 포도를 반반씩 섞어 담근 술은 밀폐시키면 그 속에서 일어나는 화학반응으로 용기가 터질 수 있으므로 완전히 밀봉하지 않는다. 그 상태로 90일 정도 침출한 다음 음용하는 것이 좋다.

3. 포도주는 오래 숙성할수록 좋다. 씨앗에서 독소가 배출되므로 포도알은 건져내고 오랫동안 숙성시키면서 음용하면 향과 맛이 훨씬 더 부드러워 마시기 편하다.

◉ 치유되는 대로 중단하며, 장기간 과용하지 않는 것이 좋다.

◉ 본 약술을 음용하는 중에 가리는 음식은 없다.

◉ 당뇨병이 있다면 음용 시 꿀, 설탕을 가미하지 않는다.

생태적 특성

전국에서 과수로 재배하는 낙엽활엽덩굴성 목본으로 덩굴이 다른 물체에 기어 올라가고 어린 줄기는 털이 없거나 솜털로 덮여 있다. 잎은 서로 어긋나고 난형 또는 난원형에 3~5개로 갈라지며 갈라진 열편은 심장형에 가장자리는 거칠고 약간 뾰족하다. 꽃은 원추꽃차례로 크고 길며 잎과 마주나고 꽃차례의 자루에는 덩굴손이 없다. 꽃은 6~7월에 황록색으로 피고 열매는 액과로 난원형 또는 원형에 액즙이 많으며 9~10월에 익는데 익으면 자흑색 또는 파란색을 띤 빨간색이 된다.

포도나무_수형   포도나무_꽃   포도나무_덜 익은 열매

기능성 물질및 성분특허 자료

▶ 포도씨 또는 포도 과피 성분을 함유하는 혈소판 응집 억제제용 조성물 및 이를 이용한 혈소판 응집 억제제

본 발명은 포도씨 또는 포도 과피 성분을 함유하는 혈소판 응집 억제제용 조성물 및 이를 이용한 혈소판 응집 억제제에 관한 것이다. 보다 구체적으로 본 발명의 혈소판 응집 억제제용 조성물은 포도씨 또는 포도 과피로부터 추출된 추출물 또는 분말 형태로 24.0% 이상의 폴리페놀을 함유하는 혈소판 응집 억제제용 조성물이며, 또한 본 발명의 상기 혈소판 응집 억제용 조성물 0.1~10중량%를 유효성분으로 함유하는 혈소판 응집 억제제는 생체 내에서 우수한 응집 억제 효과를 나타내므로 심혈관계 질환의 중요 유발 인자인 혈전 생성 예방 및 치료를 위한 새로운 자원으로서 이용될 수 있다.

- 공개번호 : 10-2005-0090656, 출원인 : 강명화

표고 (술)

학 명 : *Lentinula edodes* (Berk.) Pegler
과 명 : 낙엽버섯과(Marasmiaceae)
이 명 : 표구, 포구
생약명 : 향심(香蕈)
맛과 약성 : 맛은 달고 약성은 평(平)하다.
음용법 : 기호와 식성에 따라 꿀, 설탕을 가미하여 음용할 수 있다.

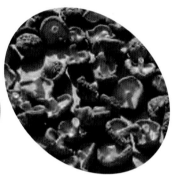

표고_ 참나무에 무리지어 발생한 자실체　　　　　　건조 표고 버섯

약술 적용 병 증상

1. **중풍(中風)** : 반신 또는 전신에 불수(不隨)가 오는
   경우이다. 팔 또는 다리에 마비가 오는 병증을 말
   한다. 30mL를 1회분으로 1일 2~3회씩, 20~30일
   정도 음용한다.

2. **비만증(肥滿症)** : 지방분이 피하조직과 장간막에
   고여서 비정상적으로 뚱뚱해지는 병적인 증세이
   다. 30mL를 1회분으로 1일 2~3회씩, 20~30일
   정도 음용한다.

3. **중독증(中毒症)** : 적은 양으로도 몸에 해를 끼치
   는 동물 또는 식물, 광물 등에 의하여 생체에 생기
   는 병적인 상태를 말한다. 30mL를 1회분으로 1일
   3~4회씩, 6~7일 정도 음용한다.

4. **기타 질환** : 항암, 면역증강, 골길이 성장장애,
   간경변증, 구토증, 식욕부진, 위경련, 편도선염,
   협심증, 심장병에 효과가 있다.

약술 담그기

1. 약효는 버섯 전체에 있으므로 전체를 사용한다.

2. 대개는 깨끗이 하여 말린 것을 상품화하였기 때
   문에 그대로 사용해도 무방하다.

3. 말린 표고 전체 약 200~250g을 소주 약 3.8~4L
   에 넣고 밀봉하여 햇볕이 들지 않는 서늘한 곳에
   보관, 침출 숙성시킨다.

4. 3~4개월 정도 숙성한 후 건더기는 걸러내고 보
   관, 사용한다.

⊙ 장기간 음용해도 해롭지는 않으나 치유되는 대로 중단하는 것이 좋다.

⊙ 치유되는 대로 중단하며, 장기간 과용하지 않는 것이 좋다.

⊙ 가능하면 자연산으로 담그는 것이 좋다.

생태적 특성

봄부터 가을 2회에 걸쳐 참나무, 졸참나무 등 활엽수의 죽은 나무에 홀로 또는 무리지어 발생하는 부후성 버섯으로 갓지름은 4~10㎝ 정도이다. 갓은 처음에 반구처럼 형성되지만 점차 펴지며 편평해진다. 갓의 표면은 다갈색이고 흑갈색의 가는 비늘조각으로 덮여 있으며 때로는 터져서 흰 살이 보이기도 한다. 갓의 가장자리는 어렸을 때 안쪽으로 감기고 흰색 또는 연한 갈색의 피막으로 덮여 있다가 터지면 갓 가장자리와 버섯대에 떨어져 붙는다. 버섯대에 붙은 것은 불완전한 버섯대 고리가 되고 주름살은 흰색이며 촘촘하다. 표면은 위쪽이 흰색, 아래쪽이 갈색이고 섬유처럼 질긴 편이다. 표고는 전국적으로 분포하며 특히 두륜산, 방태산, 발왕산, 오대산, 지리산, 한라산, 속리산, 가야산, 내장산, 소백산 등지에서 많이 볼 수 있다. 식용 및 약용버섯으로 이용되며 농가에서 재배하고 있다.

블럭재배 표고

원목재배 표고

기능성 물질및 성분특허 자료

▶ 표고버섯 열수 추출물을 이용한 골 길이 성장에 도움을 주는 조성물

본 발명은 IGF-1 및 성장 호르몬의 발현을 촉진하는 표고버섯 열수 추출물을 유효성분으로 함유하는 골 길이 성장 도움 및 성장 장애 예방용 조성물, 발효유, 음료 및 건강기능식품에 관한 것으로, 본 발명의 표고버섯 열수 추출물 및 이를 함유하는 제제는 골 길이 성장을 촉진하는 작용이 탁월하여 골 길이 성장 장애의 치료 및 예방을 목적으로 사용될 경우에 매우 효과적이다.

－ 공개번호 : 10-2008-0110212, 출원인 : (주)한국야쿠르트

▶ 표고버섯 균사체 추출물을 포함하는 γδT 세포 면역 활성 증강제

본 발명은 표고버섯 균사체 추출물이 γδT 세포의 활성을 현저하게 증강하는 작용을 갖는 것을 이용하여 종양의 치료 또는 세균 감염증 또는 바이러스 감염증의 치료 및 예방에 사용하기 위한 표고버섯 균사체 추출물을 포함하는 γδT 세포 활성 증강제, 나아가서는 면역 활성제를 개발, 제공한다.

－ 공개번호 : 10-2001-0089497, 출원인 : 고바야시 세이야쿠 가부시키가이샤, 나가오카 히토시

해당화(술)

학 명 : *Rosa rugosa* Thunb.
과 명 : 장미과(Rosaceae)
이 명 : 해당나무, 해당과(海棠果)
생약명 : 매괴화(玫瑰花), 매괴자(玫瑰子)
맛과 약성 : 맛은 달고 약간 쓰며 약성은 따뜻하다.
음용법 : 기호와 식성에 따라 꿀, 설탕을 가미하여 음용할 수 있다.

해당화_ 건조한 꽃

해당화_ 열매

약술 적용 병 증상

1. 보간(補肝) : 간을 보하는 데에도 효과적이다. 물론 자제하지 못하고 평소같이 음주를 계속한다면 효과는 기대할 수 없다. 금주하면서 다음 처방을 따른다면 좋은 효과를 볼 수 있다. 30mL 정도를 1회분으로 1일 1~2회씩, 25~30일 정도 음용한다.

2. 통경(痛經) : 오줌소태나 월경 중에 심한 통증이 오는 증상을 말한다. 30mL 정도를 1회분으로 1일 1~2회씩, 10~15일 정도 음용한다.

3. 혈폐(血閉) : 폐경의 시기가 아님에도 불구하고 생리가 그치는 증상을 말한다. 30mL 정도를 1회분으로 1일 1~2회씩 15~20일, 심하면 25일 정도 음용한다.

4. 기타 질환 : 토혈, 객혈, 적·백대하, 당뇨, 항산화, 항암, 견인통, 관절염, 설사, 어혈, 풍습, 협통에 효과가 있다.

약술 담그기

1. 약효는 꽃, 열매, 뿌리에 있으므로 주로 꽃, 열매, 뿌리를 사용한다.

2. 꽃은 5~7월에, 열매는 결실기(7월 말~8월 중순)에 채취하며 뿌리는 연중 수시로 채취할 수 있으나 가을에 채취하는 것이 좋다. 꽃은 신선한 것만을 사용하며 열매와 뿌리는 그늘에서 말린 후 사용하는 것이 좋다.

3. 생화를 사용할 경우에는 약 250~300g, 말린 열매와 뿌리를 사용할 경우에는 약 200~250g을 각각 소주 약 3.8~4L에 넣고 밀봉하여 햇볕이 들지 않는 서늘한 곳에 보관, 침출 숙성시킨다.

4. 꽃은 1개월 정도, 열매는 1~2개월 정도, 뿌리는 3~4개월 정도 각각 침출한 다음 건더기를 걸러내고 보관, 음용하며 2~3개월 더 숙성하여 음용하면 향과 맛이 훨씬 더 부드러워 마시기 편하다.

⊙ 치유되는 대로 중단하며, 장기간 과용하지 않는 것이 좋다.

생태적 특성

전국의 바닷가 및 산기슭에 자생하는 낙엽활엽 관목으로 키가 1.5m 전후로 자란다. 줄기는 굵고 튼튼하며 가시가 나 있고 또 자모(刺毛)와 융모(絨毛)가 있으며 가시에도 융모가 있다. 잎은 5~9개의 작은 잎이 새 날개 깃 모양의 복엽으로 타원형 또는 타원상 도란형에 서로 어긋나 있고 잎끝이 뾰족하거나 둔하며 끝부분은 원형 또는 쐐기형에 가장자리에는 가는 톱니 모양이 나 있다. 꽃은 새로운 가지 끝에 원추꽃차례를 이루며 5~6월에 흰색 또는 빨간색의 꽃이 피고 열매는 편평한 구형에 등홍색 또는 암적색으로 8~9월에 익는다.

해당화나무_수형   해당화나무_꽃   해당화나무_열매

기능성 물질및 성분특허 자료

▶ 항당뇨와 항산화 효능이 있는 해당화 잎차 제조방법

해당화의 독성을 현저히 감소시키고 항당뇨, 항산화 및 항지질 효과를 지닌 기능성 성분이 증가되며 해당화 특유의 향과 맛이 어우러진 새로운 형태의 해당화 옥록차를 제공하는 것에 관한 것이다.

– 등록번호 : 10-1006375, 출원인 : 전라남도

▶ 해당화 줄기 추출물을 포함하는 암 예방 또는 치료용 조성물

본 발명에 따른 해당화 줄기 추출물은 히스톤 아세틸 전이효소의 활성을 억제하는 효과가 우수하여 암, 특히 호르몬 수용체 매개 암, 예를 들어 전립선암의 예방, 개선 또는 치료에 뛰어난 효과가 있다.

– 등록번호 : 10-0927431, 출원인 : 연세대학교 산학협력단

해당화_ 꽃봉오리

해당화_ 잎과 줄기

해당화_노란꽃

해당화_ 수형

각 약초부위 생김새

해당화_ 잎

생열귀나무_ 잎

해당화_ 꽃

생열귀나무_ 꽃

해당화_ 열매

생열귀나무_ 열매

해당화_ 줄기

생열귀나무_ 줄기

황벽나무 (술)

학 명 : *Phellodendron amurense* Rupr.
과 명 : 운향과(Rutaceae)
이 명 : 황경피나무, 황병나무, 황병피나무
생약명 : 황백(黃柏)
맛과 약성 : 맛은 쓰고 약성은 차다.
음용법 : 기호와 식성에 따라 꿀, 설탕을 가미하여 음용할 수 있다.

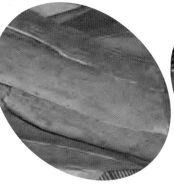

황벽나무_ 수피 속껍질

황벽나무_ 수피 겉껍질(절단)

약술 적용 병 증상

1. **장염(腸炎)** : 주로 설사가 심한 경우이다. 곱똥을 자주 누며 대변을 본 뒤 항문이나 언저리가 아픈 증세가 나타난다. 약 30mL 정도를 1회분으로 1일 2~3회씩, 7~10일 정도 음용한다.

2. **건위(健胃)** : 평소 기력이 약하고 식욕이 없으며 손발이 차고 안색이 좋지 않은 데다 소화가 잘 안 되는 허약체질을 개선하고자 하는 경우이다. 약 30mL 정도를 1회분으로 1일 2~3회씩, 6~10일 정도 음용한다.

3. **간염(肝炎)** : 간 조직에 염증이 생겨 간세포가 파괴되어 일으키는 카달성 황달(黃疸)을 말한다. 30mL 정도를 1회분으로 1일 2~3회씩, 20~25일 정도 음용한다.

4. **기타 질환** : 수렴, 지사, 고미건위, 위장병, 신경통, 항균, 항진균, 항염, 치조농루, 폐결핵, 전립선비대, 구내염, 당뇨, 도한, 방광염에 효과가 있다.

약술 담그기

1. 약효는 나무껍질(10년 이상 묵은) 또는 뿌리껍질에 있다. 방향성(芳香性)이 있다.

2. 채취하거나 구입한 나무껍질, 뿌리는 깨끗이 씻어 말린 다음 적당한 크기로 절단하여 사용한다.

3. 말린 나무껍질이나 뿌리 약 150~200g 정도를 각각 소주 약 3.8~4L에 넣고 밀봉하여 햇볕이 들지 않는 서늘한 곳에 보관, 침출 숙성시킨다.

4. 3~4개월 침출한 다음 건더기는 걸러내어 2~3개월 더 숙성시켜 음용하면 향과 맛이 훨씬 더 부드러워 마시기 편하다.

| 주의사항 |

⊛ 치유되는 대로 중단하며, 장기간 과용하지 않는 것이 좋다.

⊛ 본 약술을 음용하는 중에 가리는 음식은 없으나 다른 약술과 혼용하여 음용하지 않는 것이 좋다.

생태적 특성

전국에 분포하는 낙엽활엽 교목이다. 키는 10m 전후로 자라고 수피는 회색이며 두꺼운 코르크층이 발달하여 깊이 갈라지고 내피는 황색이다. 잎은 마주나고 기수 우상복엽으로 작은 잎은 5~13개에 난형 또는 피침상 난형이고 잎끝은 뾰족하며 밑부분은 좌우가 같지 않고 가장자리는 가늘고 둥근 톱니 모양이 나 있거나 밋밋하다. 꽃은 암수딴그루로 원추꽃차례를 이루며 5~6월에 황색 혹은 황록색의 꽃이 피고 액과상(液果狀) 핵과인 열매는 둥글고 9~10월에 검은색 또는 자흑색으로 익는다.

황벽나무_수형   황벽나무_꽃   황벽나무_열매

기능성 물질및 성분특허 자료

▶ 황백피와 지모의 혼합 수추출물을 포함하는 염증 및 통증 치료용 조성물

본 발명은 황백피(황벽나무 껍질)와 지모(知母) 등의 수추출물로 이루어진 소염, 진통 효과를 나타내는 치료 조성물과 그 제조방법에 관한 것이다. 본 발명은 일반적인 통증 및 염증 치료에 사용될 수 있는데, 구체적으로는 만성위염, 관절통, 전립선 비대증, 만성 및 재발성 방광염, 요추 및 경추 수핵탈출증, 퇴행성 관절염, 류머티스 관절염, 팔꿈치통, 골다공증에 의한 통증, 편두통, 당뇨성 통증 및 장부통 등에 사용되어 통증을 완화시키고 염증을 치료한다. 본 발명은 생약 추출물로서 부작용이 적으면서 소염 및 진통 효과를 나타내어 장기 복용 및 투여가 가능하다. 또한 의존성 및 내성을 초래하지 않고 말초 조직에 특이성을 갖는다.

- 공개번호 : 10-2000-0060612, 출원인 : (주)메드빌

하수오 (술)

학 명 : *Fallopia multiflora* (Thunb.) Haraldson
과 명 : 마디풀과(Polygonaceae)
이 명 : 지정(地精), 진지백(陳知白), 마간석(馬肝石), 수오(首烏)
생약명 : 하수오(何首烏)
맛과 약성 : 맛은 쓰고 달며 약성은 따뜻하다.
음용법 : 기호와 식성에 따라 꿀, 설탕을 가미하여 음용할 수 있다.

하수오_ 덩이뿌리

하수오_ 건조한 덩이뿌리(절단)

약술 적용 병 증상

1. **척추질환(脊椎疾患)** : 몸을 지탱하는 등뼈에 장애가 생기는 증상을 말한다. 30mL를 1회분으로 1일 2~3회씩, 20~25일 정도 음용한다.

2. **근골위약(筋骨痿弱)** : 간경에 열이 생겨 담즙이 지나치게 많이 나와 입 안이 쓰고 힘줄이 당기는 증상을 말한다. 30mL를 1회분으로 1일 3~4회씩, 12~15일 정도 음용한다.

3. **신기허약(腎氣虛弱)** : 몸의 기력이 약해져서 늘 피로를 느끼며 신체의 원기가 부족한 증상을 말한다. 30mL를 1회분으로 1일 2~3회씩, 20~25일 정도 음용한다.

4. **기타 질환** : 자양강장, 강정, 완화, 보신, 양혈, 거풍, 당뇨, 모발성장, 간장병, 간허, 갱년기장애, 건망증, 심계항진, 요슬산통, 임파선염에 효과가 있다.

약술 담그기

1. 약효는 덩이뿌리에 있으므로 주로 덩이뿌리를 사용한다.

2. 덩이뿌리를 깨끗이 씻어 말린 다음 검정콩 삶은 물을 흡수시켜 시루에 찌고 말리는 작업을 9번 반복(9증9폭)하여 사용한다.

3. 말린 덩이뿌리 약 200~250g을 소주 약 3.8~4L에 넣고 밀봉하여 햇볕이 들지 않는 서늘한 곳에 보관, 침출 숙성시킨다.

4. 일반적으로 6~8개월 정도 침출한 후에 음용이 가능하며, 10개월이 지나면 건더기를 걸러내고 보관, 음용하며 건더기를 걸러낸 후 2~3개월 더 숙성하여 음용하면 향과 맛이 훨씬 더 부드러워 마시기 편하다.

◉ 본 약술을 음용하는 중에 겨우살이, 마늘, 개고기, 파, 비늘 없는 물고기를 금한다.

◉ 치유되는 대로 중단하며, 장기간 과용하지 않는 것이 좋다.

◉ 과다 음용하면 간에 무리를 줄 수 있으므로 장기 음용하지 않는다.

◉ 부드러운 음료와 혼합하여 사용하여도 무방하다.

생태적 특성

중·남부지방에서 재배되는 덩굴성 다년생 초본이다. 줄기는 2~3m 정도 자란다. 줄기 밑동은 목질화되는데 뿌리는 가늘고 길며 그 끝에 비대한 덩이뿌리가 달린다. 덩이뿌리의 겉껍질은 적갈색이며 몸통은 무겁고 질은 견실하고 단단하다. 잎은 어긋나고 좁은 심장형으로 끝이 뾰족하며 8~9월에 흰색의 작은 꽃이 핀다. 꽃잎은 없고 수술은 8개, 자방은 달걀 모양이고 암술대는 3개이며 원추꽃차례이다. 열매는 수과(瘦果: 모양이 작고 성숙해도 열매껍질이 작고 말라서 단단하여 터지지 않음)로 익는다. 줄기는 야교등

하수오_지상부　　　　　　　하수오_꽃　　　　　　　하수오_열매

하수오_덩굴

(夜交藤), 잎은 하수엽(何首葉)이라 하여 약용한다. 일반인들이 하수오와 혼동하는 큰조롱은 연한 황록색의 산형꽃차례, 박주가리(나마)는 연한 자줏빛의 총상꽃차례의 꽃이 핀다. 열매는 천장각 또는 나마로 쓰이는 박주가리는 골돌 표주박 모양, 백수오라는 정식 생약명을 두고 백하수오로 잘못 불리고 있는 큰조롱은 골돌과(갈라진 여러 개의 씨방으로 된 열매)이므로 비교 가능하다.

기능성 물질및 성분특허 자료

▶ 하수오 추출물의 제조방법과 그 추출물을 함유한 당뇨병 관련 질환 치료용 의약 조성물

본 발명은 하수오 추출물의 제조방법과 그 추출물을 함유한 당뇨병 관련 질환 치료용 의약 조성물에 관한 것으로, 하수오를 물, 극성 유기용매 또는 이들의 혼합용매로 추출하는 단계, 상기 추출액으로부터 고형분을 제거하는 단계 및 상기 추출액으로부터 추출용매를 제거하여 하수오 추출물을 얻는 단계를 통해 혈당 강하 효과가 있는 하수오 추출물을 얻고, 이를 함유시켜 당뇨병 관련 치료용 조성물을 제조함으로써 우수한 혈당 강하 효과를 갖는 하수오 추출물과 그 추출물을 함유한 당뇨병 관련 질환 치료용 의약 조성물에 관한 것이다.

– 공개번호 : 10-2004-0063291, 출원인 : 에스케이케미칼(주)

▶ 은 나노입자 및 하수오 추출물을 포함하는 조성물 및 그의 용도

본 발명은 은 나노입자 및 하수오 추출물을 유효량으로 포함하는 약학적 조성물, 상기 약학적 조성물을 개체에 국소적으로 투여하여 모발 성장을 증진시키는 방법 및 이의 용도에 관한 것이다.

– 공개번호 : 10-2011-0124752, 출원인 : 차이, 밍펜(대만)

한련초(술)

학 명 : *Eclipta alba* (L.) Hass.(가는 잎 한련초)
과 명 : 국화과(Compositae)
이 명 : 하년초, 할년초, 한련풀, 묵초, 묵채, 금릉초(金陵草)
생약명 : 한련초(旱蓮草), 묵한련(墨旱蓮)
맛과 약성 : 맛은 시고 달며 약성은 차다.
음용법 : 기호와 식성에 따라 꿀, 설탕을 가미하여 음용할 수 있다.

한련초_ 건조한 전초

한련초_잎 건조

─── 약술 적용 병 증상 ───

1. 음위증(陰痿症) : 남성의 생식기가 위축되거나 발기가 되지 않는 증상이다. 30mL를 1회분으로 1일 1~2회씩, 20~30일 정도 음용한다.

2. 불임증(不姙症) : 결혼 후 3년이 지나도 임신이 안 되는 경우이다. 30mL를 1회분으로 1일 1~2회씩, 20일 이상 복용한다.

3. 장염(腸炎) : 주로 설사가 심한 경우이다. 곱똥을 자주 누며 대변을 본 뒤 항문이나 언저리가 아픈 증세가 나타난다. 30mL를 1회분으로 1일 2~3회씩, 7~10일 정도 복용한다.

4. 피로회복(疲勞回復) : 피로는 신체적 이상의 징후이다. 주로 환절기나 이른 봄에 온몸이 나른하면서 특정한 곳 없이 온몸이 아픈 경우의 처방이다. 30mL를 1회분으로 1일 1~2회씩, 20~25일 정도 음용한다.

5. 기타 질환 : 지혈, 양혈, 보신, 디프테리아, 대하, 입병, 음부 가려움증, 탈모방지 및 촉진, 냉증, 생리통, 발기부전에 효과가 있다.

─── 약술 담그기 ───

1. 약효는 전초에 있으므로 주로 전초를 사용한다.

2. 전초를 채취한 후 깨끗이 씻어 말린 다음 사용한다.

3. 말린 전초 약 150~200g을 소주 약 3.8~4L에 넣고 밀봉하여 햇볕이 들지 않는 서늘한 곳에 보관 침출 숙성시킨다.

4. 4개월 이상 숙성한 다음 건더기는 걸러내고 보관, 음용하며 건더기를 걸러낸 후 2~3개월 더 숙성하여 음용하면 향과 맛이 훨씬 더 부드러워 마시기 편하다.

| 주의사항 |

◉ 치유되는 대로 중단하며, 장기간 과용하지 않는 것이 좋다.

◉ 본 약술을 음용하는 중에 가리는 음식은 없다.

생태적 특성

경기도 이남 지역의 논이나 습윤한 곳에 자생하는 1년생 초본이다. 키는 10~60㎝ 정도로 곧게 자라며 가지는 잎겨드랑이에서 나오고 줄기와 잎 전체에 센털이 나 있다. 잎은 마주나고 거의 잎자루가 없으며 피침형으로 잔 톱니 모양이 나 있고 끝이 뾰족하거나 둔하다. 꽃은 8~9월에 흰색으로 피며 머리모양꽃차례로 달린다. 열매는 수과(瘦果)로 9~10월에 검은색으로 결실하는데 타원형으로 납작하고 길이는 2~3㎜이다. 참고로 '한련(Tropaeolum majus L.)'이라는 이름을 가진 식물은 따로 있는데 한련과의 덩굴성 1년생 초본으로 페루가 원산지이다. 이름은 비슷하지만 한련초와는 전혀 다른 종이다.

한련초_지상부   한련초_꽃   한련초_열매

기능성 물질및 성분특허 자료

▶ 탈모 방지 및 발모 촉진용 조성물로 유용한 한련초 추출물

본 발명은 한련초 추출물, 이의 분획물, 터트티에닐 유도체 또는 이의 약학적으로 허용 가능한 염을 포함하는 탈모 방지 또는 발모 촉진용 조성물에 관한 것이다. 보다 구체적으로, 상기 조성물은 TGF-β의 발현을 현저히 억제시킴으로써 탈모 방지, 육모, 양모, 발모 촉진에 유용히 사용될 수 있으며 탈모 방지용 용액, 크림, 로션, 샴푸, 스프레이, 겔 및 로션 등의 형태로 사용될 수 있다.

- 공개번호 : 10-2012-0052894, 출원인 : 한국생명공학연구원

할미꽃 (술)

학 명 : *Pulsatilla koreana* (Yabe ex Nakai) Nakai ex Mori
과 명 : 미나리아재비과(Ranunculaceae)
이 명 : 노고초, 조선백두옹, 할미씨까비, 야장인(野丈人), 백두공(白頭公)
생약명 : 백두옹(白頭翁)
맛과 약성 : 맛은 쓰고 약성은 차다.
음용법 : 기호와 식성에 따라 꿀, 설탕을 가미하여 음용할 수 있다.

할미꽃_ 뿌리

할미꽃_ 건조한 뿌리

━━ 약술 적용 병 증상 ━━

1. 대장염(大腸炎) : 대장염은 대장에 나타나는 염증 (炎症)을 말한다. 30mL를 1회분으로 1일 2~3회 씩, 8~10일 정도 복용한다.

2. 변혈(便血) : 항문에서 치질이나 탈홍에 의한 변 혈은 선홍색이고 대장의 질병에 의한 변혈은 흑 색을 많이 띠고 있다. 30mL를 1회분으로 1일 2~ 3회씩, 5~10일 정도 복용한다.

3. 장출혈(腸出血) : 장에서 나는 출혈로 변의 색깔 이 검다. 장암이나 십이지장궤양도 같은 색의 변 을 본다. 30mL를 1회분으로 1일 2~3회씩, 7~10 일 정도 복용한다.

4. 기타 질환 : 항균, 청열, 해독, 지혈, 지사, 인후 염, 항암, 냉병, 신경통, 어혈, 임파선염, 진통, 행 혈, 혈변에 효과가 있다.

━━ 약술 담그기 ━━

1. 약효는 뿌리에 있으므로 주로 뿌리를 사용한다.

2. 뿌리를 채취한 다음 깨끗이 씻어 말린 후에 사용 한다.

3. 말린 뿌리 약 150~200g을 소주 약 3.8~4L에 넣 고 밀봉하여 햇볕이 들지 않는 서늘한 곳에 보관, 침출 숙성시킨다.

4. 8개월 정도 침출한 다음 건더기를 걸러내고 보 관, 음용하며 건더기를 걸러낸 후 2~3개월 더 숙 성하여 음용하면 향과 맛이 훨씬 더 부드러워 마 시기 편하다.

◉ 약간의 독성이 있으므로 전문가와 상담한 후 주의해서 음용해야 한다.

◉ 치유되는 대로 중단하며, 장기간 과용하지 않는 것이 좋다.

◉ 본 약술을 음용하는 중에 가리는 음식은 없다.

생태적 특성

전국 각지의 산야에 분포하는 다년생 초본으로 주로 양지쪽에서 자란다. 꽃대의 키는 30~40㎝ 정도로 자란다. 잎은 뿌리에서 모여나고 깃모양겹잎이며 줄기 전체에 긴 털이 밀생하며 흰빛이 돈다. 4월에 적자색으로 피는 꽃은 1개로 꽃줄기의 끝에 달리고 밑을 향해 보고 있다. 열매는 수과로 긴 달걀 모양이고 겉에 흰색 털이 나 있다. 약재로 사용하는 뿌리는 원주형에 가깝거나 또는 원추형으로 약간 비틀려 구부러졌고 길이 6~20㎝, 지름 0.5~2㎝이다. 표면은 황갈색 또는 자갈색으로 불규칙한 세로 주름과 세로 홈이 있으며 뿌리의 머리 부분은 썩어서 움푹 들어가 있다. 뿌리의 질은 단단하면서도 잘 부스러지고 단면의 껍질부는 흰색 또는 황갈색이며 목부는 담황색이다.

할미꽃_지상부

할미꽃

할미꽃_열매

기능성 물질및 성분특허 자료

▶ 할미꽃 뿌리로부터 위암에 대한 우수한 항암 특성을 갖는 성분을 추출하는 방법

이 발명은 할미꽃 뿌리의 추출물을 항암제로 이용하는 것에 관한 것이다. 할미꽃 뿌리의 유기용매 추출물 특히 디클로로메탄과 에틸아세테이트 추출물은 항암 효과를 나타내며, 그중에서도 디클로로메탄 추출물은 위암, 대장암 및 간에 효과가 있고 에틸아세테이트 추출물은 특히 위암에 탁월한 효과가 있다.

- 공개번호 : 10-1996-0028914, 출원인 : 보령제약(주), 박재갑

복방주

복방주란 3가지 이상 약초, 약재를 사용하여
약술을 담궈서 음용하는 것을 말한다.

스트레스를 해소하고 집중력을 강화하는 술

강비집중(술)

- **재 료 :** 당귀, 용안육, 산조인, 원지, 인삼, 황기, 백출, 백복령 각 120g, 생강, 대추 각 150g, 목향 60g
- **재료의 준비 :** 당귀는 술을 뿌려 흡수시킨 다음 프라이팬에 볶아주고, 산조인은 프라이팬에 약한 불로 서서히 볶아서 휘발성 정유물질을 빼낸다. 원지는 가을에 채취하여 물관부 심을 제거하고 뿌리껍질만 정선하여 잘 말려준다. 인삼은 노두를 제거하고 잘게 부셔주고, 황기는 꿀물을 흡수시켜 프라이팬에 갈색이 될 때까지 볶아준다. 백출은 하룻밤 동안 쌀뜨물에 담가서 쓴물을 우려내고 맑은 물에 씻어서 말려두고, 대추는 씨를 발라낸다.

- **음용법 :** 아침·저녁 식사시간에 반주(飯酒)로 한 잔(20~30cc)씩 마신다.

━━ 각 약재의 부위 ━━

당귀   용안육   산조인   원지

인삼   황기   백출   백복령

생강

대추

목향

각 약초 부위 생김새

왜당귀_ 잎

용안_ 잎

묏대추나무_ 잎

인삼_ 잎

왜당귀_ 꽃

용안_ 꽃

묏대추나무_ 꽃

인삼_ 꽃

복령_ 자실체

복령_ 약재

삽주_ 잎   인삼_ 잎   황기_ 잎   생강_ 잎

삽주_ 꽃   인삼_ 꽃   황기_ 꽃   생강_ 전초(채취품)

대추나무_ 잎   목향_ 잎

대추나무_ 꽃   목향_ 꽃

| 효능효과 |

근심걱정으로 심(心)과 비(脾)를 손상시킨 경우, 건망증과 히스테리, 정액이 흘러 나가는 유정(遺精), 불면증(不眠症)과 열을 동반하는 도한(盜汗), 식욕부진(食慾不振), 월경불순(月經不順), 대변부조(大便不調) 등의 치료에 효과가 있다.

| 약술 담그는 방법 |

• 전통 발효주 : 위 재료를 물에 넣어 중불로 2시간 이상 끓인 뒤 건더기는 건져내고 이를 기본 물로 잡아서 전통 발효주 담는 순서에 따라 술을 담근다. 또는 술을 담글 때 위 약재를 잘게 갈아서 함께 넣어도 좋다.

• 침출주(소주담금) : 위 재료를 병에 담고 재료가 충분히 잠길 정도로 2~3배의 소주(30%)를 부어 3개월 정도 우려낸 다음 건더기를 거르고 술만 다시 밀봉하여 숙성시킨다.

이 술의 특성

이 술은 '귀비탕(歸脾湯)'을 기본으로 하는데 비(脾)는 췌장으로, 단순히 혈당(血糖)을 분해하는 인슐린을 분비하는 기관 정도로 이해하기 쉬우나 실제 한방에서는 매우 중요한 기관으로 취급하고 있다. 위(胃)와 표리(表裏)관계를 이루어 소화와 흡수를 담당하고, 영양분과 진액의 대사 및 운화(運化)를 담당하는 중요한 기능을 담당한다. 위에서 삭힌 음식물들이 소장으로 넘어가면 소장에서는 정미로운 영양물질 즉, 청기(淸氣)는 흡수하고 배설해야 할 물질들 즉, 탁기(濁氣)는 구분해 대장으로 내보내는데 이때 소장에서 흡수한 청기(淸氣), 즉 에너지 대사의 원천이 되는 영양물질은 간에 저장되었다가 혈액을 타고 온몸으로 보내지는데 소장에서 간으로 가는 문맥의 추동작용이나 간에서 심으로 전해져서 온몸으로 순화되는 혈액순환의 추동작용을 담당하는 근원적인 힘은 이 비(脾)에서 담당하게 된다. 따라서 '비(脾)는 운화(運化)를 주관한다[비주운화(脾主運化)]'고 하는 것이다. 또한 이러한 소화(消化), 흡수(吸收), 운반(運搬), 대사(代謝) 작용에 가장 중요한 기능을 하는 비(脾)는 후천(後天)의 정(精)을 끊임없이 충당해주는 매우 중요한 기관으로 심리적 영향을 많이 받기 마련이다. 따라서 정신적 스트레스의 영향을 많이 받는데 이 술은 비(脾)의 기능을 강화시켜 신경이 예민하거나 고도의 집중력을 필요로 하고 항상 스트레스에 노출되기 쉬운 정신노동을 많이 하는 도시의 직장인들은 물론 건망증, 식욕부진, 월경불순, 대변이 불규칙한 대변부조, 신경쇠약, 불면증, 노이로제, 위무력증, 위하수, 빈혈 등에 시달리는 사람들에게 매우 도움이 되는 술이라 할 수 있다. 학생이나 수험준비생에게는 위 재료를 차로 달여서 마시게 하거나 술을 담근 다음 술을 끓여서 알코올을 날려보내고 차처럼 마시게 해도 좋다.

혈압을 내려주는 술

강압 (술)

- ■ 재　료 : 황정 50g, 하수오, 구기자 각 30g, 천마 50g
- ■ 재료의 준비 : 황정은 껍질을 벗기고 술을 뿌려 시루에 찌고 햇볕에 말린다. 하수오는 껍질을 벗기고 깍둑 썰어서 '검정콩 삶은 물을 충분하게 흡수시켜 찌고 말리는' 작업을 반복하여 내부까지 흑색이 되도록 만든다. 구기자는 술을 흡수시켜 프라이팬에 볶아주고, 천마는 백반을 녹인 물에 담가서 충분히 흡수시킨 다음 속이 물러질 만큼 끓인 뒤 말린다.

- ■ 음용법 : 아침·저녁 식사시간에 반주(飯酒)로 한 잔(20~30cc)씩 마신다.

─── 각 약재의 부위 ───

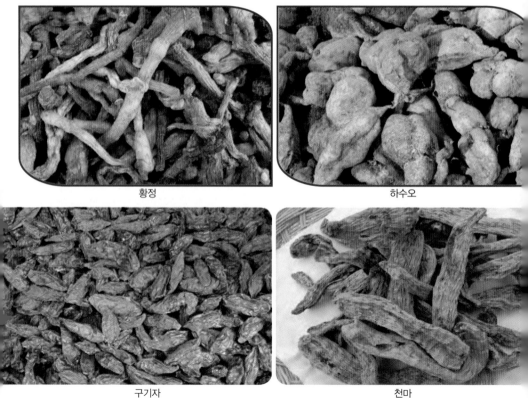

황정

하수오

구기자

천마

각 약초 부위 생김새

층층둥굴레_ 잎	하수오_ 잎	구기자나무_ 잎	천마_ 지상부
층층둥굴레_ 꽃	하수오_ 꽃	구기자나무_ 꽃	천마_ 꽃
층층둥굴레_ 열매	하수오_ 열매	구기자나무_ 열매	천마_ 덩이줄기

효능효과 |

혈압내림에 좋은 효과가 있다. 특히 편두통 치료에 효과적이다.

| 약술 담그는 방법 |

• **전통 발효주** : 위 재료를 물에 넣어 중불로 2시간 이상 끓인 뒤 건더기는 건져내고 이를 기본 물로 잡아서 전통 발효주 담는 순서에 따라 술을 담근다. 또는 술을 담글 때 위 약재를 잘게 갈아서 함께 넣어도 좋다.

• **침출주**(소주담금) : 위 재료를 병에 담고 재료가 충분히 잠길 정도로 2~3배의 소주(30%)를 부어 3개월 정도 우려낸 다음 건더기를 거르고 술만 다시 밀봉하여 숙성시킨다.

이 술의 특성

이 술은 간과 신장의 기능을 도와주는 효능이 강하다. 특히 천마를 첨가하면 진정(鎭靜)과 진경(鎭痙) 효과가 높고, 경락을 잘 통하게 하는 작용이 있어 일반적인 두통은 물론 특히 편두통에 탁월한 치료 효과를 볼 수 있다. 천마는 난초과에 속하는 약재로 예로부터 귀한 약재로 활용되어 왔으나 특유의 오줌 지린내로 인해 재료 준비과정에서 이 냄새를 제거하는 전처리과정을 제대로 하지 않으면 역한 냄새 때문에 복용하기가 어려운 문제점이 있다. 따라서 재료를 삶기에 충분한 양의 물에 백반을 포화용액으로 만들고 약재를 담가서 충분히 내부까지 흡수시킨 다음, 물을 끓여 내부가 충분히 물러질 때까지 삶아서 햇볕에 말려준 다음 사용해야 한다.

하수오

혈관을 튼튼하게 만들고 혈액순환을 도와주는 술

강관순혈(술)

- **재　료** : 꾸지뽕나무, 괴화 각 50g, 상황버섯, 영지, 귀전우 각 20g
- **재료의 준비** : 괴화는 꽃이 필 때 채취하여 말리고, 상황버섯과 영지는 잘게 절단하여 말린다. 귀전우는 가지 곁에 붙어 있는 날개가 떨어져 나가지 않도록 주의해 채취한다.

- **음용법** : 아침·저녁 식사시간에 반주(飯酒)로 한 잔(20~30cc)씩 마신다.

각 약재의 부위

꾸지뽕나무

괴화

상황버섯

영지

귀전우

각 약초 부위 생김새

꾸지뽕나무_ 잎

회화나무_ 잎

영지_ 어린 자실체

화살나무_ 꽃

꾸지뽕나무_ 꽃

회화나무_ 꽃

영지_ 재배

화살나무_ 가지의 날개

상황버섯_ 말굽형의 대가 없는 자실체

상황버섯_ 자실체

| 효능효과 |
혈관을 튼튼하고 탄력 있게 만들어 혈액순환을 원활하게 해준다.

| 약술 담그는 방법 |
• **전통 발효주** : 위 재료를 물에 넣어 중불로 2시간 이상 끓인 뒤 건더기는 건져내고 이를 기본 물로 잡아서 전통 발효주 담는 순서에 따라 술을 담근다. 또는 술을 담글 때 위 약재를 잘게 갈아서 함께 넣어도 좋다.
• **침출주**(소주담금) : 위 재료를 병에 담고 재료가 충분히 잠길 정도로 2~3배의 소주(30%)를 부어 3개월 정도 우려낸 다음 건더기를 거르고 술만 다시 밀봉하여 숙성시킨다.

이 술의 특성

이 술은 각종 종양을 다스리며, 어혈을 풀어주는 데 탁월한 효과를 기대할 수 있다. 따라서 혈액 내에 생기는 피떡인 혈전을 녹이고, 혈전이 원인이 되어 생기는 혈관의 막힘 현상을 예방하고, 특히 뇌혈관 질환의 예방 효과가 우수하다. 혈관 내의 어혈을 풀어줌과 동시에 혈관벽을 튼튼하고 탄력 있게 만들어 심혈관질환을 예방하고, 혈액순환을 도와주는 유익한 술이다. 환자일 경우에는 술을 끓여서 알코올을 증발시키고 난 뒤 마시는 것도 좋은 방법이다.

구찌뽕열매

가래를 제거하고 기관지를 편하게 하는 술

거담통기(술)

- ■**재 료** : 오미자, 길경(도라지), 양유(더덕) 각 100g, 모과 50g
- ■**재료의 준비** : 오미자는 열매자루와 이물질을 제거하고, 길경과 양유는 껍질을 벗기지 말고 흙모래만 잘 씻어서 잘라 말린다. 모과는 서리가 내린 후 잘 익은 것을 채취하여 과일 껍질에 묻어나는 끈끈한 진액을 닦아내지 말고 그대로 잘라서 말린다.

- ■**음용법** : 아침·저녁 식사시간에 반주(飯酒)로 한 잔(20~30cc)씩 마신다.

각 약재의 부위

오미자

길경

양유

모과

234

각 약초 부위 생김새

오미자_ 잎

도라지_ 잎

오미자_ 꽃

도라지_ 꽃

도라지_ 열매

더덕_ 잎

모과나무_ 잎

더덕_ 꽃

모과나무_ 꽃

모과나무_ 열매

| 효능효과 |

가래를 제거하여 기관지를 편안하게 하고, 폐의 건조함을 윤활하게 하여 근본적으로 호흡기를 편안하게 만드는 통기(通氣)하는 효과가 있다.

| 약술 담그는 방법 |

• **전통 발효주** : 먼저 찬물 1~2L에 오미자를 하룻밤 정도 담가서 우려낸 다음, 물을 더 첨가해 나머지 재료를 넣어 중불로 2시간 이상 끓여 건더기는 건져내고 이를 기본 물로 잡아 전통 발효주 담는 순서에 따라 술을 담근다. 또는 술을 담글 때 위 약재를 잘게 갈아서 함께 넣어도 좋다.

• **침출주(소주담금)** : 위 재료를 병에 담고 재료가 충분히 잠길 정도로 2~3배의 소주(30%)를 부어 3개월 정도 우려낸 다음 건더기를 거르고 술만 다시 밀봉하여 숙성시킨다.

이 술의 특성

산수유(山茱萸)는 정기를 밖으로 흘러나가지 못하게 안으로 갈무리하는 수렴(收斂)작용이 매우 강하다. 여기에 몸안에 진액을 생성하고, 호흡기를 편하게 해주는 산약(山藥: 마)과 맥문동(麥門冬)을 더하고, 오미(五味: 시고, 쓰고, 달고, 맵고, 짠맛)를 다 갖춘 오미자(五味子)를 더함으로써 몸안에 진액이 부족하여 발생하는 가래나 기침을 근본적으로 해소하고, 기혈의 소통을 원활하게 만드는 좋은 술로 추천한다.

도라지(자연산)

근육과 뼈를 튼튼하게 만드는 술

기골장대 (술)

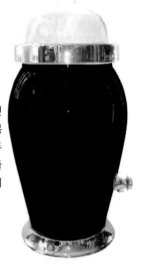

- **재 료** : 오가피, 두충, 우슬, 속단 각 150g, 감초 50g
- **재료의 준비** : 오가피는 여름에서 가을 사이에 수간부(樹幹部) 또는 뿌리껍질을 벗겨 말리고, 두충은 뿌리 겉껍질 코르크층을 제거한 뒤 짧게 잘라서 프라이팬에 볶아 형성층 안에 자리한 백사(白絲)물질(gutapercha)을 태워서 제거한다. 우슬은 노두(蘆頭) 부분을 제거하고 뿌리만 사용한다. 속단(續斷)은 뿌리를 채취하여 잔털과 줄기를 제거하고 말린 뒤 사용한다. 감초는 꿀물을 흡수시켜 약한 불로 프라이팬에 갈색이 나도록 볶아준다.

- **음용법** : 아침·저녁 식사시간에 반주(飯酒)로 한 잔(20~30cc)씩 마신다.

─ 각 약재의 부위 ─

오가피

두충

우슬

속단

감초

각 약초 부위 생김새

오갈피나무_ 잎　　　두충_ 잎　　　속단_ 잎　　　쇠무릎_ 잎

오갈피나무_ 꽃　　　두충_ 열매　　　속단_ 꽃　　　쇠무릎_ 꽃

감초_ 잎　　　감초_ 꽃

| 효능효과 |

간과 신장의 기능을 튼튼하게 만들어 혈액을 보충하고 혈액순환을 원활하게 하여 강장효과를 높일 수 있으며, 근육과 뼈를 튼튼하게 만들고 신장 기능을 강화하여 골수를 보충하고 뼈를 튼튼하게 만든다. 특히 갱년기 이후 노년기의 근골을 튼튼하게 만들고 통증을 멎게 하는 효과를 기대할 수 있다.

| 약술 담그는 방법 |

- 전통 발효주 : 위 재료를 물에 넣어 중불로 2시간 이상 끓인 뒤 건더기는 건져내고 이를 기본 물로 잡아서 전통 발효주 담는 순서에 따라 술을 담근다. 또는 술을 담글 때 위 약재를 잘게 갈아서 함께 넣어도 좋다.
- 침출주(소주담금) : 위 재료를 병에 담고 재료가 충분히 잠길 정도로 2~3배의 소주(30%)를 부어 3개월 정도 우려낸 다음 건더기는 거르고, 술만 다시 밀봉하여 숙성시킨다.

이 술의 특성

오가피는 예로부터 강장작용과 함께 간과 신장을 보하고 혈액순환을 원활하게 만드는 약재로 간기능이 저하되면서 근력이 떨어지는 갱년기 이후의 근력을 회복시키는 데 최고의 약재로 손꼽힌다. 여기에 오가피와 비슷한 효과를 가지면서 신장기능의 강화로 정신 집중력을 높여주는 두충과, 예로부터 부인들에게 사랑받아온 우슬을 가미하고, 부러진 뼈를 이어주는 효과가 있다고 하여 이름 붙여진 속단이 들어가 근육과 뼈를 강화하는 데 최고의 기능을 가지는 술이라고 할 수 있다. 특히 나이가 들어가면서 근력이 저하되고 관절 마디의 굴신(屈伸)이 어려워질 때 조금씩 마신다면 건강한 노후를 즐길 수 있다.

속단 알뿌리

남성의 양기를 더해주는 술

군자보기(술)

- **재　료** : 인삼, 백출, 백복령, 감초 각 150g, 생강 50g, 대추 60개
- **재료의 준비** : 인삼은 뇌두(腦頭)를 제거하고 잘게 부순다. 백출은 쌀뜨물에 하룻밤 정도 담가서 쓴맛을 우려낸 뒤 맑은 물에 씻은 다음 말려 두고 사용한다. 백복령은 얇게 편으로 잘라서 말리고, 감초는 꿀물을 흡수시켜 프라이팬에 약한 불로 볶아서 사용한다. 생강은 얇게 편으로 썰고, 대추는 씨를 발라낸다.
- **음용법** : 아침·저녁 식사시간에 반주(飯酒)로 한 잔(20~30cc)씩 마신다.

─ 각 약재의 부위 ─

인삼　　　　　　　백출　　　　　　　백복령

감초　　　　　　　생강　　　　　　　대추

각 약초 부위 생김새

인삼_ 꽃

삽주(백출)_ 꽃

복령_ 자실체(채취품)

감초_ 잎

인삼_ 열매

삽주(백출)_ 잎

복령절편

감초_ 꽃

생강_ 잎

대추나무_ 꽃

생강_ 전초(채취품)

대추나무_ 열매

| 약술 담그는 방법 |

- **전통 발효주** : 위 재료를 물에 넣어 중불로 2시간 이상 끓인 뒤 건더기는 건져내고 이를 기본 물로 잡아서 전통 발효주 담는 순서에 따라 술을 담근다. 또는 술을 담글 때 위 약재를 잘게 갈아서 함께 넣어도 좋다.
- **침출주**(소주담금) : 위 재료를 병에 담고 재료가 충분히 잠길 정도로 2~3배의 소주(30%)를 부어 3개월 정도 우려낸 다음 건더기는 거르고 술만 다시 밀봉하여 숙성시킨다.

| 효능효과 |

양기가 손실되기 쉬운 남성에게 매우 좋은 치료 효과를 준다. 특히 남성은 활동량이 많아 양기를 소모하기가 쉽고, 기가 부족한 경우 에너지 대사가 원활하게 이루어질 수 없기 때문에 적절하게 기를 보충해주는 일은 매우 중요하다. 인삼은 본디 몸을 따뜻하게 만들면서 원기를 크게 보하고, 기와 더불어 혈을 보하는 효과도 있어서[조영위(調營衛)] 예로부터 동서고금을 막론하고 만병통치의 명약으로 대접받아왔다. 백출은 습사(濕邪)를 제거하고, 복령은 이수작용을 하며, 생강은 몸을 따뜻하게 만드는 온보(溫補) 역할을 한다.

이 술의 특성

인체를 알코올램프에 비유한다면 이 술은 알코올램프의 심지를 돋우는 역할을 한다고 할 수 있다. 알코올을 혈액이나 몸안의 진액, 즉 에너지소스로 비유한다면 심지는 이러한 진액의 대사나 활력을 왕성하게 만들어 신체의 신진대사를 왕성하게 만들고 에너지 생성을 왕성하게 만드는 효과에 비유할 수 있다. 이처럼 이 술은 우리 몸의 에너지 대사를 촉진시키고 보충해주는 귀한 역할을 하는 술로써 특히 활동량이 많고 양기가 부족하기 쉬운 남성에게 양기를 더해주는 좋은 술이다. 재료 중에 인삼은 군자(君子)의 어진 덕성을 지녔으며, 감초의 따사롭고 온화한 성품은 예(禮)의 덕을 지녔다고 할 수 있다. 감초는 '약방의 감초'라는 별명처럼 모든 약물을 중화해독시키니 나라의 늙은 원로중신이라는 의미로 '국노(國老)'라는 별명으로도 불린다. 백출은 의로운 군자의 기상을 가졌는데 인체의 탁한 기운을 청소하며 방탕한 욕심을 제거한다. 백복령(白茯苓)은 신명(神明)을 도와 냉철한 지혜와 유능한 신하의 덕성을 가지고 있다. 이로서 이 술은 '인의예지(仁義禮智)'의 덕성을 갖춘 군자의 모습과 같다 하여 '사군자탕(四君子湯)'이라 불리는 처방을 기본으로 하여 구성된다.

호습기를 튼튼하고 부드럽게 만드는 술

기통(술)

- **재 료** : 오미자, 산수유 각 100g, 맥문동, 산약(마) 각 80g
- **재료의 준비** : 산수유는 씨를 빼고 과육만 잘 말려둔다. 맥문동은 심을 빼내고, 산약은 흙모래가 묻어 들어가지 않도록 껍질을 제거하고 한 번 쪄서 말려두고 사용한다.

- **음용법** : 아침·저녁 식사시간에 반주(飯酒)로 한 잔(20~30cc)씩 마신다.

━━━━━ **각 약재의 부위** ━━━━━

오미자

산수유

맥문동

산약

각 약초 부위 생김새

오미자_ 잎

산수유_ 잎

오미자_ 열매

산수유_ 꽃

산수유_ 열매

맥문동_ 잎

마_ 잎

맥문동_ 꽃

마_ 꽃

마_ 영여자

| 효능효과 |

가래를 제거하고 기관지를 편안하게 만들어 위의 진액을 생성하여 신진대사를 원활하게 한다.

| 약술 담그는 방법 |

• 전통 발효주 : 먼저 찬물 1~2L에 오미자를 하룻밤 정도 담가서 우려낸 다음, 물을 더 첨가해 나머지 재료를 넣어 중불로 2시간 이상 끓여서 건더기는 건져내고 이를 기본 물로 잡아서 전통 발효주 담는 순서에 따라 술을 담근다. 또는 술을 담글 때 위 약재를 잘게 갈아서 함께 넣어도 좋다.

• 침출주(소주담금) : 위 재료를 병에 담고 재료가 충분히 잠길 정도로 2~3배의 소주(30%)를 부어 3개월 정도 우려낸 다음 건더기를 거르고 술만 다시 밀봉하여 숙성시킨다.

이 술의 특성

오미자(五味子)는 원래 오미(五味: 시고, 쓰고, 달고, 맵고, 짠맛)를 다 갖춘 열매라 하여 붙여진 이름이다. 특히 오미자는 몸을 튼튼하게 만드는 강장(强壯)작용을 할 뿐만 아니라 폐(肺), 심(心), 간(肝), 신(腎)을 두루 이롭게 하는 중요한 약재로 신장의 기운을 보하고, 폐를 윤활하게 하며, 진액을 생성하게 하고, 땀을 멈추게 하며, 기침을 멈추게 하는 최고의 약재이다. 여기에 수렴작용이 강한 산수유, 강장작용과 면역력 향상에 좋은 산약(마), 진액을 생성하고 기관지를 이롭게 하는 맥문동 등을 가미하여 황사(黃紗)나 미세(微細)먼지에 고통 받는 현대인들에게 '기통(氣通)'차게 좋은 술로 추천한다. 그러나 모든 것이 그렇듯이 과유불급(過猶不及), 반주로 한 잔씩만 해도 충분하다.

맥문동

피가 부족하기 쉬운 여성과 빈혈치료에 좋은 술

단빈혈(술)

- **재 료 :** 당귀, 숙지황, 백작약, 천궁 각 150g, 생강 50g, 대추 60개
- **재료의 준비 :** 당귀는 술(청주)을 뿌려 흡수시킨 후 프라이팬에 약한 불로 복아 말린다. 숙지황은 구증구폭(九蒸九曝)한 것을 사용한다. 백작약은 이물질과 흙모래를 살짝 씻어내고 프라이팬에 노릇노릇하게 볶아준다. 천궁은 보자기에 싸서 물에 담가 하룻밤 정도 물을 흘려 정유성분을 우려내고 말려 사용한다. 대추는 씨를 발라내고 사용한다.
- **음용법 :** 아침·저녁 식사시간에 반주(飯酒)로 한 잔(20~30cc)씩 마신다.

각 약재의 부위

당귀   숙지황   백작약

천궁   생강   대추

각 약초 부위 생김새

당귀_ 잎

지황_ 잎

백작약_ 잎

천궁_ 잎

당귀_ 지상부

지황_ 꽃

백작약_ 꽃

천궁_ 꽃

생강_ 잎

대추나무_ 잎

생강_ 덩이뿌리(채취품)

대추나무_ 열매

| 약술 담그는 방법 |

- **전통 발효주** : 위 재료를 물에 넣어 중불로 2시간 이상 끓인 뒤 건더기는 건져내고 이를 기본 물로 잡아서 전통 발효주 담는 순서에 따라 술을 담근다. 또는 술을 담글 때 위 약재를 잘게 갈아서 함께 넣어도 좋다.

- **침출주(소주담금)** : 위 재료를 병에 담고 재료가 충분히 잠길 정도로 2~3배의 소주(30%)를 부어 3개월 정도 우려낸 다음 건더기는 거르고 술만 다시 밀봉하여 숙성시킨다.

| 효능효과 |

월경과 임신·출산으로 인하여 피가 부족하기 쉬운 여성과, 평소 혈액 부족으로 인해 빈혈인 사람에게 좋은 치료 효과를 주는 술이다.

이 술의 특성

인체를 알코올램프에 비유한다면 이 술은 알코올램프의 알코올을 보충해주는 역할을 한다고 할 수 있다. 알코올을 혈액이나 몸안의 진액, 즉 에너지소스라고 비유한다면 심지는 이러한 진액의 대사나 활력을 왕성하게 만들어 신체 신진대사와 에너지 생성을 왕성하게 만드는 효과에 비유할 수 있다. 이처럼 이 술은 우리 몸의 에너지 대사를 촉진시키고 보충해주는 근원인 알코올에 해당하여 진액을 보충해주는 귀한 역할을 하는 술로써 특히 월경과 임신 · 출산 등으로 인하여 혈액이 부족하기 쉬운 여성과 평소 혈액이 부족하여 빈혈인 사람에게 피를 만들어주고 진액을 더해주는 좋은 술이다.

생지황

숙지황

과민성대장증후군 치료에 좋은 술

대장안녕 (술)

- **재　료** : 창출 200g, 곽향, 생강, 대추 각 150g, 소엽 100g, 백지, 대복피, 백복령, 백출, 반하, 진피, 후박, 길경, 감초 각 50g
- **재료의 준비** : 창출, 백출은 쌀뜨물에 하룻밤 담가서 쓴 물을 제거해 말려서 사용한다. 길경은 노두(蘆頭)를 제거한다.

- **음용법** : 아침·저녁 식사시간에 반주(飯酒)로 한 잔(20~30cc)씩 마신다.

━ 각 약재의 부위 ━

창출	곽향	생강	대추	소엽

백지	대복피	백복령	백출	반하

진피   후박   길경   감초

각 약초 부위 생김새

삽주_ 잎   배초향_ 잎   생강_ 잎   대추나무_ 잎

삽주_ 꽃   배초향_ 꽃   생강_ 뿌리(채취품)   대추나무_ 열매

복령_ 자실체   복령_ 자실체(채취품)   빈랑나무_ 열매   빈랑나무_ 열매(채취품)

각 약초 부위 생김새

차즈기_ 잎

구릿대_ 잎

반하_ 잎

귤_ 잎

차즈기_ 꽃

구릿대_ 꽃

반하_ 꽃

귤_꽃

후박나무_ 잎

감초_ 잎

도라지_ 잎

후박나무_ 꽃

감초_ 열매

도라지_ 꽃

| 효능효과 |

몸의 면역력을 강화하고, 소화력을 증진시킨다.

| 약술 담그는 방법 |

- **전통 발효주** : 위 재료를 물에 넣어 중불로 2시간 이상 끓인 뒤 건더기는 건져내고 이를 기본 물로 잡아서 전통 발효주 담는 순서에 따라 술을 담근다. 후박과 곽향은 다른 재료들이 모두 끓어 우러나면 불을 끄기 20~30분 전에 넣어 약효가 증발되는 것을 막는다. 또는 술을 담글 때 위 약재를 잘게 갈아서 함께 넣어도 좋다.

- **침출주(소주담금)** : 위 재료를 병에 담고 재료가 충분히 잠길 정도로 2~3배의 소주(30%)를 부어 3개월 정도 우려낸 다음 건더기를 거르고 술만 다시 밀봉하여 숙성시킨다.

| 약술 담그는 방법 |

1. 약효는 **뿌리**에 있으므로 뿌리를 사용한다.
2. 뿌리를 채취한 다음 깨끗이 씻어 말린 후에 사용한다.
3. 말린 뿌리 150~200g과 소주 3.8~4L를 용기에 넣어 밀봉하여 햇볕이 들지 않는 서늘하고 통풍이 잘되는 곳에 보관하여 침출 숙성시킨다.
4. 8개월 정도 침출한 다음 건더기를 걸러낸 후 바로 마시거나, 2~3개월 더 숙성시켜 마시면 향과 맛이 더 부드러워 마시기 편하다.

| 구입방법 및 주의사항 |

1. 산지(産地)인 산이나 들판의 양지에서 자생하는 것을 채취한다.
2. 약간의 독성이 있으므로 전문가와 상담한 후 주의해서 마셔야 한다.
3. 치유되는 대로 중단하는 것이 좋으며, 많은 양을 오랜 기간 동안 마시는 것은 삼가는 것이 좋다.
4. 본 약술을 마시는 기간 동안 가려야 할 음식은 없다.

이 술의 특성

이 술은 소화력을 증진시키며 오한이 나고 몸살이 나며 구토와 설사를 동반한 복통이 있을 때 유용하게 사용하는 곽향정기산과, 정기가 부족하여 머리가 아프고 온몸이 아프며 토사(吐瀉)와 점액질(粘液質)의 설사를 동반할 때 사용하는 불환금정기산을 기본으로 한다. 대장에 유해한 균을 억제하면서 유익한 균의 증식을 돕고 면역항체를 생성하는 데 도움을 주어 장을 튼튼하게 만들어 면역기능을 높여준다.

월경분순과 통증치료에 도움을 주는 술

무통순경 (술)

재 료 : 우슬, 홍화 각 150g, 당귀, 만삼(당삼), 향부자, 계피 각 90g

재료의 준비 : 당귀는 술을 흡수시켜 프라이팬에 볶아주고(주초酒炒), 향부자는 식초를 흡수시켜 프라이팬에 볶아준다.(초자醋炙). 만삼은 약재 이름을 당삼(黨蔘)이라 하는데 쌀을 함께 넣어 볶은(미초米炒) 다음 쌀을 털어내고 사용한다.

음용법 : 아침·저녁 식사시간에 반주(飯酒)로 한 잔(20~30cc)씩 마신다.

각 약재의 부위

우슬

홍화

당귀

만삼

향부자

계피

각 약초 부위 생김새

쇠무릎_ 잎

잇꽃_ 잎

쇠무릎_ 꽃

잇꽃_ 꽃

잇꽃_ 지상부

왜당귀_ 잎

만삼_ 잎

왜당귀_ 꽃

만삼_ 꽃

만삼_ 지상부

향부자_ 잎

계피나무_ 꽃

향부자_ 꽃

계피나무

계피나무_열매

효능효과 |

경불순, 월경통 치료에 효과적이다.

약술 담그는 방법 |

전통 발효주 : 위 재료를 물에 넣어 중불로 2시간 이상 끓인 뒤 건더기는 건져내고 이를 기본 물로 잡아서 전통 발효주 담는 순서에 따라 술을 담근다. 계피는 다른 재료들이 모두 끓어 우러난 후 불을 끄기 20~30분 전에 넣어 약효가 증발되는 것을 막는다. 또는 술을 담글 때 위 약재를 잘게 갈아서 함께 넣어도 좋다.

침출주(소주담금) : 위 재료를 병에 담고 재료가 충분히 잠길 정도로 2~3배의 소주(30%)를 부어 3개월 정도 우려낸 다음 건더기를 거르고 술만 다시 밀봉하여 숙성시킨다.

이 술의 특성

성고혈압으로 인해 인삼을 사용할 수 없는 사람에게 대용품으로 보통 당삼(만삼)을 권한다. 그것은 단위 그 당 성분 함량은 조금 낮지만 인삼이 가지고 있는 약효성분 거의 대부분을 만삼이 함유하고 있으면서, 일시 으로 혈압을 올리는 인삼의 기능을 만삼은 작용하지 않기 때문이다. 따라서 인삼을 사용하기 주저하는 사 에게 만삼은 매우 유용한 약재이다. 같은 원리로 삼계탕에도 응용할 수 있을 것이다. 우슬과 홍화는 혈액 환을 도와주는 중요한 약재이며 당귀는 혈액을 만들어주는 귀한 약이다. 여기에 향부자와 계피를 가미하 혈액을 깨끗하게 만드는 정혈작용으로 혈액순환이 이루어지도록 해주고, 월경이 불규칙하거나 순조롭지 한 증상 및 월경 중의 통증을 다스리는 데에도 요긴하게 사용할 수 있다.

면역력을 높이고 편안한 마음으로 잠을 잘 자게 하는 술

면역해독 (술)

- **재 료** : 사삼(잔대) 100g, 대산(마늘), 향심(표고) 각 50g
- **재료의 준비** : 사삼은 흙모래를 잘 세척하고 적당한 크기로 잘라서 말려
  둔다. 마늘은 껍질을 벗겨내고 깨끗이 씻어서 물기를 빼주고, 향심은 갓
  이 완전히 피기 전에 채취하여 햇볕에 말려 잘게 썰거나 가루로 만든다.

- **음용법** : 아침·저녁 식사시간에 반주(飯酒)로 한 잔(20~30cc)씩 마
  신다.

각 약재의 부위

사삼

마늘

향심

각 약초 부위 생김새

잔대_ 잎

잔대_ 꽃

마늘_ 잎

마늘_ 꽃

표고_ 자실체(원목 재배)   표고_ 자실체(블럭 재배)

| 효능효과 |

항산화와 해독작용은 인체 면역 능력을 높여주는 탁월한 효과가 있다. 심신이 안정되어 편안한 수면도 이룰 수 있다.

| 약술 담그는 방법 |

- **전통 발효주** : 위 재료를 물에 넣어 중불로 2시간 이상 끓인 뒤 건더기는 건져내고 이를 기본 물로 잡아서 전통 발효주 담는 순서에 따라 술을 담근다. 또는 술을 담글 때 위 약재를 잘게 갈아서 함께 넣어도 좋다.
- **침출주**(소주담금) : 위 재료를 병에 담고 재료가 충분히 잠길 정도로 2~3배의 소주(30%)를 부어 3개월 정도 우려낸 다음 건더기를 거르고 술만 다시 밀봉하여 숙성시킨다.

이 술의 특성

사삼(잔대)의 가장 중요한 기능 중의 하나가 해독(解毒)작용이다. 생활이나 운동 중에 발생하는 산화물질을 제거함은 물론 체내에서 생성되거나 체외로부터 유입된 독소물질을 해독하는 데 매우 유용한 작용을 한다. 또한 마늘은 천연 보존제(방부제)라고 할 수 있을 정도로 항산화작용이 뛰어나고 면역력을 강화시키는 데 뛰어난 기능을 가지고 있다. 향심(香蕈: 표고버섯)은 그 뛰어난 맛과 향으로 인하여 식용으로도 애용되는 재료이지만 뛰어난 항산화작용과 항암작용으로 몸의 면역기능을 증진시키는 데 매우 유용한 재료이다. 이러한 재료들을 혼합하여 면역력(免疫力)을 증진하고 심신을 안정시켜서 편안하게 잠을 잘 수 있도록 도와주는 술이다.

편안하게 잠을 잘 자게 만드는 술

별리불면 (술)

- **재 료 :** 국화, 구기자, 용안육 각 150g, 당귀, 지황, 산조인, 대추 각 50g
- **재료의 준비 :** 용안육은 겉껍질을 벗겨내고 가종피(假種皮)만 채취한다. 구기
  자와 당귀는 술을 흡수시켜 프라이팬에 볶아주고, 산조인은 이물질을 씻은
  다음 프라이팬에 약한 불로 오랫동안 서서히 볶아서 휘발성 정유물질을 빼
  내도록 한다. 대추는 씨를 발라낸다.

- **음용법 :** 아침·저녁 식사시간에 반주(飯酒)로 한 잔(20~30cc)씩 마신다.

각 약재의 부위

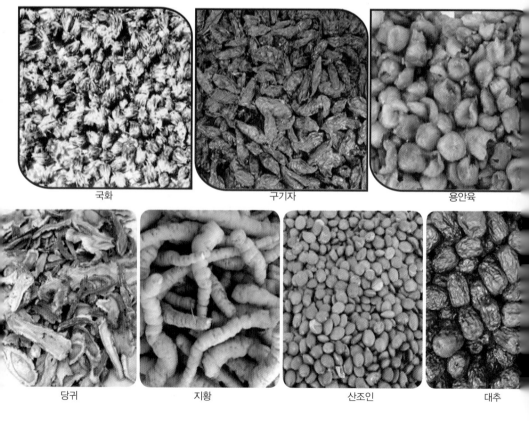

| 국화 | 구기자 | 용안육 |

| 당귀 | 지황 | 산조인 | 대추 |

각 약초 부위 생김새

국화_ 잎과 줄기

구기자나무_ 잎

용안_ 잎

왜당귀_ 잎

국화_ 꽃

구기자나무_ 꽃

용안_ 꽃

왜당귀_ 꽃

지황_ 잎

묏대추나무_ 잎

대추나무_ 잎

지황_ 꽃

묏대추나무_ 열매

대추나무_ 열매

| 효능효과 |

신경을 과도하게 쓰거나 스트레스를 받아서 잠을 이루지 못할 때 마음을 안정시키고 숙면을 취하게 해준다.

| 약술 담그는 방법 |

- **전통 발효주** : 위 재료를 물에 넣어 중불로 2시간 이상 끓인 뒤 건더기는 건져내고 이를 기본 물로 잡아서 전통 발효주 담는 순서에 따라 술을 담근다. 또는 술을 담글 때 위 약재를 잘게 갈아서 함께 넣어도 좋다.

- **침출주**(소주담금) : 위 재료를 병에 담고 재료가 충분히 잠길 정도로 2~3배의 소주(30%)를 부어 3개월 정도 우려낸 다음 건더기를 거르고 술만 다시 밀봉하여 숙성시킨다.

이 술의 특성

신경을 많이 쓰거나 스트레스를 받으면 간에 열이 발생하고, 이럴 경우 신경이 안정되지 않아 밤에도 잠을 이룰 수 없게 된다. 국화는 그 성질이 시원하여 열을 내리는 작용을 하며 구기자와 용안육, 당귀, 지황 등은 간혈을 보충해주어 심장과 간의 흥분상태를 가라앉힌다. 여기에 심신을 안정시키는 산조인과 대추를 가미하여 편안한 마음으로 숙면을 취하게 만들어주는 좋은 술이다. 주의할 것은 산조인의 경우 약한 불에 서서히 볶아서 휘발성 정유물질을 휘발시켜야 하는데 만약 센불에 급히 볶으면 표면이 타서 딱딱해지면서 내부에 있는 정유물질이 빠져 나오지 못하기 때문에 오히려 역효과가 날 수 있으므로 전처리에 만전을 기해야 한다.

용안열매

간을 보하고 눈을 맑게 하는 술

보간명목 (술)

- **재 료** : 구기자, 결명자 각 100g, 맥문동 50g, 강황 20g
- **재료의 준비** : 구기자는 술을 흡수시킨 다음 프라이팬에 볶아서 사용하고, 맥
  문동은 속에 들어 있는 뿌리(심)를 제거하고, 강황은 수확 후 깨끗이 씻은 다
  음 속이 익을 정도로 시루에 쪄서 말린다.

- **음용법** : 아침·저녁 식사시간에 반주(飯酒)로 한 잔(20~30cc)씩 마신다.

─── 각 약재의 부위 ───

구기자

결명자

맥문동

강황

각 약초 부위 생김새

구기자나무_ 잎 결명자_ 잎 맥문동_ 잎 강황_ 잎

구기자나무_ 꽃 결명자_ 꽃 맥문동_ 꽃 강황_ 꽃

| 효능효과 |

간과 신장의 음허(陰虛)를 보하여 눈을 맑게 하고, 진액을 보충해주며, 간의 독성을 풀어주는 효능이 있어 치료 효과를 높여준다.

| 약술 담그는 방법 |

• **전통 발효주** : 위 재료를 물에 넣어 중불로 2시간 이상 끓인 뒤 건더기는 건져내고 이를 기본 물로 잡아서 전통 발효주 담는 순서에 따라 술을 담근다. 또는 술을 담글 때 위 약재를 잘게 갈아서 함께 넣어도 좋다.

• **침출주(소주담금)** : 위 재료를 병에 담고 재료가 충분히 잠길 정도로 2~3배의 소주(30%)를 부어 3개월 정도 우려낸 다음 건더기는 거르고 술만 다시 밀봉하여 숙성시킨다.

이 술의 특성

간과 신장의 기능을 강화시켜주는 구기자와, 간의 열을 내려서 눈을 맑게 만드는 결명자, 간의 독성을 풀어주는 강황 등을 배합하여 진액을 길러주고, 위, 심, 폐의 기능을 강화하여 기침을 멎게 하고, 허약한 신체를 튼튼하게 만드는 맥문동을 가미하여 피로회복은 물론 과로에서 오는 눈의 침침함을 해소해주는 효과를 기대할 수 있다.

혈압을 올려주는 술

승압(술)

■ 재 료 : 인삼 100g, 건강, 진피, 대추 각 30g
■ 재료의 준비 : 인삼은 노두(蘆頭)를 제거하고, 대추는 씨를 발라낸다.

■ 음용법 : 아침·저녁 식사시간에 반주(飯酒)로 한 잔(20~30cc)씩 마신다.

각 약재의 부위

인삼

건강

진피

대추

각 약초 부위 생김새

인삼_ 잎

생강_ 잎

귤_ 잎

대추나무_ 잎

인삼_ 꽃

생강_ 전초(채취품)

귤_ 꽃

대추나무_ 꽃

향부자_ 지상부

향부자_ 전초(채취품)

| 효능효과 |

저혈압(低血壓) 치료에 도움을 준다.

| 제조 방법 |

- **전통 발효주** : 위 재료를 물에 넣어 중불로 2시간 이상 끓인 뒤 건더기는 건져내고 이를 기본 물로 잡아서 전통 발효주 담는 순서에 따라 술을 담근다. 또는 술을 담글 때 위 약재를 잘게 갈아서 함께 넣어도 좋다.
- **침출주**(소주담금) : 위 재료를 병에 담고 재료가 충분히 잠길 정도로 2~3배의 소주(30%)를 부어 3개월 정도 우려낸 다음 건더기를 거르고 술만 다시 밀봉하여 숙성시킨다.

| 약술 담그는 방법 |

1. 약효는 **구경**(球莖)에 있으므로 구경(球莖)을 사용한다.
2. 가을에서 이듬해 봄에 채취하여 털뿌리와 인경(鱗莖)을 불로 태워 제거하거나 돌메 등으로 제거한 뒤에 햇볕에 말리거나 분쇄해 식초를 흡수시켜 볶아서 사용한다. 보통은 약재상에서 가공, 말려 절단된 약재를 구입하여 사용한다.
3. 오래 묵지 않은 약재의 약효가 더 좋다.
4. 말린 뿌리 200~250g과 소주 3.8~4L를 용기에 넣어 밀봉하여 햇볕이 들지 않는 서늘하고 통풍이 잘되는 곳에 보관하여 침출 숙성시킨다.
5. 2~3개월 정도 침출한 다음 건더기를 걸러낸 후 바로 마시거나, 2~3개월 더 숙성시켜 마시면 향과 맛이 더 부드러워 마시기 편하다.

| 구입방법 및 주의사항 |

1. 약재상, 약령시장, 재래시장, 재배농가에서 구입한다. 재배농가는 거의 찾아볼 수 없어 수입에 의존하고 있다.
2. 치유되는 대로 중단하는 것이 좋으며, 많은 양을 오랜 기간 동안 마시는 것은 삼가하는 게 좋다.
3. 본 약술을 마시는 기간 동안 가려야 할 음식은 없다.

이 술의 특성

고혈압(高血壓) 못지 않게 무서운 질환이 저혈압이다. 이 술은 저혈압을 정상혈압으로 올려주는 데 매우 좋은 효과를 준다.

더이상의 가감이 필요없는 완전한 술

십전(술)

- **재 료** : 인삼, 백출, 백복령, 감초, 당귀, 숙지황, 백작약, 천궁, 황기, 육계 각 150g, 생강 50g, 대추 60개
- **재료의 준비** : 인삼은 노두(蘆頭)를 제거하고, 백출은 쌀뜨물에 하룻밤 담가서 쓴 물을 우려낸다. 감초와 황기는 꿀물을 흡수시켜 약한 불로 프라이팬에 갈색이 나도록 볶아주고, 당귀는 자루 달린 키에 넣어 청주에 담가 살짝 흔들어 흙모래를 제거해 술이 약재에 흡수되도록 만든 뒤 프라이팬에 볶아준다. 백작약은 물에 살짝 씻어 흙모래와 흙먼지를 제거하고 프라이팬에 약한 불로 노릇노릇하게 볶아주고, 숙지황은 구증구폭하고, 천궁은 삼베 보자기에 싸서 흐르는 물에 하룻밤 정도 담가 정유물질을 제거하고 프라이팬에 볶아서 사용한다. 육계는 겉껍질[조피(粗皮)]을 긁어서 버리고 말릴 때 둥글게 말려 안쪽으로 들어간 부분은 살짝 물로 씻으면서 솔로 문질러 이물질을 제거하고 사용한다. 생강은 껍질을 벗기고, 대추는 씨를 발라낸다.

- **음용법** : 아침·저녁 식사시간에 반주(飯酒)로 한 잔(20~30cc)씩 마신다.

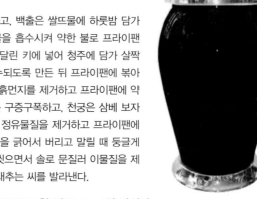

각 약재의 부위

인삼

백출

백복령

감초

당귀

숙지황

백작약

천궁

황기

육계

생강

대추

각 약초 부위 생김새

인삼_ 잎

삽주_ 잎

복령_ 자실체

감초_ 잎

인삼_ 꽃

삽주_ 꽃

복령_ 자실체(채취품)

감초_ 꽃

왜당귀_ 잎　　지황_ 잎　　백작약_ 잎　　천궁_ 잎

왜당귀_ 꽃　　지황_ 꽃　　백작약_ 꽃　　천궁_ 꽃

황기_ 잎　　육계_ 잎　　생강_ 잎　　대추나무_ 잎

황기_ 꽃　　육계_ 꽃　　생강_ 전초(채취품)　　대추나무_ 꽃

| 효능효과 |

기와 혈이 허하여 열이 나면서 오한(惡寒)이 나는 증상, 식은땀을 흘리는 증상, 사지와 온몸이 나른하고 무력해지는 증상, 두통과 어지럼증, 입이 마르는 증상 또는 오랜 질병으로 몸이 극도로 허약해져 입이 마르고, 식욕이 없으며 기침을 하는 등의 증상 치료에 두루 사용할 수 있다. 또한 소변이나 대변에 피가 섞여 나오거나, 몸에 열이 나면서 유정(遺精)하는 증상, 탁백뇨를 누거나 탈항 등의 치료에도 응용할 수 있다.

| 약술 담그는 방법 |

- 전통 발효주 : 위 재료를 물에 넣어 중불로 2시간 이상 끓인 뒤 건더기는 건져내고 이를 기본 물로 잡아서 전통 발효주 담는 순서에 따라 술을 담근다. 육계는 다른 재료들이 모두 끓어 우러나면 불을 끄기 20~30분 전에 넣어 약효가 증발되는 것을 막는다. 또는 술을 담글 때 위 약재를 잘게 갈아서 함께 넣어도 좋다.
- 침출주(소주담금) : 위 재료를 병에 담고 재료가 충분히 잠길 정도로 2~3배의 소주(30%)를 부어 3개월 정도 우려낸 다음 건더기를 거르고 술만 다시 밀봉하여 숙성시킨다.

이 술의 특성

건국과 함께 탄탄한 초석을 만들었던 청나라 초기 3대 황제(강희제-옹정제-건륭제)들은 직접 마상(馬上)에서 정복 전쟁을 하면서 국가의 기틀을 마련하고 치세의 기반을 다진 황제들이다. 특히 그중에서도 건륭제(乾隆帝)는 당시 동북 지방 중심이던 세력판도를 오늘날의 중국(中國) 전토로 확장하고 치세의 기틀을 마련한 황제로 유명하다. 그는 서북 지방과 남쪽으로의 세력 확장을 위하여 평생 동안 10회에 걸친 대규모 군대를 출정하고 이를 진두지휘하여 모든 전쟁을 대승으로 이끈다. 그의 재위기간은 무려 60년이었는데, 조부 강희제의 치세인 60년보다 자신이 더 많은 기간 동안 황제의 자리에 머무는 것은 도리가 아니라 하여 생전에 양위하고 태상왕의 자리에서 3년을 더 실질적 통치를 하게 된다. 말년에 그는 자기 자신을 가리켜 십전무(十全武) 또는 십전노(十全老)라 일컬으며 자신의 완전무결한 무용(武勇)과 건재를 과시한 황제로도 유명하다. 이 십전주는 건륭황제가 즐겨 자주 진상했던 십전대보탕을 기반으로 만든 술이기에 더할 것도 뺄 것도 없는 완벽한 처방이라 할 수 있다. 인삼을 비롯하여 기(氣)와 양(陽)을 보하는 4가지 재료와 당귀를 비롯하여 혈(血)과 음(陰)을 보하는 4가지 재료가 가미되고 여기에 황기와 육계를 더한 그야말로 완전무결한 처방이라 할 수 있을 것이다. 그러나 과유불급(過猶不及). 욕심을 비우고 아침저녁 식사할 때 반주 한 잔이면 족하다.

혈당을 내리고 활력을 더해주는 술

소당활력 (술)

- **재　료** : 황정, 산약, 구기자, 맥문동 각 50g, 하수오, 치자 각 30g
- **재료의 준비** : 황정과 산약은 껍질을 제거하고 시루에 쪄서 말려두고 사용하며, 구기자는 술을 흡수시킨 다음 프라이팬에 볶아서 사용하고, 맥문동은 속에 들어 있는 뿌리(심)를 제거하고, 하수오는 깨끗이 씻어서 껍질을 벗기고 적당한 크기로 절단한 다음, 1차 건조를 하고, 검정콩 삶은 물에 하수오가 자작하게 잠길 정도로 하룻밤 정도 담가서 검정콩 삶은 물이 충분히 흡수된 다음 시루에 쪄서 말리고, 이를 다시 검정콩 삶은 물에 담가서 찌고 말리는 작업을 충분히(구증구포) 하여 재료의 절단면이 심부(深部)까지 까맣게 변한 다음 사용한다.

- **음용법** : 아침·저녁 식사시간에 반주(飯酒)로 한 잔(20~30cc)씩 마신다.

━━ 각 약재의 부위 ━━

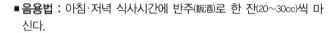

황정　　　　　　　산약　　　　　　　구기자

맥문동　　　　　　하수오　　　　　　치자

각 약초 부위 생김새

층층둥굴레_ 잎

마_ 잎

구기자나무_ 잎

맥문동_ 지상부

층층둥굴레_ 꽃

마_ 영여자

구기자나무_ 꽃

맥문동_ 열매

하수오_ 잎

치자나무_ 잎

하수오_ 꽃

치자나무_ 꽃

혈당을 내리게 하고, 진액의 생성을 도와주어 활력을 찾아주는 효능 효과가 있다.

| 약술 담그는 방법 |

- **전통 발효주** : 위 재료를 물에 넣어 중불로 2시간 이상 끓인 뒤 건더기는 건져내고 이를 기본 물로 잡아서 전통 발효주 담는 순서에 따라 술을 담근다. 또는 술을 담글 때 위 약재를 잘게 갈아서 함께 넣어도 좋다.
- **침출주**(소주담금) : 위 재료를 병에 담고 재료가 충분히 잠길 정도로 2~3배의 소주(30%)를 부어 3개월 정도 우려낸 다음 건더기를 거르고 술만 다시 밀봉하여 숙성시킨다.

이 술의 특성

지금 우리는 당뇨환자 400만 명 시대에 살고 있다. 영양실조로 병이 생기던 과거와 달리 영양과다와 과음, 과식이 문제가 되는 시대에 살고 있는 것이다. 이 술은 혈당 분해에 도움이 되는 재료와, 간신의 음기를 보충해주는 재료에, 신장 기능을 강화하는 하수오와, 열을 내리는 치자까지 가미하여 혈당의 분해와 함께 신장기능을 강화하고 혈액순환을 원활하게 만드는 유익한 술이다.

참마

근육과 피로를 풀고 관절의 통증을 다스리는 술

서근지통(술)

- ■재 료 : 상지(桑枝), 강황 각 200g, 당귀, 해동피 각 100g, 감초 50g
- ■재료의 준비 : 상지(뽕나무 가지)는 손가락 굵기의 가지들을 잘게 잘라서 말려 두고 사용한다. 강황은 채취 후 깨끗이 씻은 다음 속이 익을 정도로 시루에 쪄서 말린다. 당귀는 술을 흡수시킨 다음 프라이팬에 볶아서 사용하고, 감초는 꿀물을 흡수시켜 약한 불로 프라이팬에 갈색이 나도록 볶아준다.

- ■음용법 : 아침·저녁 식사시간에 반주(飯酒)로 한 잔(20∼30cc)씩 마신다.

각 약재의 부위

상지

강황

당귀

해동피

감초

각 약초 부위 생김새

뽕나무_ 잎

뽕나무_ 열매

강황_ 잎

강황_ 꽃

왜당귀_ 잎

왜당귀_ 꽃

감초_ 잎

감초_ 꽃

음나무_ 잎

음나무_ 꽃

| 효능효과 |

뭉친 근육을 부드럽게 풀어주고, 통증을 멎게 하며, 혈액을 보충하고 혈액순환을 원활하게 하여 사지의 관절을 부드럽게 하고 오래된 통증을 멎게 한다.

| 약술 담그는 방법 |

• 전통 발효주 : 위 재료를 물에 넣어 중불로 2시간 이상 끓인 뒤 건더기는 건져내고 이를 기본 물로 잡아서 전통 발효주 담는 순서에 따라 술을 담근다. 또는 술을 담글 때 위 약재를 잘게 갈아서 함께 넣어도 좋다.

• 침출주(소주담금) : 위 재료를 병에 담고 재료가 충분히 잠길 정도로 2~3배의 소주(30%)를 부어 3개월 정도 우려낸 다음 건더기를 거르고 술만 다시 밀봉하여 숙성시킨다.

이 술의 특성

노년이 되면 오래된 생활습관에서 오는 각 부위의 근육 경직과 통증을 수반하게 된다. 혈액순환이 원활하게 이루어지지 않기 때문에 수면 중 여러 번 뒤척이고 돌아눕게 되며 그때마다 어깨와 허리, 무릎 등 각종 관절 부위와 근육의 통증을 호소하게 된다. 이 술을 이러한 증상이 나타날 때 반주로 한 잔씩 하면 뭉친 근육이 풀리고, 관절을 부드럽게 만드는 좋은 치료 효과를 기대할 수 있다.

땀 흘리는 여름, 기운을 북돋우는 술

생맥익기 (술)

- **재　료 :** 맥문동 250g, 오미자, 인삼 각 100g, 황기, 진피, 당귀 각 60g, 감초 30g
- **재료의 준비 :** 맥문동은 심(속뿌리)을 제거하고 잘 말려두고, 인삼은 노두(蘆頭)를 제거하고 잘게 부수며, 황기와 감초는 꿀물을 흡수시켜 프라이팬에 갈색이 되도록 볶아주고, 당귀는 술을 뿌려 흡수시켜 프라이팬에 볶아준다.

- **음용법 :** 아침·저녁 식사시간에 반주(飯酒)로 한 잔(20~30cc)씩 마신다.

각 약재의 부위

맥문동 오미자 인삼 황기

진피 당귀 감초

각 약초 부위 생김새

맥문동_ 꽃   오미자_ 암꽃   인삼_ 꽃   황기_ 잎

맥문동_ 열매   오미자_ 수꽃   인삼_ 열매   황기_ 꽃

왜당귀_ 잎   귤_ 덜 익은 열매   감초_ 잎

왜당귀_ 꽃   귤_ 익은 열매   감초_ 열매

| 효능효과 |

땀을 많이 흘리고 난 뒤의 기진맥진한 사람에게 매우 좋은 효과를 준다. 기운을 돋우고, 혈액을 생성시켜 기와 맥이 살아나게 한다.

| 약술 담그는 방법 |

• **전통 발효주** : 위 재료를 물에 넣어 중불로 2시간 이상 끓인 뒤 건더기는 건져내고 이를 기본 물로 잡아서 전통 발효주 담는 순서에 따라 술을 담근다. 또는 술을 담글 때 위 약재를 잘게 갈아서 함께 넣어도 좋다.

• **침출주**(소주담금) : 위 재료를 병에 담고 재료가 충분히 잠길 정도로 2~3배의 소주(30%)를 부어 3개월 정도 우려낸 다음 건더기를 거르고 술만 다시 밀봉하여 숙성시킨다.

이 술의 특성

이 술은 원래 여름철에 땀을 많이 흘려 기운이 가라앉고 맥이 없는 사람에게 유용한 '생맥산(生脈散)'과 여름철 기운을 보충하여 더위를 이겨내게 하는 '청서익기탕(淸暑益氣湯)'을 기본으로 하여 만든 술이다. 특히 생맥산은 땀을 많이 흘리고 땀 흘리고 나면 기운이 빠지고 늘어지는 사람에게 유용하며, 청서익기탕은 유난히 여름을 많이 타는 사람에게 유용하다. 이 술은 부족되기 쉬운 기운을 보충하고 진기와 혈액을 보충해주는 유용한 술이다. 위 재료를 차처럼 달여서 시원하게 보관해두고 땀을 많이 흘리는 여름철에 기호에 따라 꿀이나 설탕을 약간씩 가미하여 차로 한 잔씩 마셔도 좋고, 술(소주 30%)에 담가 우린 다음 물을 붓고 끓여서 시원하게 보관하고 차처럼 마셔도 좋다.

수삼

건삼

홍삼

곡삼

한 수레의 황금과도 바꿀 수 없는, 정기와 진액을 보해주는 술

쌍금 (술)

재 료 : 백작약 300g, 황기, 당귀, 숙지황, 천궁, 후박, 진피(陳皮), 곽향, 반하(포제), 감초 각 150g, 창출 250g, 생강 50g, 대추 60개

재료의 준비 : 백작약은 물에 살짝 씻어 흙모래와 흙먼지를 제거하고 프라이팬에 약한 불로 노릇노릇하게 볶아주고, 황기와 감초는 꿀물을 흡수시켜 약한 불로 프라이팬에 갈색이 되도록 볶아주고, 당귀는 자루 달린 키에 넣어 청주에 담가 살짝 흔들어 흙모래를 제거한 뒤 술이 약재에 흡수되도록 만든 뒤 프라이팬에 볶아준다. 숙지황은 구증구폭하고, 천궁은 삼베 보자기에 싸서 흐르는 물에 하룻밤 정도 담가 정유물질을 제거하고 프라이팬에 볶아서 사용한다. 반하는 백반을 물에 녹인 포화용액에 충분히 담가 반하의 독성을 우려내고 쪼개서 혀끝에 20초 이상 대 보았을 때 혀가 말려들어가는 느낌이나 아릿한 맛[이를 마설감(痲舌感)이라 함]이 느껴지지 않을 정도로 포제해야 한다. 창출은 쌀뜨물에 하룻밤 담가서 쓴 물을 우려낸다. 생강은 껍질을 벗기고, 대추는 씨를 발라낸다.

음용법 : 아침·저녁 식사시간에 반주(飯酒)로 한 잔(20~30cc)씩 마신다.

각 약재의 부위

백작약

황기

당귀

숙지황

천궁

후박

진피(陳皮)

곽향

반하

감초

창출

생강

대추

각 약초 부위 생김새

백작약_ 잎

황기_ 잎

왜당귀_ 잎

지황_ 잎

백작약_ 꽃

황기_ 꽃

왜당귀_ 꽃

지황_ 꽃

천궁_ 잎 후박나무_ 잎 귤_ 잎 배초향_ 잎

천궁_ 꽃 후박나무_ 꽃 귤_ 꽃 배초향_ 꽃

반하_ 잎 감초_ 잎 삽주_ 잎 생강_ 잎

반하_ 꽃 감초_ 꽃 삽주_ 꽃 생강_ 뿌리(채취품)

대추나무_ 잎

대추나무_ 열매

| 효능효과 |

심신이 피로하고 노곤하며, 기혈(氣血)이 모두 상한 경우 또는 지나친 성행위 후 과로를 했거나, 과로한 후에 지나친 성행위를 했을 때 또는 큰 병을 앓고 난 후 기가 허약하여 식은땀을 흘리는 경우 등의 치료에 효과적이다. 또한 감기나 식은땀, 폐결핵, 늑막염, 동맥경화, 위궤양, 십이지장궤양, 만성 변비, 간장질환, 황달, 복통, 당뇨, 과로, 심한 운동 후에 올 수 있는 야뇨증, 요통, 탈모, 치질, 탈항, 식은땀 등의 치료에 좋고 유산이나 출산 후의 허약증 치료에도 효과적이다. 여기에 정기부족으로 오는 두신통, 감기, 혈변, 각기 등의 치료에도 응용할 수 있다.

| 약술 담그는 방법 |

• **전통 발효주** : 위 재료를 물에 넣어 중불로 2시간 이상 끓인 뒤 건더기는 건져내고 이를 기본 물로 잡아서 전통 발효주 담는 순서에 따라 술을 담근다. 후박과 곽향은 다른 재료들이 모두 끓어 우러나면 불을 끄기 20~30분 전에 넣어 약효가 증발되는 것을 막는다. 또는 술을 담글 때 위 약재를 잘게 갈아서 함께 넣어도 좋다.
• **침출주(소주담금)** : 위 재료를 병에 담고 재료가 충분히 잠길 정도로 2~3배의 소주(30%)를 부어 3개월 정도 우려낸 다음 건더기를 거르고 술만 다시 밀봉하여 숙성시킨다.

이 술의 특성

이 술은 앞에서도 언급한 쌍보주(雙補酒)의 기본이 되는 '쌍화탕(雙和湯)'에, 정기(正氣)를 보충해주는 효능을 가져 한수레의 황금을 주고도 바꿀 수 없다는 '불환금정기산(不換金正氣散)'을 합한 처방을 기본으로 한다. 따라서 쌍보주가 가지는 효능효과와 이에 더하여 정기(正氣)와 진액(津液)을 더하는 매우 귀한 술이라 할 수 있다.

음양과 기혈을 함께 보충해주는 술

쌍보(술)

재　료 : 백작약 300g, 황기, 당귀, 숙지황, 천궁 각 150g, 육계, 감초 각 90g, 생강 50g, 대추 60개

재료의 준비 : 백작약은 물에 살짝 씻어 흙모래와 흙먼지를 제거하고 프라이팬에 약한 불로 노릇노릇하게 볶아 주고, 황기와 감초는 꿀물을 흡수시켜 프라이팬에 약한 불로 볶아서 사용한다. 당귀는 자루 달린 키에 넣어 청주에 담가 살짝 흔들어 흙모래를 제거하고 술이 약재에 흡수되도록 만든 뒤 프라이팬에 볶아준다. 숙지황은 구증구폭(九蒸九曝)하고, 천궁은 삼베 보자기에 싸서 흐르는 물에 하룻밤 정도 담가 정유물질을 제거하고 프라이팬에 볶아서 사용한다. 육계는 겉껍질[조피(粗皮)]을 긁어서 버리고 말릴 때 둥글게 말려 안쪽으로 들어간 부분을 살짝 물로 씻으면서 솔로 문질러 곰팡이같은 이물질을 제거하고 사용한다. 생강은 껍질을 벗기고, 대추는 씨를 발라낸다.

음용법 : 아침·저녁 식사시간에 반주(飯酒)로 한 잔(20~30cc)씩 마신다.

─── 각 약재의 부위 ───

| 백작약 | 황기 | 당귀 | 숙지황 | 천궁 |

| 육계 | 감초 | 생강 | 대추 |

각 약초 부위 생김새

백작약_ 잎 황기_ 잎 왜당귀_ 잎 지황_ 잎

백작약_ 꽃 황기_ 꽃 왜당귀_ 꽃 지황_ 꽃

천궁_ 꽃 육계_ 꽃 감초_ 잎 생강_ 잎

천궁_ 잎 육계_ 잎 감초_ 꽃 생강_ 덩이뿌리(채취품)

대추나무_ 꽃

대추나무_ 열매

┃ 효능효과 ┃

심신이 고달프고 피로하며, 기혈(氣血)이 모두 상한 경우 또는 지나친 성행위 후 과로를 했거나, 과로한 후에 지나친 성행위를 했을 때 또는 큰 병을 앓고 난 후 기가 허약하여 식은땀을 흘리는 경우 등의 치료에 효과적이다. 또한 감기나 식은땀, 폐결핵, 늑막염, 동맥경화, 위궤양, 십이지장궤양, 만성 변비, 간장질환, 황달, 복통, 당뇨, 과로, 심한 운동 후에 올 수 있는 야뇨증, 요통, 탈모, 치질, 탈항, 식은땀 등의 치료에도 좋고, 유산이나 출산 후의 허약증 치료에도 응용할 수 있다.

┃ 제조 방법 ┃

전통 발효주 : 위 재료를 물에 넣어 중불로 2시간 이상 끓인 뒤 건더기는 건져내고 이를 기본 물로 잡아서 전통 발효주 담는 순서에 따라 술을 담근다. 육계는 다른 재료들이 모두 끓어 우러나면 불을 끄기 20~30분 전에 넣어 약효가 증발되는 것을 막는다. 또는 술을 담글 때 위 약재를 잘게 갈아서 함께 넣어도 좋다.

침출주(소주담금) : 위 재료를 병에 담고 재료가 충분히 잠길 정도로 2~3배의 소주(30%)를 부어 3개월 정도 우려낸 다음 건더기를 거르고 술만 다시 밀봉하여 숙성시킨다.

이 술의 특성

이 술은 불후의 명처방이라 불리는 '사물탕(四物湯)'과 '황기건중탕(黃氣健中湯)'을 결합한 '쌍화탕(雙和湯)'을 그 기본으로 한다. 쌍화탕은 말 그대로 '음과 양', '기와 혈' 양쪽을 조절하고 조화롭게 하여 몸을 가볍고 건강하게 만드는 처방이다. 인체 내에 음이 강하고 양이 허하면 욕심과 아집이 강하게 일어나 눈은 근시(近視)가 되기 쉬우며, 남의 입장은 배려하지 않고 자기만을 생각하는 성격이 되고, 미래나 장기적인 계획보다는 순간의 쾌락을 즐기게 된다. 반대로 양이 너무 강하고 음이 허하면 눈은 원시(遠視)가 되기 쉬우며 자기 일을 등한시하고 남에게 의지하기 좋아하며 과다한 욕망과 미래지향적 망상에 빠져 현실을 무시하고 부정하게 된다. 이 술은 이러한 음양의 기운을 조화롭고 균형을 이루어 몸과 마음의 건강을 유지하는 데 도움을 주는 좋은 술이라 할 수 있다.

수명을 연장하고 진액을 보충하는 불변의 명주

익수영진(술)

■ **재 료** : 생지황 10kg(착즙), 인삼(가루) 1kg, 백복령(가루) 3kg, 꿀(연밀)
6kg, 맥문동, 천문동, 구기자 각600g, 당귀, 대추 각 300g

■ **재료의 준비** : 인삼은 노두(蘆頭)를 제거하고 가루로 만들고, 백복령 역시
곱게 가루로 만든다. 맥문동은 심을 빼내고, 구기자와 당귀는 청주를 흡
수시켜 하룻밤 재웠다가 프라이팬에 볶아서 사용한다. 대추는 씨를 발라
내고 사용한다.

■ **음용법** : 아침·저녁 식사시간에 반주(飯酒)로 한 잔(20~30cc)씩 마
신다.

━━━ 각 약재의 부위 ━━━

생지황   인삼   백복령   꿀   ㅁ

천문동   구기자   당귀   ㄷ

각 약초 부위 생김새

지황_ 잎

인삼_ 잎

복령_ 자실체

맥문동_ 잎

지황_ 꽃

인삼_ 꽃

복령_ 약재

맥문동_ 꽃

천문동_ 잎

구기자나무_ 잎

왜당귀_ 잎

대추나무_ 잎

천문동_ 열매

구기자나무_ 꽃

왜당귀_ 꽃

대추나무_ 열매

왜당귀_지상부

왜당귀_전초 채취품

대추나무_수형

대추나무_열매 건조

| 효능효과 |

생명의 원천이 되는 진액을 생성하고, 수명을 늘리며, 몸을 튼튼하게 만들어 장수하게 한다.

| 제조 방법 |

- **전통 발효주** : 위 재료를 물에 넣어 중불로 2시간 이상 끓인 뒤 건더기는 건져내고 이를 기본 물로 잡아서 전통 발효주 담는 순서에 따라 술을 담근다. 또는 술을 담글 때 위 약재를 잘게 갈아서 함께 넣어도 좋다.
- **침출주**(소주담금) : 위 재료를 병에 담고 재료가 충분히 잠길 정도로 2~3배의 소주(30%)를 부어 3개월 정도 우려낸 다음 건더기는 거르고 술만 다시 밀봉하여 숙성시킨다.

| 약술 담그는 방법 |

1. 약효는 뿌리에 있으므로 뿌리를 사용한다.

2. 채취한 뿌리를 씻은 후 잘게 썰어 생으로 쓰거나 말려서 사용한다.

3. 생뿌리를 사용할 경우에는 200~250g, 말린 뿌리를 사용할 경우에는 100~150g과 소주 3.8~4L를 용기에 넣어 밀봉하여 햇볕이 들지 않는 서늘하고 통풍이 잘되는 곳에 보관하여 침출 숙성시킨다.

4. 4~5개월 정도 침출한 다음 건더기를 걸러낸 후 바로 마시거나, 2~3개월 더 숙성시켜 마시면 매운맛이 줄고 향과 맛이 더 부드러워 마시기 편하다.

| 구입방법 및 주의사항 |

1. 산지(産地)에서 채취한다.

2. 치유되는 대로 중단하는 것이 좋으며, 많은 양을 오랜 기간 동안 마시는 것은 삼가는 게 좋다.

3. 본 약술을 마시는 기간동안 가려야 할 음식은 없다.

이 술의 특성

이 술의 주요 조성은 생지황, 인삼, 백복령, 봉밀이 재료가 되는 경옥고(瓊玉膏)에 천문동, 맥문동, 구기자를 첨가한 익수영진고(益壽永眞膏)를 기본으로 하여 녹용과 가시오가피, 당귀, 대추 등을 추가한 것으로 경옥고(瓊玉膏)는 『동의보감(東醫寶鑑)』에 의하면 '정(精)과 수(髓)를 더하고 진기를 고르게 하며, 원기를 보하여 늙은 이를 젊어지게 만들고 모든 허손증(虛損症)을 보하고, 온갖 병을 낫게 한다. 또한 정신이 좋아지고 오장이 충실해지며 흰머리카락이 다시 검어지고 빠진 이가 다시 나오며 걸음걸이가 뛰는 말과 같이 빨라진다. 하루에 두세 번 먹으므로 종일토록 배고프거나 목이 마르는 일이 없다.'고 설명하고 있다. 여기에 "영락제(永樂帝) 때 태의원회의에서 천문동, 맥문동, 구기자 각 600g씩을 더하여 약을 만들어 황제에게 올려 먹게 하였는데 황제께서 그 약 이름을 '익수영진고(益壽永眞膏)'라고 불렀다."고 하였다. 이처럼 만드는 법이 까다로워 누구나 쉽게 만들어 복용하기 어려운 익수영진고를 기반으로 해 만든 익수영진주는 동서고금을 통하여 최고의 보약으로 인식되고 있다. 익수영진고는 술로 담가 마시는 방법도 있지만 모든 재료를 분쇄기에 곱게 갈아 고(膏)를 만들어 하루에 2~3번 정도 따뜻한 물에 타서 마시거나 한 숟가락씩 떠먹기도 한다.

신장 허약으로 오는 요통과 무릎, 관절을 강화하는 술

요슬강절(술)

- **재　료 :** 두충, 오가피 각 50g, 당귀 100g, 천궁, 석곡, 토사자 각 80g, 택사 30g
- **재료의 준비 :** 두충은 겉껍질 코르크층을 제거한 뒤 짧게 잘라서 프라이팬에 볶아 형성층 안에 자리한 백사(白絲)물질(gutapercha)을 태워서 제거한다. 오가피는 여름부터 가을 사이에 수간부(樹幹部) 또는 뿌리의 껍질을 벗겨 말리고, 당귀와 토사자는 술을 흡수시킨 다음 프라이팬에 볶아서 사용하며, 천궁은 흐르는 물에 하룻밤 정도 담가 정유물질을 흘려보낸 후 약한 불로 프라이팬에 갈색이 나도록 볶아준다.

- **음용법 :** 아침·저녁 식사시간에 반주(飯酒)로 한 잔(20~30cc)씩 마신다.

각 약재의 부위

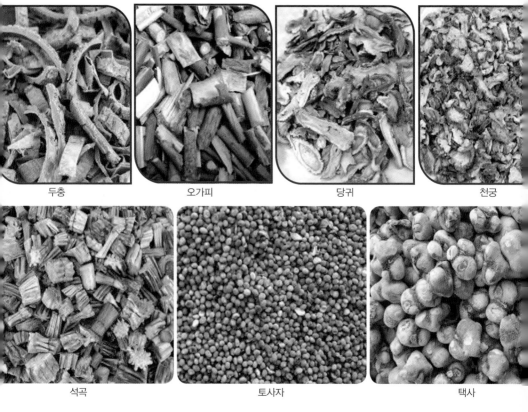

| 두충 | 오가피 | 당귀 | 천궁 |

| 석곡 | 토사자 | 택사 |

각 약초 부위 생김새

두충_ 잎

오갈피나무_ 잎

왜당귀_ 잎

천궁_ 잎

두충_ 열매

오갈피나무_ 꽃

왜당귀_ 꽃

천궁_ 꽃

석곡_ 잎

실새삼_ 꽃

택사_ 잎

석곡_ 꽃

실새삼_ 열매

택사_ 꽃

| 효능효과 |

신장 기능이 허약해서 생기는 허리 통증과 무릎 통증을 치유하며, 전신의 관절을 튼튼하게 만드는 효능이 있다.

| 약술 담그는 방법 |

- **전통 발효주** : 위 재료를 물에 넣어 중불로 2시간 이상 끓인 뒤 건더기는 건져내고 이를 기본 물로 잡아서 전통 발효주 담는 순서에 따라 술을 담근다. 또는 술을 담글 때 위 약재를 잘게 갈아서 함께 넣어도 좋다.
- **침출주(소주담금)** : 위 재료를 병에 담고 재료가 충분히 잠길 정도로 2~3배의 소주(30%)를 부어 3개월 정도 우려낸 다음 건더기를 거르고 술만 다시 밀봉하여 숙성시킨다.

이 술의 특성

신허요통(腎虛腰痛)은 신경요통(腎經腰痛)이라고도 하며 과도한 성행위나 과로로 인하여 신장의 정기(精氣)가 손상되거나 족소음신경(足少陰腎經)의 기가 쇠약하여 발생한다. 신장의 기능은 매우 다양하지만 특히 뼈를 주관하는 신주골(腎主骨)의 특성상 뼈가 약해지고, 뼛속 골수에서 만들어지는 혈액의 생성이 원활하지 않기 때문에 안색이 나쁘고, 빈혈과 귀울음(이명), 안면창백 등 다양한 증상이 나타난다. 이 술은 신장의 기능을 강화시켜 근골(筋骨)을 튼튼하게 만들어 허리와 무릎은 물론 전신의 관절을 튼튼하게 하는 효과를 기대할 수 있다.

실세삼

위액 분비를 돕고 소화기능을 튼튼학 만드는 술

자음건비(술)

■**재 료** : 백출 150g, 진피, 백복령 각 100g, 당귀, 백작약, 건지황 각 80g, 인삼, 백복신, 맥문동, 원지 각 50g, 천궁, 감초, 생강, 대추 각 30g

■**재료의 준비** : 백출은 쌀뜨물에 하룻밤 정도 담가서 쓴맛을 우려내고, 진피는 소금물로 씻어 하얀 속껍질 부분을 제거하며, 당귀는 술을 흡수시켜 프라이팬에 볶아준다. 백작약은 프라이팬에 약한 불로 노릇노릇하게 볶아준다. 인삼은 노두(蘆頭)를 제거하고 잘게 부숴주고, 맥문동은 심을 빼내고, 천궁은 흐르는 물에 하룻밤 정도 담가서 정유물질을 제거해 말린다. 감초는 꿀을 흡수시켜 프라이팬에 갈색이 되고 끈적한 것이 손에 묻어나지 않을 때까지 볶아준다. 대추는 씨를 발라낸다.

■**음용법** : 아침·저녁 식사시간에 반주(飯酒)로 한 잔(20~30cc)씩 마신다.

━━ 각 약재의 부위 ━━

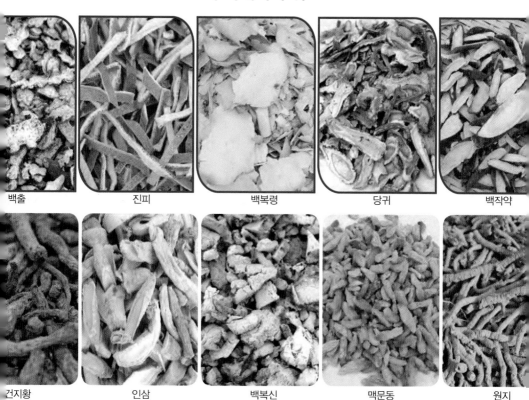

| 백출 | 진피 | 백복령 | 당귀 | 백작약 |

| 건지황 | 인삼 | 백복신 | 맥문동 | 원지 |

천궁 감초 생강 대추

각 약초 부위 생김새

삽주_ 잎 귤_ 잎 복령_ 자실체 왜당귀_ 잎

삽주_ 꽃 귤_ 꽃 복령_약재 왜당귀_ 꽃

백작약_ 잎 백작약_ 꽃 지황_ 잎 지황_ 꽃

인삼_ 잎 복신_ 자실체 맥문동_ 잎 원지_ 잎

인삼_ 꽃 복신 _약재 맥문동_ 꽃 원지_ 지상부

천궁_ 잎 감초_ 잎 생강_ 잎 대추나무_ 잎

천궁_ 꽃 감초_ 꽃 생강_ 전초(채취품) 대추나무_ 꽃

기혈이 모두 손상되어 마음의 안정을 찾지 못하고 어지러운 증상을 다스린다.

| 약술 담그는 방법 |

• **전통 발효주** : 위 재료를 물에 넣어 중불로 2시간 이상 끓인 뒤 건더기는 건져내고 이를 기본 물로 잡아서 전통 발효주 담는 순서에 따라 술을 담근다. 또는 술을 담글 때 위 약재를 잘게 갈아서 함께 넣어도 좋다.

• **침출주**(소주담금) : 위 재료를 병에 담고 재료가 충분히 잠길 정도로 2~3배의 소주(30%)를 부어 3개월 정도 우려낸 다음 건더기를 거르고 술만 다시 밀봉하여 숙성시킨다.

이 술의 특성

알코올램프를 정상적으로 작동하기 위해서는 좋은 알코올램프도 중요하지만 그 안에 충분한 양의 알코올이 있어야 하고, 이 알코올을 운반해줄 좋은 심지가 필요하다. 자음(滋陰)이란 이러한 알코올을 충분하게 만들어주는 작용에 비유할 수 있다. 우리 몸안에 에너지의 소스가 되는 진액과 혈액 등 자양분을 충족시켜주는 작용을 말하는 것이다. 또 건비(健脾)란 비(脾: 췌장)를 튼튼하게 만드는 것을 말하는데, 이는 비(脾)의 주요 작용인 운화(運化: 소화 흡수된 에너지 소스나 진액, 혈액 등을 온몸으로 잘 운반해주는 기능)의 기능이 정상적으로 돌아가게 만들어주는 작용으로 알코올램프의 심지를 깨끗하고 안전하게 만들어주는 역할을 함을 상징한다. 따라서 기와 혈의 순환을 정상적으로 흐르게 만들어 마음이 안정되고, 심신이 건강해지는 선주(仙酒)라고 할 수 있다.

원지

피를 맑게 하고 보충해주는 술

정혈보정 (술)

■ 재　료 : 구기자, 산수유 각 100g, 대추 150g, 상심자 30g
■ 재료의 준비 : 구기자는 술을 흡수시켜 프라이팬에 볶아주고, 산수유는 씨를
　모두 빼내고 과육만 말리며, 대추는 씨를 발라내고 사용한다.

■ 음용법 : 아침·저녁 식사시간에 반주(飯酒)로 한 잔(20~30cc)씩 마
　신다.

각 약재의 부위

구기자

산수유

대추

상심자

각 약초 부위 생김새

구기자나무_ 잎

산수유_ 잎

구기자나무_ 꽃

산수유_ 꽃

산수유_ 열매

뽕나무_꽃

대추나무_ 잎

뽕나무_ 수형

뽕나무_열매

대추나무_ 꽃

| 효능효과 |

간과 신장의 진액이 부족한 음허(陰虛)를 보충하고, 혈액을 만들어주며 갈증을 해소하고 해독하는 효능이 있다.

| 약술 담그는 방법 |

• 전통 발효주 : 위 재료를 물에 넣어 중불로 2시간 이상 끓인 뒤 건더기는 건져내고 이를 기본 물로 잡아서 전통 발효주 담는 순서에 따라 술을 담근다. 또는 술을 담글 때 위 약재를 잘게 갈아서 함께 넣어도 좋다.

• 침출주(소주담금) : 위 재료를 병에 담고 재료가 충분히 잠길 정도로 2~3배의 소주(30%)를 부어 3개월 정도 우려낸 다음 건더기를 거르고 술만 다시 밀봉하여 숙성시킨다.

이 술의 특성

구기자는 간과 신장의 진액이 모두 부족한 증상 치료에 사용하는 필요약이다. 여기에 산수유를 가미하면 몸 안에서 만들어진 혈액이나 진액을 밖으로 흘러나가지 못하게 수렴하는 작용을 한다. 또한 상심자를 가미하면 열로 인한 갈증을 해소하고, 중금속의 독소를 해독하는 효과도 함께 얻을 수 있다.

구기자

막힌 땀구멍을 열어 땀을 나게 만들고 감기를 물리치는 술

취한통기 (술)

- **재 료** : 생강, 총백, 육계 100g, 마황 50g
- **재료의 준비** : 생강은 껍질을 벗기고 얇게 썰어 놓고, 총백(蔥白)은 대파의 실뿌리를 포함한 흰 부분을 5〜8cm 잘라서 말려둔다. 마황은 뿌리를 완전히 제거하고 끓는 물을 부어 휘저어서 거품을 제거하는 작업을 3〜4회 반복하여 사용한다.

- **음용법** : 아침·저녁 식사시간에 반주(飯酒)로 한 잔(20〜30cc)씩 마신다.

각 약재의 부위

생강

총백

육계

마황

각 약초 부위 생김새

| 생강_ 잎 | 파_ 잎 | 육계나무_ 잎 | 초마황_ 줄기 |

| 생강_ 뿌리 | 파_ 꽃 | 육계나무_ 꽃 | 초마황_ 꽃 |

▌효능효과 |

ㅏ작스레 찬바람을 쏘여 오한과 몸살을 수반하는 감기 치료에 효과적이다.

▌약술 담그는 방법 |

전통 발효주 : 위 재료를 물에 넣어 중불로 2시간 이상 끓인 뒤 건더기는 건져내고 이를 기
본 물로 잡아서 전통 발효주 담는 순서에 따라 술을 담근다. 또는 술을 담글 때 위 약재를
잘게 갈아서 함께 넣어도 좋다.

침출주(소주담금) : 위 재료를 병에 담고 재료가 충분히 잠길 정도로 2~3배의 소주(30%)를 부
어 3개월 정도 우려낸 다음 건더기를 거르고 술만 다시 밀봉하여 숙성시킨다.

환절기, 특히 가을에서 겨울로 넘어가는 계절에 흔히 걸리는 오한감기 또는 한겨울 추운날 목욕이나 사우나를 하고 난 뒤나 운동을 하고 땀처리를 잘못했을 때, 갑자기 콧물과 재채기를 하면서 몸이 오슬오슬 떨리면서 춥고 떨리는데 이불을 뒤집어쓰고 아랫목에 누워도 땀도 나지 않고 오한이 드는 경험을 한번쯤은 해봤을 것이다. 이것은 땀을 흘리고 난 뒤 열린 모공을 통하여 찬바람이 들어오면 모공이 닫히면서 동시에 내부 장기를 보호하기 위하여 내피층에도 방어막이 형성된다. 그러면 모공을 통하여 들어온 찬기운[이것을 한사(寒邪) 또는 풍사(風邪)라고 함]은 안으로 들어오지도 못하고 밖으로 나가지도 못하게 되어 피부 표피층 아래 머무르게 되는데[이러한 현상을 표사(表邪)라고 한다] 이로 인하여 마치 얼음조끼를 입고 앉은 것처럼 온몸이 떨리고 아프다. 이때에는 효과적인 방법으로 모공을 다시 열어서 땀과 함께 표피 아래 머무르는 표사(表邪)를 밖으로 빼내 주어야 낫게 된다. 따라서 모공을 열고 발열작용을 통해 땀을 내야 한다. 몸을 따뜻하게 만드는 위의 재료들은 주변에서 쉽게 구할 수 있는 재료들이면서도 효과는 매우 좋은, 요긴한 재료가 될 수 있을 것이다. 옛 어르신들이 "감기에는 소주에 고춧가루 한 숟가락을 타서 마시고 땀을 내면 낫는다."는 다소 비과학적으로 보이는 말씀을 하는 경우가 있는데 이러한 표사 몰아내기 방법은 민간에서 사용하던 방식으로 이해하면 좋겠다. 주의할 점은 마황의 경우 줄기를 사용하는데 마황의 뿌리는 땀을 멎게 하는 지한(止汗) 약재이므로 뿌리가 절대 섞이지 않도록 철저하게 정선을 하여야 하며 부작용을 없애기 위해서는 반드시 끓는 물로 거품을 제거하고 사용해야 한다.

마황

산후조리에 최고의 식품

출산후보모(술)

■**재　료** : 사삼(잔대) 1kg, 늙은호박(대) 2개, 대추 600g, 막걸리 1.5L
■**재료의 준비** : 사삼은 흐르는 물에 잠깐 담가 흔들어서 흙모래를 제거하고 말린다. 호박은 갈라서 속의 씨와 창을 모두 긁어내고 껍질을 벗긴 후 작게 깍뚝 썰어둔다. 대추는 씨를 발라둔다.

■**음용법** : 아침·점심·저녁 식사시간 사이에 간식으로 한 그릇(큰 대접)씩 마신다.

각 약재의 부위

사삼

늙은호박

대추

막걸리

각 약초 부위 생김새

잔대_ 지상부

대추나무_ 열매

호박

| 효능효과 |

산모의 임신 중 독소를 제거하고, 부기를 빨리 빠지게 하며, 자궁을 수축시켜 몸을 임신 전으로 되돌리는 데 도움을 준다.

| 약술 담그는 방법 |

• 산후조리용 식품 : 1말들이 찜통에 물을 1/2~2/3 붓고 사삼을 넣은 삼베보자기를 넣어 2시간 이상 끓인 뒤 건더기는 건져내고 여기에 준비해둔 호박과 대추를 넣고 나무주걱으로 으깨면서 대추 껍질은 건져내고 호박이 완전히 물러질 때까지 끓인 다음, 여기에 막걸리를 붓고 한소끔 더 끓여낸다.

이 술의 특성

산후조리에 사용할 수 있는 최고의 식품으로 권장한다. 사삼(잔대)은 많은 기능이 있지만 중요한 기능을 요약한다면 '해독작용'과 '자궁수축'이라고 할 수 있다. 전통적 세시 풍속에서 '백일잔치'가 있다. 아이가 태어나면 면역력도 약하고, 의료기술이나 체계가 미흡했던 옛날에는 백일이 지나기 전에 영유아들의 사망률이 높았기 때문에 백일이 지나면 '이제는 면역력을 갖추어 살아갈 확률이 높다'라고 판단하여 축하해주는 중요한 날이었다. 그러나 그 이면에는 임신기간 중 확장되었던 산모의 자궁이 원래의 크기로 줄어들어 제자리를 잡는 데 걸리는 기간이 100일 정도 걸리는 점을 고려하면 '산모의 몸이 원래의 상태로 회복되었으니 이제부터는 부부관계가 가능한 날'이라는 의미가 숨어 있기도 했던 것이다. 이처럼 사삼은 출산 후의 여성을 위한 중요한 기능을 하고 있었던 셈이다. 여기에 부기를 빼는 데 중요한 역할을 하는 늙은호박과 피를 만들어주는 조혈(造血) 작용에 중요한 역할을 하는 대추를 함께 넣고 막걸리로 맛을 내어 출산 후에 몸이 무거운 산모들의 산후조리식품으로 적극 추천한다. 다만 사삼의 자궁수축작용은 임신부에게는 유산의 우려가 있으므로 복용해서는 안 된다.

기억력을 증진시키고 대뇌활성을 도와주는 술

총명회상 (술)

- **재　료** : 구기자, 백복신, 원지, 석창포, 산수유 각 100g, 숙지황, 우슬, 오가피 각 50g
- **재료의 준비** : 구기자는 술을 뿌려 흡수시켜서 프라이팬에 볶아준다. 원지는 가을에 채취하여 물관부의 심을 제거하고 뿌리껍질만 정선하여 잘 말려준다. 산수유는 반드시 씨를 제거하고 말리고, 숙지황은 지황을 물에 담가서 바닥에 가라앉는 것만을 골라서 술에 버무려 찌고 말리는 작업을 여러번(아홉 번을 하라고 권장) 반복하여 갈라 보았을 때 속까지 까맣고 윤기가 나도록 포제한다. 오가피는 줄기나 뿌리를 채취하여 물관부를 제거하고 껍질만을 채취하여 잘게 썰어서 말린다.

- **음용법** : 아침·저녁 식사시간에 반주(飯酒)로 한 잔(20~30cc)씩 마신다.

각 약재의 부위

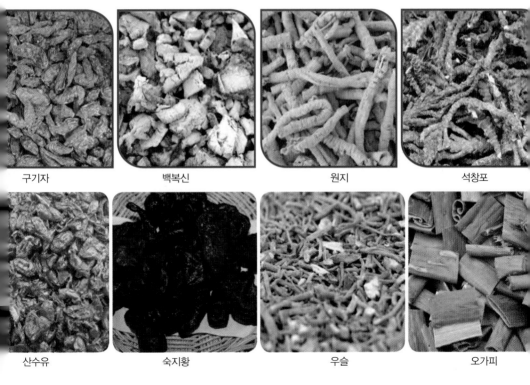

| 구기자 | 백복신 | 원지 | 석창포 |

| 산수유 | 숙지황 | 우슬 | 오가피 |

각 약초 부위 생김새

구기자나무_ 잎 | 복신 _ 자실체 | 원지_ 잎 | 석창포_ 잎

구기자나무_ 꽃 | 복신 _약재 | 원지_ 지상부 | 석창포_ 꽃

산수유_ 잎 | 오갈피나무_ 잎 | 지황_ 잎 | 쇠무릎_ 잎

산수유_ 꽃 | 오갈피나무_ 꽃 | 지황_ 꽃 | 쇠무릎_ 꽃

| 효능효과 |

대뇌피질을 활성화해서 기억력을 촉진하며, 집중력을 길러준다. 간과 신장의 기운을 도와 진액과 혈액의 생성을 도우며 혈액순환을 원활하게 만든다.

| 약술 담그는 방법 |

- **전통 발효주** : 위 재료를 물에 넣어 중불로 2시간 이상 끓인 뒤 건더기는 건져내고 이를 기본 물로 잡아서 전통 발효주 담는 순서에 따라 술을 담근다. 또는 술을 담글 때 위 약재를 잘게 갈아서 함께 넣어도 좋다.
- **침출주**(소주담금) : 위 재료를 병에 담고 재료가 충분히 잠길 정도로 2~3배의 소주(30%)를 부어 3개월 정도 우려낸 다음 건더기를 거르고 술만 다시 밀봉하여 숙성시킨다.

이 술의 특성

원래 원지(遠志), 석창포(石菖蒲), 백복신(白茯神)은 총명탕(聰明湯)의 원료로 한방에서 매우 귀하게 사용해오던 재료들이다. 여기에 간(肝)과 신(腎)의 음허(陰虛: 음적 에너지소스)를 보하고 정기가 밖으로 흘러나가는 것을 막아주고 안으로 저장하여 단단하게 고정시키는 구기자와 산수유를 가미하며, 혈액을 생성해주는 숙지황과 근골을 튼튼하게 해주는 오가피와 우슬 등도 가미하여 간과 신장 기능을 튼튼하게 만들어 두뇌 활성을 촉진시키고 기억력과 집중력을 강화하는 좋은 술이다. 학생들에게는 위 재료를 차로 달여서 마시게 하거나, 술을 담근 뒤 술을 끓여서 알코올을 날려보내고 차처럼 마시게 해도 좋다.

석창포

탈모를 예방하는 데 도움을 주는 술

탈모탈출 (술)

- ■재 료 : 골쇄보(넉줄고사리 뿌리줄기) 300g, 백지, 오동엽, 엉겅퀴(꽃), 참깨 (꽃), 계관화 150g, 장뇌삼 50g
- ■재료의 준비 : 골쇄보는 겨울에 채취하여 시루에 쪄서 말리고 토치램프 등 을 이용하여 털을 태워 제거한다.

- ■음용법 : 아침·저녁 식사시간에 반주(飯酒)로 한 잔(20~30cc)씩 마 신다.

각 약재의 부위

골쇄보

백지

오동엽

엉겅퀴

참깨

계관화

장뇌삼

각 약초 부위 생김새

넉줄고사리_ 잎

구릿대_ 잎

참오동나무_ 잎

엉겅퀴_ 잎

넉줄고사리_ 뿌리

구릿대_ 꽃

참오동나무_ 열매

엉겅퀴_ 꽃

참깨_ 잎

맨드라미_ 잎

산양삼_ 잎

참깨_ 열매

맨드라미_ 꽃

산양삼_ 전초(채취품)

| 효능효과 |

자양, 강장, 어혈제거, 보신하여 탈모를 예방하는 효과가 있다.

| 약술 담그는 방법 |

- **전통 발효주** : 위 재료를 물에 넣어 중불로 2시간 이상 끓여서 건더기는 건져내고 이를 기본 물로 잡아서 전통 발효주 담는 순서에 따라 술을 담근다. 또는 술을 담글 때 위 약재를 잘게 갈아서 함께 넣어도 좋다.

- **침출주**(소주담금) : 위 재료를 병에 담고 재료가 충분히 잠길 정도로 2~3배의 소주(30%)를 부어 3개월 정도 우려낸 다음 건더기를 거르고 술만 다시 밀봉하여 숙성시킨다.

이 술의 특성

골쇄보는 넉줄고사리의 뿌리줄기를 사용하는 약재로 신장의 기운을 보하고 혈액순환을 원활하게 만드는 귀중한 약재이다. 원래 '신주골(腎主骨)'이라 하여 신장은 골수를 주관하는데 혈액을 만들어내는 곳이 골수이고, 머리카락은 혈액의 표현이라 볼 때 탈모는 신장의 기능과 매우 밀접한 관계가 있고, 그런 이유로 신장의 기능을 튼튼하게 만드는 일은 탈모예방 및 발모와 매우 중요한 관련이 있다. 여기에 예로부터 모근(毛根)을 튼튼하게 하고 발모를 돕는데 써왔던 오동나무 잎이나 흑지마(검은 참깨), 계관화를 가미하고, 사포닌 함량이 풍부한 인삼(장뇌삼)을 첨가하며, 최근의 연구에서 탈모방지 및 발모촉진에 도움이 된다고 알려진 엉겅퀴(꽃)를 가미하여 근본적으로 두피를 건강하게 만들고, 모근을 튼튼하게 해 탈모를 예방하고 발모를 돕는 작용을 기대할 수 있다.

넉줄고사리(골쇄보)

신진대사에 필수적인 기와 혈을 함께 보충해주는 술

팔진주 (술)

■ 재 료 : 인삼, 백출, 백복령, 감초, 당귀, 숙지황, 백작약, 천궁 각 150g, 생강 50g, 대추 60개

■ 재료의 준비 : 인삼은 노두(蘆頭)를 제거하고, 백출은 쌀뜨물에 하룻밤 담가 서 쓴 물을 우려낸다. 감초는 꿀물을 흡수시켜 약한 불로 프라이팬에 갈색 이 나도록 볶아주고, 당귀는 자루 달린 키에 넣어 청주에 담가 살짝 흔들어 흙모래가 제거되고 술이 약재에 흡수되도록 만든 뒤 프라이팬에 볶아준다. 숙지황은 구증구폭(九蒸九曝)하고, 백작약은 물에 살짝 씻어 흙모래와 흙먼 지를 제거하고 프라이팬에 약한 불로 노릇노릇하게 볶아준다. 천궁은 삼베 보자기에 싸서 흐르는 물에 하룻밤 정도 담가 정유물질을 제거하고 프라이 팬에 볶아서 사용한다. 생강은 껍질을 벗기고, 대추는 씨를 발라낸다.

■ 음용법 : 아침·저녁 식사시간에 반주(飯酒)로 한 잔(20~30cc)씩 마신다.

각 약재의 부위

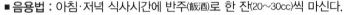

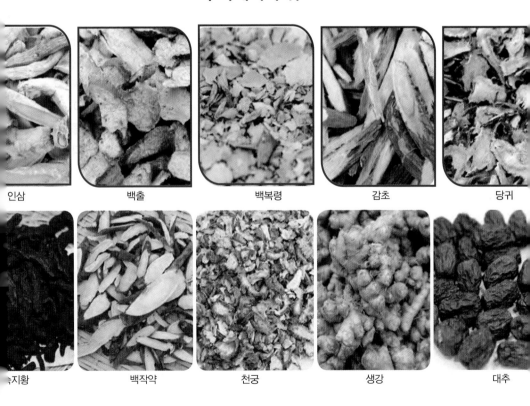

인삼　　백출　　백복령　　감초　　당귀

숙지황　　백작약　　천궁　　생강　　대추

각 약초 부위 생김새

인삼_ 잎

삽주_ 잎

복령_ 자실체

감초_ 잎

인삼_ 꽃

삽주_ 꽃

복령_ 껍질

감초_ 꽃

당귀_ 잎

지황_ 잎

백작약_ 잎

천궁_ 잎

당귀_ 지상부

지황_ 꽃

백작약_ 꽃

천궁_ 꽃

생강_ 잎

생강_ 덩이뿌리(채취품)

대추나무_ 잎

대추나무_ 열매

이 술의 특성

이 술을 알코올램프로 비유하면 램프에 알코올을 보충해주는 사물탕(四物湯)과 심지를 돋우어주는 사군자탕 (四君子湯)을 기본으로 하여 구성된다고 볼 수 있다. 알코올이 에너지소스로 불꽃(에너지)을 만들어내는 원천 이라면 심지는 이러한 에너지소스가 이동하는 통로 및 불꽃에너지를 태우는 양기라고 할 수 있다. 평소 영양 상태가 부족하면서 과도한 업무나 활동량으로 인하여 기가 부족한 사람에게 적극 권장할 만한 술이라 할 수 있다.

당귀생뿌리

불임여성의 희소식 아기를 갖는 데 도움을 주는 술

포태기쁨 (술)

- **재　료** : 음양곽 300g, 육종용 150g
- **재료의 준비** : 음양곽(淫羊藿)은 수유(酥油) 또는 황주(黃酒)를 흡수시켜 프라이팬에 볶아서 말리고, 육종용(肉蓯蓉)은 술에 버무려 술로 쪄서 말린다.
- **음용법** : 아침·저녁 식사시간에 반주(飯酒)로 한 잔(20~30cc)씩 마신다.

각 약재의 부위

음양곽(채취품)

음양곽(약재 전형)

육종용(약재 전형)

육종용(약재)

각 약초 부위 생김새

삼지구엽초_ 잎

삼지구엽초_ 꽃

육종용_ 꽃

육종용_ 지상부

| 효능효과 |

남성의 정액(精液)을 길러주고 여성의 정기(精氣)를 보하는 작용을 한다. 강장(强壯), 강정(强精), 자양(滋養)하는 효과가 있다.

| 약술 담그는 방법 |

• **전통 발효주** : 위 재료를 물에 넣어 중불로 2시간 이상 끓인 뒤 건더기는 건져내고 이를 기본 물로 잡아서 전통 발효주 담는 순서에 따라 술을 담근다. 또는 술을 담글 때 위 약재를 잘게 갈아서 함께 넣어도 좋다.

• **침출주**(소주담금) : 위 재료를 병에 담고 재료가 충분히 잠길 정도로 2~3배의 소주(30%)를 부어 3개월 정도 우려낸 다음 건더기를 거르고 술만 다시 밀봉하여 숙성시킨다.

이 술의 특성

음양곽(淫羊藿)은 중국 고대에 양(羊)을 치는 노인에 관한 고사에서 비롯된 이름이다. 수백 마리의 암컷 양을 혼자 독차지하며 짝짓기하는 수컷의 먹이를 자세히 살펴보니 다른 양들과는 조금 떨어진 곳에서 색다른 풀만 뜯는 것을 확인한 노인은 그 숫양이 먹던 풀을 뜯어서 집으로 가져와 달여 먹었는데 회춘하여 늦둥이를 낳았다는 고사에서 비롯된 약재 이름이다. 육종용은 주로 몽골이나 중국의 북부 지방에 분포하는 희귀약재인데, 이 지방에서는 딸이나 누이동생을 시집보내고자 할 때 그 아버지나 오라버니들이 몇날 며칠씩 사막으로 들어가 육종용을 채취해 팔아 혼수를 마련할 정도로 아주 귀한 약재로 취급된다. 이 두 가지 약재는 몸안의 진액과 정액을 길러주고, 몸을 튼튼하게 만들 뿐만 아니라 여성에게는 정기를 보하는 작용을 하여 임신을 돕는 약재로 민간에서 널리 사용해왔다.

늘 피곤한 아빠의 피로를 풀어주는 술

피로탈출 (술)

- **재　료** : 당귀, 백작약, 숙지황, 백복령, 맥문동 각 150g, 진피, 지모(염수초), 황백(염수초) 각 90g, 인삼 60g, 감초, 대추, 오미자 각 30g
- **재료의 준비** : 당귀는 술을 뿌려 흡수시켜 프라이팬에 볶아주고, 백작약은 프라이팬에 노릇노릇하게 볶아준다. 숙지황은 술을 버무려 찌고 말리기를 충분히 해주고, 맥문동은 심을 제거한다. 지모와 황백은 소금물에 담갔다가 프라이팬에 볶아주고, 인삼은 뇌두를 제거하고 잘게 부순다. 감초는 꿀물을 흡수시켜 프라이팬에 갈색이 될 때까지 볶아주고, 대추는 씨를 제거한다.
- **음용법** : 아침·저녁 식사시간에 반주(飯酒)로 한 잔(20~30cc)씩 마신다.

─── 각 약재의 부위 ───

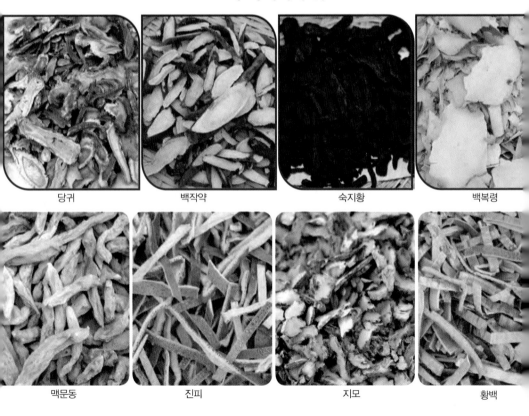

당귀　　　백작약　　　숙지황　　　백복령

맥문동　　　진피　　　지모　　　황백

인삼　　　　　감초　　　　　대추　　　　　오미자

각 약초 부위 생김새

왜당귀_ 잎　　　지황_ 잎　　　백작약_ 잎　　　복령_ 자실체

왜당귀_ 꽃　　　지황_ 꽃　　　백작약_ 꽃　　　복령_ 약재

맥문동_ 잎　　　맥문동_ 꽃　　　귤_ 잎　　　귤_ 꽃

인삼_ 잎   감초_ 잎   대추나무_ 잎   오미자_ 잎

인삼_ 꽃   감초_ 꽃   대추나무_ 꽃   오미자_ 꽃

지모_ 잎   황벽나무_ 잎

지모_ 지상부   황벽나무_ 열매

| 효능효과 |

기본적으로 이 술은 기와 혈, 음과 양을 모두 보충해주어 생기를 돋게 하고, 몸안의 진액을 충실하게 만들어 활력을 준다.

| 약술 담그는 방법 |

- **전통 발효주** : 위 재료를 물에 넣어 중불로 2시간 이상 끓인 뒤 건더기는 건져내고 이를 기본 물로 잡아서 전통 발효주 담는 순서에 따라 술을 담근다. 또는 술을 담글 때 위 약재를 잘게 갈아서 함께 넣어도 좋다.
- **침출주**(소주담금) : 위 재료를 병에 담고 재료가 충분히 잠길 정도로 2~3배의 소주(30%)를 부어 3개월 정도 우려낸 다음 건더기를 거르고 술만 다시 밀봉하여 숙성시킨다.

이 술의 특성

예로부터 귀하게 사용해온 삼귀익원탕을 기본으로 하였다. 원기에 해당하는 신장의 기운을 보하여 마음과 몸을 모두 튼튼하게 만드는 기능적인 술이다. 소진된 알코올램프의 알코올을 보충해주면서 동시에 심지를 적당한 크기와 높이로 잘 조절해주는 효과를 볼 수 있는 좋은 술이다.

오미자

머리카락을 검게 만들고 양기를 회복하는 술

하수오회춘 (술)

- **재 료 :** 하수오, 산수유 각 100g, 당귀, 지황 각 50g, 흑지마 30g
- **재료의 준비 :** 하수오는 깨끗이 씻어서 껍질을 벗기고 적당한 크기로 절단한 다음, 1차 건조를 하고, 검정콩 삶은 물에 하수오가 자작하게 잠길 정도로 하룻밤 정도 담가서 충분히 흡수시킨 뒤 시루에 쪄서 말리고, 이를 다시 검정콩 삶은 물에 담가서 찌고 말리는 작업을 여러 번(구증구포) 하여 재료의 절단면이 심부(深部)까지 까맣게 변하면 사용한다. 잘 익은 산수유를 채취하여 끓는 물에 2~3분 정도 데친 다음 씨를 빼내어 과육만 말려 사용한다. 당귀는 자루 달린 키에 넣어 청주에 담가 살짝 흔들어 흙모래가 제거되고 술이 약재에 흡수되도록 만든 뒤 프라이팬에 볶아준다. 흑지마는 시루에 찌고 말리는 과정을 여러 번 반복(구증구포)하는데 기름기가 묻어나지 않을 정도로 충분히 말려서 사용한다.

- **음용법 :** 아침·저녁 식사시간에 반주(飯酒)로 한 잔(20~30cc)씩 마신다.

─ 각 약재의 부위 ─

하수오

산수유

당귀

지황

흑지마

각 약초 부위 생김새

하수오_ 잎   산수유_ 잎   왜당귀_ 잎   지황_ 잎

하수오_ 꽃   산수유_ 꽃   왜당귀_ 꽃   지황_ 꽃

참깨_ 잎   참깨_ 꽃

| 효능효과 |

하수오(何首烏)는 간(肝), 신(腎), 심(心) 경락으로 들어가 작용하며 몸을 튼튼하게 만드는 강장(強壯), 정력을 강하게 만드는 강정(強精), 혈액을 생성해주는 양혈(養血), 간을 튼튼하게 만드는 보간(補肝)작용 등으로 중풍을 물리치고, 종기를 낫게 하며, 대장기능을 원활하게 만들어 변비를 다스리는 작용이 있다. 따라서 머리카락이 일찍 희어지는 조백모발(早白毛髮)을 예방하고, 유정(遺精)이나 몽정(夢精) 등을 예방하여 정기가 손상되는 것을 막아준다. 또한 성기능을 회복시켜 노화를 방지하는 효과도 있다.

| 약술 담그는 방법 |

• 전통 발효주 : 위 재료를 물에 넣어 중불로 2시간 이상 끓인 뒤 건더기는 건져내고 이를 기본 물로 잡아서 전통 발효주 담는 순서에 따라 술을 담근다. 또는 술을 담글 때 위 약재를 잘게 갈아서 함께 넣어도 좋다.

• 침출주(소주담금) : 위 재료를 병에 담고 재료가 충분히 잠길 정도로 2~3배의 소주(30%)를 부어 3개월 정도 우려낸 다음 건더기를 거르고 술만 다시 밀봉하여 숙성시킨다.

이 술의 특성

하수오(何首烏)는 '하(何) 씨(氏) 노인이 산에 나무하러 갔다가 두 그루의 덩굴 줄기가 서로 얽혔다 떨어졌다 하는 모습이 마치 남녀가 애무하는 듯한 모습처럼 보여 신기한 마음에 그 뿌리를 캐서 먹은 뒤 취해 잠이 들었다. 마을 사람들이 밤늦게까지 돌아오지 않는 하 씨를 찾아 집으로 돌아온 뒤에도 노인은 하루종일 잠에 취해 있었다. 얼마 뒤 잠에서 깬 노인의 머리카락이 백발에서 검은색으로 변하고 쇠했던 성기능이 다시 살아났다'는 고사에 의해 붙여진 이름이다. 이러한 하수오를 기본으로 하여 술을 만들면 신장 기능과 간기능을 튼튼하게 만들어 머리카락이 희어지지 않고, 성기능을 회복하여 회춘하는 데 좋은 효과를 기대할 수 있다.

혈액 부족을 해결해주는 여성의 술

황당보혈 (술)

- **재　료 :** 황기 600g, 당귀 250g
- **재료의 준비 :** 황기는 꿀물을 흡수시켜 프라이팬에 갈색이 될 때까지 볶는다. 당귀는 자루 달린 키에 넣어 청주에 담아 흔들어 흙모래를 제거하고 청주가 재료 내부에 스며들 정도로 10~20초 정도 흔든 뒤 프라이팬에 약한 불로 볶아준다.

음용법 : 아침·저녁 식사시간에 반주(飯酒)로 한 잔(20~30cc)씩 마신다.

─── 각 약재의 부위 ───

황기(약재 전형)

황기(약재)

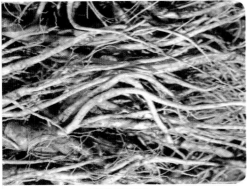

당귀(약재 전형)

당귀(약재)

|현대인의 체질과 질병에 따른|

전통비방 약술

(단방주 • 복방주)

초판 1쇄 인쇄 2021년 01월 15일
초판 1쇄 발행 2021년 01월 20일

저 자 곽준수
펴낸이 김호석
펴낸곳 도서출판 대가
편집부 박은주
마케팅 오중환
경영관리 박미경
관리부 김소영

등록 311-47호
주소 경기도 고양시 일산동구 장항동 776-1 로데오메탈릭타워 405호
전화 02) 305-0210
팩스 031) 905-0221
전자우편 dga1023@hanmail.net
홈페이지 www.bookdaega.com

ISBN 978-89-6285-265-3 (13520)